教育部 财政部职业院校教师素质提高计划职教师资培养资源开发项目
《林学》专业职教师资培养资源开发(VTNE063)

教育部 财政部职业院校教师素质提高计划成果系列丛书

林业专业教学法

秦之香 何 玲 主编

中国林业出版社

图书在版编目(CIP)数据

林业专业教学法/秦之香，何玲主编. —北京：中国林业出版社，2016. 12
(教育部 财政部职业院校教师素质提高计划成果系列丛书)
ISBN 978-7-5038-8861-8

Ⅰ. ①林… Ⅱ. ①秦… ②何… Ⅲ. ①林业－教学法－高等职业教育 Ⅳ. ①S7

中国版本图书馆 CIP 数据核字(2016)第 304660 号

国家林业局生态文明教材及林业高校教材建设项目

中国林业出版社·教育出版分社

策划编辑：高红岩　张东晓　　**责任编辑：**张　佳

电　　话：(010)83143554　83143561　　**传　　真：**(010)83143561

出版发行　中国林业出版社(100009　北京市西城区德内大街刘海胡同 7 号)
　　　　　E-mail：jiaocaipublic@163.com　电话：(010)83143500
　　　　　http：//lycb.forestry.gov.cn
经　　销　新华书店
印　　刷　北京市昌平百善印刷厂
版　　次　2016 年 12 月第 1 版
印　　次　2016 年 12 月第 1 次印刷
开　　本　787mm×1092mm　1/16
印　　张　16.75
字　　数　408 千字
定　　价　43.00 元

《林业专业教学法》编写人员

主　　编

秦之香　何　玲

副 主 编

付建生　董文渊　王逸之

编写人员（按姓氏笔画排序）

于游洋（西南林业大学）
王逸之（西南林业大学）
付建生（西南林业大学）
李茂娟（四川农业大学）
何　玲（四川农业大学）
陈娅兰（四川农业大学）
孟　越（四川农业大学）
秦之香（四川农业大学）
董文渊（西南林业大学）

出版说明

《国家中长期教育改革和发展规划纲要(2010—2020年)》颁布实施以来，我国职业教育进入到加快构建现代职业教育体系、全面提高技能型人才培养质量的新阶段。加快发展现代职业教育，实现职业教育改革发展新跨越，对职业学校“双师型”教师队伍建设提出了更高的要求。为此，教育部明确提出，要以推动教师专业化为引领，以加强“双师型”教师队伍建设为重点，以创新制度和机制为动力，以完善培养培训体系为保障，以实施素质提高计划为抓手，统筹规划，突出重点，改革创新，狠抓落实，切实提升职业院校教师队伍整体素质和建设水平，加快建成一支师德高尚、素质优良、技艺精湛、结构合理、专兼结合的高素质专业化的“双师型”教师队伍，为建设具有中国特色、世界水平的现代职业教育体系提供强有力的师资保障。

目前，我国共有60余所高校正在开展职教师资培养，但由于教师培养标准的缺失和培养课程资源的匮乏，制约了“双师型”教师培养质量的提高。为完善教师培养标准和课程体系，教育部、财政部在“职业院校教师素质提高计划”框架内专门设置了职教师资培养资源开发项目，中央财政划拨1.5亿元，系统开发用于本科专业职教师资培养标准、培养方案、核心课程和特色教材等系列资源。其中，包括88个专业项目，12个资格考试制度开发等公共项目。该项目由42家开设职业技术师范专业的高等学校牵头，组织近千家科研院所、职业学校、行业企业共同研发，一大批专家学者、优秀校长、一线教师、企业工程技术人员参与其中。

经过三年的努力，培养资源开发项目取得了丰硕成果。一是开发了中等职业学校88个专业(类)职教师资本科培养资源项目，内容包括专业教师标准、专业教师培养标准、评价方案，以及一系列专业课程大纲、主干课程教材及数字化资源；二是取得了6项公共基础研究成果，内容包括职教师资培养模式、国际职教师资培养、教育理论课程、质量保障体系、教学资源中心建设和学习平台开发等；三是完成了18个专业大类职教师资资格标准及认证考试标准开发。上述成果，共计800多本正式出版物。总体来说，培养资源开发项目实现了高效益：形成了一大批资源，填补了相关标准和资源的空白；凝聚了一支研发队伍，强化了教师培养的“校—企—校”协同；引领了一批高校的教学改革，带动了“双师型”教师的专业化培养。职教师资培养资源开发项目是支撑专业化培养的一项系统化、基础性工程，是加强职教教师培养培训一体化建设的关键环节，也是对职教师资培养培训基地教师专业化培养实践、教师教育研究能力的系统检阅。

自2013年项目立项开题以来，各项目承担单位、项目负责人及全体开发人员做了大量深入细致的工作，结合职教教师培养实践，研发出很多填补空白、体现科学性和前瞻性的成果，有力推进了“双师型”教师专门化培养向更深层次发展。同时，专家指导委员会的各位专家以及项目管理办公室的各位同志，克服了许多困难，按照两部对项目开发工作的总体要求，为实施项目管理、研发、检查等投入了大量时间和心血，也为各个项目提供了专业的咨询和指导，有力地保障了项目实施和成果质量。在此，我们一并表示衷心的感谢。

职业院校教师素质提高计划成果系列丛书编写委员会

2016 年 3 月

前言

2010年5月，时任国务院总理的温家宝同志主持召开国务院常务会议，审议并通过《国家中长期教育改革和发展规划纲要(2010—2020年)》，同年7月正式全文发布。该纲要第六章“职业教育”从大力发展职业教育、调动行业企业积极性、加快发展面向农村的职业教育、增强职业教育吸引力4个方面专门就职业教育改革发展进行了描述。2011年11月，国家教育部、财政部下发了《教育部 财政部关于实施职业院校教师素质提高计划的意见》，其中“计划内容”第4条“实施职教师资培养培训体系建设项目”明确了“2012—2015年，支持职教师资培养工作基础好、具有相关学科优势的本科层次国家级职业教育师资基地等有关机构，牵头组织职业院校、行业企业等方面的研究力量，共同开发100个职教师资本科专业的培养标准、培养方案、核心课程和特色教材，加强职业教育师资培养体系的内涵建设”。2012年，四川农业大学主持承担了林业职教师资本科专业的培养标准、培养方案、核心课程和特色教材开发工作。

《林业专业教学法》是林业专业职教项目开发的5本核心教材之一。该教材按照“单元—项目—任务”形式编写。单元1是林业专业教学法认知，包括林业专业教学法性质特点分析、林业职业与职业能力分析、林业专业教学系统分析、林业专业课程开发4个项目。单元2是林业专业常用教学法应用，分别从任务载体、教学目标、理论知识、实践技能、强化练习、教学反思、学习小结、扩展阅读等方面对讨论式教学法、问题教学法、头脑风暴教学法等10个林业专业常用教学法进行具体分析和运用。单元3是信息化教学模式在林业专业教学中的应用，主要探讨了在微课、慕课、翻转课堂教学模式下，结合林业专业如何设计和实施教学。单元4是林业专业教学法的综合运用，包括综合运用多种教学法对理论课、理论与实践相结合课程、实习实训课、现场教学课进行课程设计和教学。

本教材是开发团队集体努力的成果，具体研究项目和编写分工如下：秦之香负责单元1；李茂娟负责单元2的项目5至项目7；何玲负责单元2的项目8至项目10以及林业专业教学法选择；孟越负责单元2的项目11至项目14；陈娅兰负责单元3；付建生、董文渊、王逸之、于游洋负责单元4和附录；赵晓云、廖邦洪、卢昌泰、向劲松、王景燕参与教材框架设计工作，并一直指导整个教材的编写。同时，国家教育部相关专家也对本教材提出了宝贵的修改意见和建议。

本教材开发以“行动导向”为设计思路，重在教学法的实际应用，因此，本教材既可作为林业专业职教本科专业教材，又可作为教师资格证考试的教学参考书，还可以作为林业专业教师培训教材。

本教材在编写过程中，参阅了大量国内外已出版的相关著作、文章以及相关网站上的资料，并引用了其中的观点和典型案例。在此，对这些文献和资料的作者一并表示感谢。

诚如本教材概述部分所讲，林业专业教学法研究与应用没有最好，只有更适宜。由于作者水平有限，本教材的不足之处甚至错误在所难免。更何况“人不能两次踏入同一条河流”，事物无时无刻不在变化发展。在此，恳请广大读者和专家本着为国家职业教育教学改革研究和提升职业教育教学质量(特别是林业职业教育)之目的，不吝批评指正，为本教材提供进一步完善和修改的宝贵建议。

编 者

2016 年 8 月

目录

单元2　林业专业常用教学法应用

单元3 信息化教学模式在林业专业教学中的应用

单元4 林业专业教学法综合应用

附录 林业专业教学法综合应用说课、评课参考

单元 1

林业专业教学法认知

“事必有法，然后可成。师舍是则无以教，弟子舍是则无以学”。讲的是教育教学工作中教与学都必须讲求方法，如果离开了具体的方法，则教无以教，学无以学。然教学有法，并无定法；法无最优，唯有更宜；法不在多，而务求精。教育教学过程中不存在最好的所谓“放之四海而皆准”的良法，只有选择更适宜、更恰当的方法；教学方法应用也非越多越好，而在于追求用法必精。只有选法准、用法精，“得法”才能达成最优的教学效果。

“走路无方向，好比瞎子摸溪滩”，万事之始必立目标。《林业专业教学法》教材开发以林业专业职教本科专业学生为基本对象，以培养胜任职业高中、中等职业学校的林业专业教学的专业教师为目的，以一定的林业专业教学理论为指导，以林业行业职业分析为基础，以林业专业教学系统构成要素分析为前提，以林业职业教育领域中专业教学法研究应用现状为背景，结合当下新型的教学模式划分学习情境，按照整个教学过程中不同阶段的教学方法的组合组织学习单元，按学习单元分解的各教学阶段任务构建能力模块(学习内容或实训内容)，培养和训练选法准、用法精的中等林业职业教育专业教师。

在林业专业培养标准及专业课程教学目标的规定下，本教材的核心是突出专业教学方法的操作应用。它既不排斥传统的教学方法的应用研究，更注重当今国内外职业教育特别是林业专业教育中比较成熟的教学方法的应用研究，同时还对当下较为盛行的新的授课形式如微课、慕课、翻转课堂等形式下的教学方法应用进行了初步探讨，并针对林业专业教学方法的综合运用开展了较为全面而丰富的操作演练，其重点主要是开发具有本专业特征的教学教法典型案例，充分体现实用性、操作性和指导性，以期学者能够快速掌握并胜任专业教学。

本单元包括：林业专业教学法性质特点、林业职业与职业能力分析、林业专业教学系统分析和林业专业课程开发 4 个项目 16 个任务。

需要说明的是，本教材主要为林业职教师资本科专业教学使用，其编写过程根据林业职教师资本科专业学生毕业后从事林业专业教育主要在职业高中、中等职业学校的特点和要求进行编写，其分析的主要对象不是林业职教师资本科专业师生本身及其相关对象，而是职业高中、中等职业学校的林业专业师生及其相关对象。所谓“因事而化、因时而进、因势而新”，优秀的教师不会拘泥于框架、格式等约束，他会根据授课过程中情况的变化而不断做出调整，所以学习本课程应“爱学善学、活学活用”，并且敢于挑战传统或权威，敢于大胆创新。

教学目标及重点难点如下：

【教学目标】

知识目标：理解林业专业教学法的定义和含义；熟悉林业职业岗位和职业能力要求；分析理解林业专业教学系统各要素特点；掌握林业专业课程开发的原理和步骤。

能力目标：学会运用不同方法分析把握林业专业教学系统构成要素的特点；学会组织实施林业专业课程开发。

情感目标：提升学生对林业专业教学系统、课程开发以及林业专业教学工作的认识。

【重点难点】

重点：林业专业教学法定义、林业专业教学系统的构成要素分析和林业专业课程开发。

难点：林业专业教学系统构成要素分析与课程开发。

项目1

林业专业教学法性质特点分析

【教学目标】

知识目标：理解林业专业教学法的定义和含义；掌握林业专业教学法的特点。

能力目标：学会从林业专业教学系统的角度分析并把握林业专业教学法的定义及其基本特点。

情感目标：提高学生对林业专业教学法的初步认识。

【重点难点】

重点：对林业专业教学法定义和特点的把握。

难点：从林业专业教学系统的角度理解林业专业教学法的定义并解释其特点。

教学法就是教与学的方法的总称。专业教学法则是服务于专业教学目标，适用于特定的专业教学内容和专业教学要素，并依靠一定的教学媒体为支撑，从而实现教学目标所应用的教学方法的总称。

林业是国家一项非常重要的公益事业和基础产业，在经济社会发展全局中具有战略地位。它在生态环境建设和保护上具有首要地位和主体作用，在推动经济结构战略性调整过程中发挥着维护资源、能源和粮食安全的重要功能，在保障和改善民生过程中发挥着促进就业和增收的巨大潜力。林学是研究森林的形成、发展、经营管理以及森林资源保护与利用等的一门科学，是研究如何认识、培育、经营、保护森林和合理利用森林资源的学科。

林业专业教育在为国家和区域乃至全球培养生态保护、森林培育、森林经营管理、技术推广和应用、教学及科研等工作的不同层次的专门人才，促进经济社会持续健康发展的过程中具有不可替代的主渠道作用。林业专业教育教学工作是经济社会发展十分重要、不可或缺的事业，林业专业教师是神圣而光荣的职业。

林业专业教学法具有自身特定的含义，它既同时具有一般教学法和专业教学法的特性，又由于其专业特定的培养目标、教学内容、教学媒体、专业师生等因素的特殊性决定了其专业教学方法的特殊性。因此，准确把握林业专业教学法的基本概念、内涵及其要素特征，是林业专业教学选法用法，提升教学效果的基础。

任务1.1 林业专业教学法性质分析

何谓林业专业教学法？迄今为止业界尚没有一个大家完全公认的定义。综合一般教学方法和专业教学方法的定义，结合林业专业教育教学工作自有的属性，我们从以下3个方面与林业专业教学法的关系研究进行定义。

1.1.1 专业教学理论与林业专业教学法的关系分析

林业专业教学法建立在一定的理论基础之上。思想决定行动，做好一切工作的前提条件是思想先导，林业专业教育教学工作亦如是。它是基于一定的专业教学理论，并在专业教学理论的指导下形成的专业教学方法。

教学论就是解决什么是教学、怎样教和如何学的基本理论或者说是专门研究教学基本原理的学科。从其发展和流派上看，有哲学取向的教学理论、行为主义教学理论、认知教学理论、情感教学理论等划分。

林学是一门集理论性、技术性等于一体的学科，其教学论的基础正是建立在这些理论的基础之上或者说克服了这些理论的不同缺陷、综合了这些基础理论优点并结合了本专业教学多年的实践进行取舍。它以林学基本理论为基础，以实践操作技能为抓手，综合哲学的、行为的、认知的、情感的等各种理论去组织实施教学，从而实现有效教授和有效学习专业知识并最终实现林业专业教学目标的一个专业或者说一门学科。

1.1.2 专业教学目标及教学内容与林业专业教学法的关系分析

林业专业教学法受制于教学目标及其特定的教学内容。目标决定过程，它既决定方法，也决定内容。教学目标(或者说课程目标)是一切教育现象、课程开发、教学过程形成的基点。因而，林业专业教学法自然而然地受制于林业专业教学目标。

由于教学目标或者说林业专业及其课程的教学目标决定了教学内容的选择、组织和教学过程的设计，所以，林业专业教学法也受制于林业专业教学目标所决定的特定的林业专业教学内容，还受制于林业专业教学目标与特定的林业专业教学内容的逻辑关系，与林学这个特定的学科或者说专业紧密结合。因而，林业专业教学法具备鲜明的林业专业特色。

1.1.3 专业教学基本要素与林业专业教学法的关系分析

林业专业教学法受制于林业专业教师、学生、媒体等基本要素。俗话说“麻雀虽小，五脏俱全”。林业专业教学法并非简单的个体，而是一个相对复杂的教学系统。在林业专业教学系统中包括了两个最基本的要素或对象，即林业专业教师和林业专业学生，这两个要素或对象是整个林业专业教学系统中最能动的因素。不论是作为林业专业教师或是林业专业学生，他们都有各自不同的个性心理和行为特征，且互为主客体。

正如前述，如果在林业专业教学过程中离开了林业专业教师和林业专业学生这两个最基本的要素和对象，则教无以教、学无所学，教学法也即不存在。在专业教学法系统中，联结林业专业教师和林业专业学生这两个最基本的要素或者对象的工具是教学媒体，林业专业教学媒体的特殊性因林业专业教学目标和教学内容的特殊性所致。

林业专业教学法正是林业专业教师和学生这两个基本要素或者对象与林业专业教学目标及其特定的教学内容所涉及的专业的甚至是专门的(或者叫专业所独有的)教学媒体有机联系并复合起来的一个完整系统。

任务1.2 林业专业教学法特点分析

林业专业教学法具有鲜明的林业专业特色，其最大的特点就是教学法的特定的林业专业属性，其核心是选择并熟练运用最适合林业专业的教学方法。因而，林业专业教学法的应用必须适合林业专业师生的特点，必须与林业专业特定的专业教学内容相匹配，必须依靠林业专业特定的教学媒体服务于林业专业特定的教学目标。它具有以下4个显著特点。

1.2.1 与林业专业师生的特点相适应

“一叶一菩提”，世上万物皆有不同特点。林业专业教师和学生当然不会例外，具备自身独特的生理心理特征、教学规律。

目前，国内林学职教专业大部分设置在普通本科院校，任课教师基本上由具有硕士、博士学历学位并且具有副教授、教授职称者担任，具有注重学术科研、追求学科完整、强调系统理论的特征。而林学职教本科专业学生则由职业高中、中职学校的林业专业林学类专业学生通过单独招生考试形式入校，与普通本专科学生在通识基础课、专业基础课、专业课的知识基础和学习自觉性等均存在差异，呈现出专业基础课、专业课知识具备一定基础，而通识基础课理论相对不足的特点。这些学生毕业后从事林业专业教育，面对的绝大部分是职业中学、中职学校的学生，强调技能应用。

职业高中、中职学校的林业专业的学生绝大部分只受过初中教育，很多人都是未成年人或者即将成年，处于向成年过渡的心理逆反期，在学习自觉性、积极主动性、学习基础等方面相对普通高中学生而言存在不同程度的差异。加之课题组在对部分林业专业学生的调研中发现本专业本科及其以下学历的学生来自农村者和老、少、边地区者相对财经、工商等专业学生的构成比例较重，成长环境、入学前教育资源差距较大。

在上述这些差异之下，同样的方法肯定会产生不同的效果。不同的教师适合不同的教学方法，不同的学生需要不同的教学方法。因而，林业专业教学法必须与林业专业师生的特点相适应，有机统一，才能产生良好的教学效果。

1.2.2 与林业专业特定的教学内容相匹配

教学方法应用必须匹配于特定的教学内容，这是教学方法应用的基本要求之一。林业专业中的基本理论、关键技术、核心技能等知识传授必须辅之以最适宜的教学方法，才能达到授课效果。同样，不同的教学方法最佳的应用必须结合特定的教学内容，才能使学者学有所识，掌握相应的知识技能。

在林业专业课程体系中，有理论性、实践操作性、理论实践一体化的不同课程或者在同一门课程中涵盖了以上不同性质的教学内容，针对这些不同的课程或内容教学必须要选择匹配不同的教学方法，才能实现良好的教学效果。例如，“森林资源调查”这部分教学内容，不管教师采用了多少种理论讲授的方法耗费多少学时，都不如一次哪怕是一个样地的森林资源调查实习效果明显。

1.2.3　以林业专业教学媒体为中介

教学必须辅之以相应的教学媒体，这也是教学法应用的基本要求之一。林业专业教学法的有效运用必然借助教室设施、专业必备甚至是专业独有的实验设备、仪器工具、图表手册等传统媒体和录音、录像设备、计算机以及多媒体技术诸如网络、动漫动画、视频、虚拟空间等现代媒体，才能更有效地将信息传递给学生。可以这样说，教学媒体是实现林业专业教学目标必不可少的有效工具。因而，林业专业教学法必然具有以相应教学媒体为支撑的特点。

1.2.4　以实现林业专业教学目标为目的

专业目标或者说课程目标是课程开发的最关键环节。诚如前面所述，林业专业教学法具有鲜明的林业专业特色，其最大的特点莫过于教学法的特定的林业专业属性，林业专业教学法应用的目的就是为了更好地实现林业专业教学目标。

林业专业教学目标是林业专业教学系统中最重要、最关键的要素，决定着教学活动的总方向，是林业专业课程开发与教学活动的出发点和归宿点。一方面，林业专业教学目标对林业专业课程开发与教学活动起着导向、激励和检测的作用；另一方面，林业专业教学目标又是对林业专业课程开发与教学活动效果进行评估的重要依据和指标。从这个意义上讲，林业专业教学法就是以实现林业专业的教学目标为宗旨。

项目2 林业职业与职业能力分析

【教学目标】

知识目标：了解职业概念及分类；掌握林业职业分析的依据和方法；熟悉林业职业岗位及其对应的职业能力要求。

能力目标：学会从岗位职业能力需求角度把握教学基本点和重点；学会运用林业职业与职业能力分析方法。

情感目标：提高学生对林业工作及其林业专业教学工作的认同感。

【重点难点】

重点：文献检索法、DACUM 法岗位和职业能力分析。

难点：文献检索法、DACUM 法应用与结果分析。

任务 2.1　职业分类

职业，就是劳动者所从事的工作。它是劳动者参与社会分工，利用自己的知识和技能，创造社会财富，获得合法合理的报酬，作为物质生活来源，并满足精神需求的工作。林业专业教学法主要是为职业高中、中职学校的林业专业培养专业师资的，必须让学生把握职业高中、中职学校的林业类专业学生毕业后面临的主要职业和岗位。

《中华人民共和国职业分类大典》(以下简称《大典》)自 1999 年颁布以来，经过了多次修订。目前能公开查阅的最新版本为 2015 只有 2007 年修订版，该版该修订版主要做了 4 个方面的修改、调整和补充。

一是在分类体系上，延续了职业分类的大类、中类、小类和细类结构。细类即职业，是最基本的类别。调整后的职业分类结构为 8 个大类、75 个中类、434 个小类、1481 个职业。与 1999 版相比，增加了 9 个中类、21 个小类，减少 547 个职业(新增网络与信息安全管理员”“快递员”“文化经纪人”“动车组制修师”“风电机组制造工”等 347 个职业，取消“收购员”“平炉炼钢工”“凸版和凹版制版工”等 894 个职业)。

二是在对职业信息描述内容上，维持了 142 个类别信息描述内容基本不变，修订 220 个、取消 125 个、新增 155 个类别信息描述内容；同时，维持 612 个职业信息描述内容基本不变，修订 522 个、取消 552 个(不含 342 个“其他”余类职业)、新增 347 个职业信息描述内容。

三是调整了对职业信息描述项目的表述，将 1999 版“下列工种归入本职业”的表述调整为“本职业包含但不限于下列工种”。

四是增加了绿色职业标识。2015 版《职业分类大典》共标示 127 个绿色职业，并统一以“绿色职业”的汉语拼音首字母“L”标识，如环境监测员、太阳能利用工、轮胎翻修工等职业。

国家《大典》2015 年修订版中，林业行业职业分类主要隶属于第五大类：“农、林、牧、渔业生产及辅助人员。”其职业分类修订以农、林、牧、渔业生产环境、生产技术和产业结构的变化，现代农业生产领域中生产技术应用、生产分工与合作的现状为依据，参照国民经济行业分类进行。修订后的第五大类包括 6 个中类、24 个小类、52 个细类(职业)。与 1999 版相比，中类维持不变，减少 6 个小类、83 个职业。

这里所说的林业行业职业分析是指在国家和林业部门的有关标准指导下，确认、描述各种与林业专业对应的林业职业(或工作)所含任务、所需能力(技术知识、操作技能)的过程。根据目标或者问题导向，其结果是为确定林业专业培养目标、教学内容和教法选择提供依据。

任务2.2　林业行业职业分析

林业行业职业分析的依据是《大典》《林业岗位工作规范》(以下简称《岗位工作规范》)和对林业工作部门(企、事业单位)的职业调查成果。其中,《大典》是根本性依据,《岗位工作规范》是主体性依据,对林业工作部门调查的成果是印证性依据。

由于林业是一个发展历史长且较为成熟的行业,因而林业行业职业分析方法主要采用文献检索法,同时辅之以DACUM法。

2.2.1　文献检索法分类

文献检索法是为达到某个特定的目的而对某个领域的文献及其内容进行寻找和考查的方法。文献检索可以迅速获取信息,发现问题,进入研究前沿,节省研究经费和劳动力。

运用文献检索法从林业行业职业岗位总体(宏观层面)和林业行业个体(微观层面)两个层面进行林业行业职业分析,其分析结果也从宏观和微观这两个层面分别予以呈示。宏观层面上着重反映林业行业职业岗位总貌,微观层面上则侧重反映具体岗位的职业能力构成和具体要求。

2.2.1.1　检索过程

国家《大典》(2015年修订版)与职业高中、中职学校的林业专业学生就业有关的林业行业职业岗位分属其第2大类2(GBM20000)专业技术人员中第02中类(工程技术人员)第20小类(林业工程技术人员)里的11个细类;第5大类5(GBM50000)农、林、牧、渔业生产及辅助人员中第2中类(林业生产人员)里的8个小类、10个细类;第6大类6(GBM60000)生产制造及有关人员中第6中类(木材加工、家具与木制品制作人员)里的第5个小类里的11个细类。

林业行业《岗位工作规范》严格按照国家《大典》的编码顺序列出职业分类代码表。同时,将分类代码表所列岗位划分为行政管理、经营管理、专业技术3个大类,制订了包括23个岗位群、485个岗位的工作规范。

《岗位工作规范》对每个具体岗位的工作任务、职业能力、资历要求等都作了明确具体的规定。其中,工作任务以"岗位职责"的形式描述,职业能力标准以"政治素质和职业道德""知识要求""工作能力"和"资历要求"的形式描述。现通过检索"国营林业局森林采伐更新调查设计分队(小队长)"和"林业调查规划(勘察)设计单位助理规划设计员"两个岗位为例,说明林业行业《岗位工作规范》对岗位职业能力的描述情况。

2.2.1.2　检索结果

根据林业行业岗位文献检索法的结果,得出职业高中、中等职业学校林业专业毕业生从事的林业行业职业岗位情况,同时也得出职业高中、中等职业学校林业专业对应的林业岗位的职业能力要求。详见表2-1、表2-2和表2-3。

表 2-1　林业行业职业岗位总体概览表

<table>
<tr><th rowspan="2">岗位类别</th><th rowspan="2">岗位群</th><th rowspan="2">岗位（个）</th><th colspan="2">职业能力</th><th rowspan="2">备注</th></tr>
<tr><th>一般能力</th><th>关键能力</th></tr>
<tr><td rowspan="13">行政管理</td><td>国营林业局</td><td>46</td><td rowspan="23">政治素质和职业道德、知识要求、资历要求等（详见《岗位工作规范》，每个岗位均有明确、具体的描述）</td><td rowspan="23">工作能力（详见《岗位工作规范》，每个岗位均有明确、具体的描述）</td><td rowspan="23">文献检索对象为林业行业的《岗位工作规范》</td></tr>
<tr><td>厂、企业、公司</td><td>48</td></tr>
<tr><td>自然保护区管理局（处、室、站）</td><td>4</td></tr>
<tr><td>野生动植物出口办事处</td><td>1</td></tr>
<tr><td>林政资源管理处（科、股）</td><td>10</td></tr>
<tr><td>省（地、县）级森林防火办公室</td><td>6</td></tr>
<tr><td>木材运输处</td><td>24</td></tr>
<tr><td>场（国营林场、野生动物驯养繁殖中心、狩猎场、良种场）</td><td>13</td></tr>
<tr><td>营林站</td><td>14</td></tr>
<tr><td>林政站</td><td>1</td></tr>
<tr><td>森林保护站</td><td>11</td></tr>
<tr><td>林副特产站</td><td>2</td></tr>
<tr><td>圃（苗圃）</td><td>2</td></tr>
<tr><td rowspan="2">经济管理</td><td>统计</td><td>3</td></tr>
<tr><td>物资管理</td><td>11</td></tr>
<tr><td rowspan="8">专业技术</td><td>造林营林</td><td>45</td></tr>
<tr><td>森林保护</td><td>12</td></tr>
<tr><td>野生动植物自然保护区</td><td>17</td></tr>
<tr><td>资源与林政管理</td><td>50</td></tr>
<tr><td>采运工程</td><td>42</td></tr>
<tr><td>木材机械加工</td><td>8</td></tr>
<tr><td>林产化学加工</td><td>40</td></tr>
<tr><td>林业机械制造与修理</td><td>75</td></tr>
<tr><td>合计</td><td>23</td><td>485</td><td></td><td></td><td></td></tr>
</table>

结果显示，属于林业行业的职业岗位包括3个类别、23个岗位群、485个岗位，每个岗位对应的职业能力（包括一般能力和关键能力）在《岗位工作规范》中均有明确、具体的描述，从对岗位所对应的职业能力描述上看由于岗位工作任务的不同，因而每个岗位所对应的职业能力要求是存在差异的。

例如，“国营林业局森林采伐更新调查设计分队（小队）长”岗位，其主要工作任务有7项：在队长领导下，全面负责分队（小队）森林采伐更新调查设计管理；贯彻执行有关政策和法规；负责本分队调查设计任务的具体安排和组织实施；负责资料、仪器、工具设备及生活用品的准备和管理；负责伐区调查设计主要项目的确定，确保调查设计质量；贯彻上级调查设计质量标准并进行验收；起草设计说明书。“国营林业局森林采伐更新调查设计分队（小队）长”岗位所对应的工作能力包括“政治素质和职业道德、知识要求、调查设

表 2-2 林业专业对应林业岗位职业能力例表

岗位	工作任务	职业能力	
		一般能力	关键能力
国营林业局森林采伐更新调查设计分队(小队)长	1. 在队长领导下，全面负责分队(小队)森林采伐更新调查设计管理工作 2. 贯彻执行有关政策和法规 3. 负责本分队调查设计任务的具体安排和组织实施 4. 负责资料、仪器、工具设备及生活用品的全面准备和管理 5. 负责伐区调查设计主要项目(伐区区划、集材道、楞场设计、采伐方式、采伐强度和每木调查方法)的确定，发现问题就地纠正，确保调查设计质量 6. 贯彻上级调查设计质量标准，按质量标准进行验收 7. 起草设计说明书	1. 政治素质和职业道德 2. 知识要求 (1)了解马列主义理论知识 (2)具有采伐、营林调查设计专业基础知识和伐区生产、森林抚育更新造林、作业施工准备等专业知识 (3)掌握有关调查设计的技术政策和技术法规，了解劳动管理、生活管理常识 (4)熟悉统计和制图专业知识，懂得航测照片、地形图和电子计算机应用基本知识 (5)熟悉调查设计仪器、工具使用技术知识 3. 资历要求： (1)具有中专学历或高中文化程度 (2)从事调查设计工作3年以上 (3)具有助理工程师专业技术职务	1. 具有组织技术干部和职工完成森林采伐更新调查设计的能力 2. 具有伐区生产、森林抚育更新造林、作业施工准备和进行技术指导的能力 3. 能起草工作总结、设计说明书，具有一定的口语表达能力

表 2-3 林业专业对应林业岗位职业能力例表

岗位	工作任务	职业能力	
		一般能力	关键能力
林业调查规划(勘察)设计单位助理设计员	1. 在规划设计员指导下，完成所承担的规划(勘察)设计任务 2. 认真执行有关技术规程和操作细则 3. 对完成后的工作认真进行自查、自校，搞好上下工序及专业间的协调工作	1. 政治素质和职业道德 2. 知识要求 (1)了解马列主义理论知识 (2)具有本专业一般基础知识和业知识 (3)熟悉本专业技术规程和操作细则，懂得技术经济分析基本知识，掌握航片和地形图的应用以及地形测量知识 (4)初步掌握一门外语，借助词典可翻译本专业一般技术资料 3. 资历要求 (1)具有中专学历 (2)具有技术员专业技术职务	1. 具有带头和协调其他人员完成规划设计员交给的任务的能力 2. 具有绘制总平面图和规划措施图及局、场址测量的能力 3. 具有助理规划设计员搞好班组管理的能力 4. 具有一定的口语表达能力

计技术政策法规和管理常识、资历要求”4个方面8项一般能力和“组织调查设计、作业施工准备与技术指导、表达能力(起草总结、设计说明书、口语表达)”3项关键能力。

又如，“林业调查规划(勘察)设计单位助理设计员”岗位，其主要工作任务有3项：在规划设计员指导下，完成所承担的规划(勘察)设计任务；认真执行有关技术规程和操作细则；对完成后的工作认真进行自查、自校，搞好上下工序及专业间的协调工作。“林业调查规划(勘察)设计单位助理设计员”岗位所对应的工作能力包括“政治素质和职业道德、知识要求、资历要求”3个方面的7项一般能力和“协调人员完成任务，测量、绘图，管理班组，口语表达”4项关键能力。

2.2.2　DACUM 法分类

DACUM(Developing A Curriculum)，直译为“教学计划开发”。DACUM 职业分析法其实质就是一种当今普遍运用的分析、确定职业岗位及其所需职业能力的方法。其根本目的是为教学计划开发提供依据。

由于林业行业已有《岗位工作规范》，可用文献检索法确认林业专业对应的职业岗位及其职业能力。但考虑到《岗位工作规范》颁行至今行业的发展变化，为了印证文献检索法的确认成果，故再运用 DACUM 法对林业行业进行职业分析。

职业高中、中职学校的林业专业培养的主要是面向基层的应用型人才。他们的职业劳动受基层人才资源缺乏的影响，具有交叉性、综合性、通用性特点。既要履行本职工作职责，又要根据不同时期中心工作的需要完成跨岗位、跨部门甚至跨行业的其他岗位工作任务。在越是较低层级的林业基层部门之内，更是这样。

因此，这里的职业分析以印证文献检索法的确认成果为目的，只选择在职业任务领域中具有代表性的岗位群作为分析对象。

2.2.2.1　分析过程

根据 DACUM 法的要求，分析过程主要分 3 步进行。

第一步，邀请林业行业知名专家和学者、行业行政管理部门主管、行业企业技术骨干、岗位群职业能手组成 DACUM 研讨委员小组(一般由 8 ~ 12 人组成)，并制订出研讨工作计划和研讨工作进程时间表。

第二步，组织召开 DACUM 研讨会，这是使用 DACUM 法产生职业(岗位)能力图表的最关键的环节。一般包括以下几个基本步骤:

①对林业职业岗位进行讨论　写出岗位名称，填写到 DACUM 图表上，并讨论确定出林业职业相关的工作岗位。

②确定能力领域　运用“头脑风暴法”使小组成员充分发表个人意见，并不断对提出的能力领域进行修改与合并。

③确定各项能力领域中的技能　根据林业工作特点和要求，讨论应掌握的知识，能做什么及态度等。

④多次检查和定义能力领域及技能　通过增删、合并技能和能力领域，进一步完善 DACUM 表。

第三步，合并整理，做出林业职业岗位 DACUM 能力表。

2.2.2.2　分析结果

运用 DACUM 法对林业行业部分岗位群职业能力分析的结果见表 2-4。

首先，根据林业行业岗位群职业分析结果与文献检索法中《岗位工作规范》所描述的岗位职业能力进行比较，其结果在职业能力方面二者之间没有本质的区别。只是因受时代的局限，现代林业技术人才必备的一些高科技应用能力(如在信息技术条件下，资源管理岗位群的森林资源数据开发与管理能力，各岗位群所必备的计算机应用技术能力、智能化现代仪器的使用能力等)，在规范中没有反映。

其次，运用 DACUM 法分析结果与文献检索法分析结果进行对照检查，其结果也显示出二者在岗位群、岗位、岗位职业能力等方面没有本质的较大的区别，吻合度极高，这也进一步印证了通过文献检索法进行林业职业岗位及其岗位职业能力分析过程和结果的正确性。

因此，这里所做林业行业职业分析结果完全可以作为确定林业专业培养目标和选择与内容相匹配的林业专业教学方法的依据。

表2-4 林业行业部分岗位群DACUM能力表

<table>
<tr><th rowspan="3">岗位群</th><th rowspan="3">工作任务</th><th colspan="3">职业能力</th></tr>
<tr><th colspan="2">一般能力</th><th rowspan="2">关键能力</th></tr>
<tr><th>社会能力</th><th>方法能力</th></tr>
<tr><td>森林培育技术人员</td><td>种苗培育
森林营造
森林经营
森林培育工程设计、施工及监理</td><td rowspan="4">职业道德素养
团队协作能力
自我认识评价能力
人际交流能力
自我管理控制能力
自我推销能力
竞争能力
谈判能力</td><td rowspan="4">终身学习能力
逻辑思维能力
语言表达能力
创新开拓能力
决策与迁移能力</td><td>能组织运用林木良种、种苗培育、森林培育、森林经营技术和技能，具备完成相应工作任务的能力和计算机应用能力</td></tr>
<tr><td>森林保护技术人员</td><td>森林自然环境调查
林业社会经济调查
森林资源调查
森林有害生物防治
森林防火自然保护区规划、设计</td><td>能熟练进行林业调查，参与自然保护区规划、设计、管理工作；能正确运用森林病虫害防治、森林防火、森林动植物和生态环境保护技术、技能，组织完成相应的工作任务的能力和计算机应用能力</td></tr>
<tr><td>森林资源管理技术人员</td><td>森林资源资产评估
森林资源信息化管理
自然保护区管理</td><td>能运用资产评估、林业“3S”技术、自然保护区管理技巧，组织完成林业资源资产评估、建立森林资源信息库和自然保护区日常管理等工作任务的能力和计算机应用能力</td></tr>
<tr><td>森林野生动植物资源开发利用技术人员</td><td>制订开发利用方案
训育野生食用植物
训育野生花卉植物
制作野生植物盆景</td><td>能制订出可操作性强的森林野生植物资源开发利用方案；熟练运用野生食用植物、花卉植物的驯化培育技术和植物盆景制作技术技能，完成相应的工作任务的能力和计算机应用能力</td></tr>
</table>

任务2.3 林业专业对应岗位确认

根据《岗位工作规范》，从“资历要求”中的“学历要求”为“具有中专学历”“具有高中文化程度”和“具有中专学历或高中文化程度”的岗位群中，遴选确认了与职业高中、中职学校的林业专业毕业生就业相对应的林业岗位(表2-5)。

结果显示，与职业高中、中职学校的林业专业毕业生就业相对应的林业工作岗位包括“森林培育”“森林保护”“经营管理”“森林资源利用”四大工作任务领域，“营林造林、森林保护、野生动植物和自然保护区、国营林业局、厂(企业、公司)、自然保护区管理局、省(市、县)级森林防火办公室、木材运输处、场(国营林场、野生动物驯养繁殖中心、狩猎场、良种场）、营林站（飞播营林、林木种苗管理、林业工作、林业推广、森林物候气象站）、站（林政站、森林保护站、林副特产站）、苗圃、统计、物资管理、资源与林政管理、采运工程、木材机械加工、林产化学加工”20 个岗位群，共 232 个具体工作岗位。

每个岗位所对应的职业能力包括“一般能力和关键能力”2 个方面。

“一般能力”主要包含“政治素质和职业道德”“知识要求”“资历要求”3 个方面。

“关键能力”主要是对具体岗位工作能力的描述，每个岗位所对应的关键能力在国家《岗位工作规范》中均有明确、具体的描述，其要求因具体岗位的不同而各有侧重。

这些描述就是职业高中、中职学校的林业专业的培养方向和工作目标。

表 2-5　林业专业对应林业岗位确认概览表

<table>
<tr><th rowspan="2">工作任务领域</th><th rowspan="2">岗位群</th><th rowspan="2">岗位（个）</th><th colspan="2">职业能力</th></tr>
<tr><th>一般能力</th><th>关键能力</th></tr>
<tr><td>森林培育</td><td>营林造林</td><td>34</td><td rowspan="4">政治素质和职业道德
知识要求
资历要求
（详见《岗位工作规范》，每个岗位均有明确、具体的描述）</td><td rowspan="4">工作能力
（详见《岗位工作规范》，每个岗位均有明确、具体的描述）</td></tr>
<tr><td>森林保护</td><td>森林保护
野生动植物和自然保护区</td><td>22</td></tr>
<tr><td>经营管理</td><td>国营林业局
厂、企业、公司
自然保护区管理局
省（市、县）级森林防火办公室
木材运输处
场（国营林场、野生动物驯养繁殖中心、狩猎场、良种场）
营林站（飞播营林、林木种苗管理、林业工作、林业推广、森林物候气象站）
林政站
森林保护站
林副特产站
苗圃
统计
物资管理
资源与林政管理</td><td>111</td></tr>
<tr><td>森林资源利用</td><td>采运工程
木材机械加工
林产化学加工</td><td>65</td></tr>
<tr><td>合计（个）</td><td>20</td><td>232</td><td></td><td></td></tr>
</table>

林业专业教学系统分析

【教学目标】

知识目标：掌握林业专业教学系统构成要素及其特点。

能力目标：学会从心理学角度分析林业专业师生的个性特征和教学特点；学会从功能性角度分析教学内容和教学媒体的特点。

情感目标：提升学生对教学系统及其构成要素的认识。

【重点难点】

重点：掌握林业专业教学系统构成要素的特点。

难点：分析并准确把握林业专业教学系统构成要素的特点。

林业专业教学系统是一个非常复杂的有机系统，它是由相互作用的林业专业教师、学生及专业教学内容和环境等空间结构性要素和林业专业教学目标、活动与评价等时间进程性要素构成的特殊复合体，一般包括林业专业学生、林业专业师资、林业专业教学内容、教学方法、教学媒体和教学目标六大要素。

诚如前述，“一叶一菩提”“人不能两次走进同一条河流”，要实现好林业专业教学目标，必须经常地对林业专业教学系统进行分析。林业专业教学系统分析围绕上述六大要素，主要对林业专业教师、学生和林业专业培养目标、教学内容、教学媒体等要素进行分析。

任务3.1　林业专业学生分析

林业专业职教本科学生毕业后从事林业专业教学工作，主要的工作对象是职业高中、中职学校的林业专业学生，这是林业专业教学系统分析的首要对象。针对职业高中、中职学校的林业专业学生的分析主要是对其个性心理特征和学习行为特点进行分析，其主要目的是为林业专业课程开发、教学设计和专业教学法选择提供主体性依据。

3.1.1　林业专业学生个性特征分析

学生是教学系统的主体要素。学生既是学习的主体，也是教学活动的主体角色，处于中心地位。职业高中、中职学校的林业专业学生来源主要是初中毕业生，也有极少学校的极少量高中生。学生入学年龄大体在15~18岁，在校年龄段大体为15~20岁，处于人生的青少年时期，是一个生理上即将成熟、正在成熟或者刚刚成熟的非常时期。以个性心理学等有关理论为基础，分析林业专业学生的个性特征，有助于从学生所处的个性结构层次、需要结构内容、健康个性养成等方面，为林业专业教学法教材开发提供有关心理学方面的科学依据，使林业专业教学更具针对性，从而更有效率、更有成效。

3.1.1.1　林业专业学生的个性结构层次分析

关于个性的概念存在众多解释。经过查阅大量文献资料，我们采用这样的解释：个性是一个人的整体心理面貌，是具有一定倾向性的各种心理特征的总和。具有整体性和系统性、共同性和独特性、稳定性和可塑性、社会制约性和能动性、综合性和功能性等特性。

心理学研究认为，个性是决定人特有行为与思考的概括化的心理活动系统。个性的心理结构是一个多层次、多水平，且较为复杂的完整系统，一般认为包括动机、需要、兴趣、理想、信念、世界观等个体倾向性的动力结构系统，能力、性格、气质等个性差异具体表征的特征结构系统和自我认识、自我体验、自我调控等自我意识对心理和行为的控制与调节的调节结构系统3个子系统。

人的个性是在社会实践中逐渐形成的，是一个由自然性和社会性2种基本特性构建的内容丰富的心理系统。

人的心理活动包括认识活动和意向活动。认识活动是对客观世界的反映活动，包括人的感觉、直觉、表象记忆、想象、思维。意向活动是对客观世界的对待活动，其核心成分是注意、需要与兴趣、情绪与情感、意志、行动。个性是概括化了的心理活动系统。具有较鲜明的层次性。每一个层次包括“感受性系统”和“倾向性系统”2个亚结构因素。

一些心理学家从不同视角并应用其相关研究成果建立了人的个性层次结构模型，进而制作了个性3层次（最低层次、中间层次、最高层次）内容一览表和个性亚结构一览表。通过对比分析，我们发现对于职业高中、中职学校中处于青少年时期的林业专业学生的个性结构层次而言，大体位于最低层次基础上和未来发展方向的最高层次之间，基本属于中间层次。其个性结构层次的具体内容，见表3-1。

表 3-1 职业高中、中职学校的林业专业学生个性结构层次表

层次	亚结构		发展水平	意识特征	重要特征	培养方式	形成特征
	感受性系统	倾向性系统					
中间层次	才能品质	心理倾向	心理水平(或称个性后成性水平)，在人的生物特征基础上由外部条件决定，与人的生物学特征有直接联系	一般意识	通过个体需要而形成一定的个体自觉的需要	各种各类实际活动	“由下而上”和“由上而下”的交互作用；体现出个性受先天生物因素和后天社会因素影响的特征
	思维力 想象力 记忆力 认识力	社会关系需要 活动需要 情绪需要 物质需要					

从个性结构层次具体内容看，职业高中、中职学校的林业专业学生的个性具有如下几个特征：

①认识能力以天生智能为基础，感受方式以对具象性对象的感受经验为主。感受能力发展处于由“智能”向“认识能力”转变的中间阶段初期。认识能力水平较低，有待于通过以学校教育、教学活动为主要方式的培养和提高。

②记忆力以机械记忆为基础，形象记忆力较强，理解记忆力较弱。林业专业教学活动特别是教学方法的选用必须充分发挥其机械记忆力、形象记忆力强的优势，加强培养其理解记忆能力。

③想象力很强，含有较大的灵感思维潜质因素和创造力因素。林业专业教学，特别是专业教学法设计应该非常重视对这两个因素的挖掘和提升，注意选用恰当的带有创造性的教学方法，提高教学质量和学生创造性学习的能力。

④思维能力以形象思维为优势，抽象思维能力较弱。林业专业教学设计和林业教学法选用，必须有意识地按照“感觉运动思维—具体形象思维—抽象逻辑思维”的发展规律，在有限的教学过程中，最大限度地迅速提高学生的思维能力。因为，思维能力是认识活动中的核心能力，是学生终身受益无穷的智力财富。

3.1.1.2 林业专业学生的需要结构内容分析

苏联享有世界声誉的心理学家鲁宾斯坦说：“人的性格的根源和它形成的关键，在于他的活动的诱因和动机。”并断言：“性格特性归根结底是这个人在同类条件下合乎规律地出现的倾向、诱因、动机。”需要是人的活动的基本动力和源泉，动机则是需要的具体表现或它的内在动力体系。个性积极性的源泉和个人活动的基本动力都是需要。在林业专业教学活动中，作为教学主体、处于中心地位的学生的需要是其活动设计极为重要的依据性因素。

需要具有对象性、物质生产性、现实性、丰富性、层次性等特点。根据辩证唯物主义个性系统观，我国一些心理学家将人的需要分为最低层次——生理本能需要、中间层次——心理倾向需要、最高层次——社会意识倾向需要3个层次，并按需要水平将其归纳为低级的需要和高级的需要2个层级。

美国著名的社会心理学家和比较心理学家、行为学派的代表人物之一的亚伯拉罕·马斯洛(Abraham Maslow)1943年发表了论文《人类激励理论》，他在文中提出了非常著名的“需求层次理论”。马斯洛的“需要层次理论”将人类需求像阶梯一样由低到高划分为5个层次，分别为“生理的需要、安全的需要、爱和归属感的需要、尊重的需要和自我实现的需要”，这5个层次依次由较低层次到较高层次排列。后来，他还提出了人在实现“自我实现需求”之后，还有“自我超越的需要”(self-transcendence needs)，所谓的第6层次，但在一般情况下，我们会将其合并至自我实现的需要当中。

马斯洛提出人的“需要层次理论”从整体上看是一个从低级层次需要向高级层次需要发展的过程。5种需要可以分为2级，其中生理上的需要、安全上的需要和感情上的需要都属于低一级的需要，这些需要通过外部条件就可以满足；而尊重的需要和自我实现的需要是高级需要，他们是通过内部因素才能满足的，而且一个人对尊重和自我实现的需要是无止境的。这在一定程度上符合人类需要发展的一般规律，因而受到很多人的认同；但同时，马斯洛还指出，人在不同时期的需要是不尽相同的，人的每一个时期都会有一种需要占据主导地位，而其他的需要则处于从属地位。

马斯洛需要层次论的理论基础是人本主义心理学。人本主义心理学认为，人的内在力量不同于动物的本能，实现内在价值和内在潜能乃是人的本性，人的行为具有目的性和创造性，受意识所支配。马斯洛和其他的行为心理学家还认为，一个国家多数人的需要层次结构，是同这个国家的经济发展水平、科技发展水平、文化和人民受教育的程度直接相关的。在不发达国家，生理需要和安全需要占主导的人数比例较大，而高级需要占主导的人数比例较小；在发达国家，则刚好相反。马斯洛人的需要层次结构的具体内容如图3-1所示。

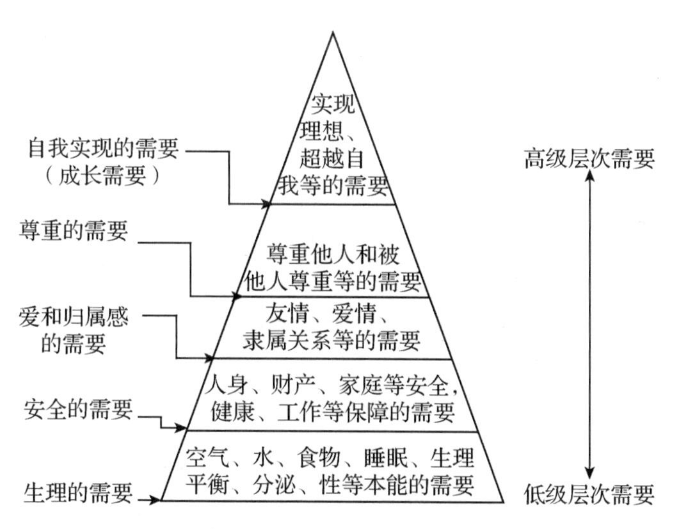

图3-1　马斯洛——人的需要层次结构图

根据马斯洛需要层次论和人的需要层次结构图与对我国这个当前世界上最大发展中国家的青少年的需要的长期考察分析，虽然在地区之间、民族之间，如东部地区和中西部地区，内陆和沿海，汉民族聚居区和老少边地区，1线、2线、3线城市(还有人提出超1线、1.5线、1线、2线、3线等城市概念)和广大的农村地区及其相互之间由于发展不均衡造成各方面的差异，但也有共性。综合起来，我国职业高中、中职学校的林业专业学生在“需要”方面具有以下共同特点：

①在低级需要层级中，“生理的需要”“安全的需要”在一般情况下均已得到满足。值得注意的是由于这些学生正处在生理即将成熟或者刚成熟时期，在“生理的需要”中的“性

欲的需要”和“爱和归属感的需要”中的“爱情的需要”应该在学校教育领域内加以正确引导。

②当前社会独生子女合作交际能力相对不足的现实致使学生的“社会交往需要”在一定程度上比较薄弱。在林业专业教学活动中，应该有意识地尽可能多选用需要团队合作完成某项教学任务的教学方法，既弥补现实的不足又为培养学生就业必备的合作精神品质提供条件。

③高级层次需要的自觉性较差。就中职林业专业教学活动范围而言，特别要通过教学设计、教法选择、教学活动组织等手段，激发、引导、强化学生对尊重、交际、学习、探究、创造、服务、奉献等的需要。

3.1.1.3 林业专业学生的健康个性分析

所谓健康个性指在体力与智力、知识与道德、性格与才能、理性与直觉、美的体验与美的表现等诸方面获得和谐发展的人。

同样是马斯洛，根据他的需要层次论提出了自我实现者的15个人格特点。这是一种极其感人的品质集成，一种理想的个性模式，被马斯洛的追随者称为健康的个性。

其实，从人的内部心理机制来看，健康的个性是一种和谐发展的个性；从外部活动的成效来讲，是一种富有高度效能的创造性个性；从伦理内容来考察，则是人道主义者所具有的个性。通过调研分析，我们发现，职业高中、中职学校的林业专业学生具备健康个性和开放型个性。

(1)林业专业学生的健康个性

作为林业专业学生而言，健康个性特指个性发展达到了个性结构中间层次水平，并有在就业之后通过自觉学习、终身学习不断地形成最高层次发展欲望的“自我实现者”。他们具有通过自己充满活力与效能的心理机能、高度发展的智力与才能、为社会和他人作出卓有成效的奉献、生机勃勃和充满感染力特性的魅力，成为“个性成长的促进者”，而不是相反——成为“致死性个性”瘟疫的传播者的巨大潜能。

从这个意义上讲，要求教育部门在确定中等林业职业教育目的、培养目标，承担林业专业教学任务的专业教师在制订教学目标、编制教学计划、选择教学方法时，统筹考虑、精心安排，为学生健康个性的形成和发展提供优良的环境条件。

(2)林业专业学生的开放型个性

健康个性的典型特征之一是人的创造性。

具有开放型个性的人存在着强烈的创造动机，同时也有着一定的创造才能，具有较为理想的创造品性。

林业专业学生在读期间的个性发展目标应是达到开放型个性的水平。

怎样的个性才是有开放性呢?《个性心理学》提出了3点，可供中职林业学校、林业专业教师为学生创造自由民主、激励创造学习环境和学生规划个性发展目标时参考：

第一，开放型个性在认识方面的思维特征——好疑好思。

第二，开放型个性在意志方面的行为特征——敢说敢干。

第三，开放型个性在情感方面的行为特征——善美善感。

其实，还应加一点，开放型个性在动机方面的行为特征——坚持不懈。

3.1.2　林业专业学生的学习特点分析

因特定年龄段的生理、心理特点以及普教阶段的某些缺陷和社会环境某些方面(如现代传媒、社会环境等)负面因素的影响，致使职业高中、中职学校林业专业学生学习特点是兴趣爱好多与指向性差、渴望独立自主学习与随大流的从众心理、学习热情高与意志力薄弱等矛盾的复合体。

3.1.2.1　兴趣爱好多与指向性差的矛盾

或者萌发于先天气质，或者在儿童时期受到家庭环境(特别是父母兴趣爱好)氛围的习染，或者因情感依附性引发的对父母、亲友职业能力成就地位的崇拜，便形成了职业高中、中职学校林业专业兴趣爱好多的特点。兴趣爱好本身是一种心理需要，能转换成促进学习的内驱力。因而，就大多数林业专业学生而言，具有什么都想学、什么都去学的倾向甚至实际行动。

但因受心理发展水平的限制，他们还不能把个体需要与社会需要整合，形成较为合理的发展方向，因而由兴趣爱好而生的动力或者因指向分散而力不从心，或者因受挫失败而迷失，甚至不仅丢了兴趣爱好而且还对专业学习产生负面影响。所谓“什么都想学，结果什么也没学”。

3.1.2.2　渴望独立自主学习与随大流从众心理的矛盾

儿童时期特有的好奇猎奇、敏感天真、无忧无惧、自由自在，加上进入青春期之后自主意识的逐渐觉醒和强化，职业高中、中职学校林业专业学生渴望独立自主学习的心理倾向日渐强烈。不少学生不仅由此养成主动学习、刻苦钻研、喜爱探索、追求创新、独立自主完成学习任务的好习惯，而且还自觉地拓展知识面，使自己全面发展。这些学生中的佼佼者成了数量不多的学习尖子，相当部分成了学习良好的群体。

但是，因个性的差异，也有一定数量的学生经受不住环境的影响、同伴得过且过的影响、对某些不以为然的环境因素的逆反等的考验，于是，潜意识里的屈服压力、本能反抗等心理因素便转换成随大流的从众心理。这类学生往往兴致日低、成绩日下，便成了班级或学校的“后进生”。

3.1.2.3　学习热情高与意志力薄弱的矛盾

或者因为儿童时期天生的好奇心理、纯真热烈的原始情感而形成的热爱学习的意识倾向，或者因为迫于升学压力、家庭期望奖赏的激励，或者受到中学特殊的严格管理的影响等，进入职业高中、中职学校的林业专业学生大都学习热情高、学习成绩好、成长速度快。

但也有一部分学生受意志品质差异和中职学校管理模式的变化、同学的影响、对现实生活环境的不适应等因素的制约，走向了反面，影响了学习。

面对这样一些矛盾复杂的学生现状，职业高中、中职学校林业专业教师应该去仔细调查研究，通过教学改革、教法精选、言传身教等方式，面向全体受教学生，重点是针对少数“落伍”学生，做好激励和转化工作。

任务3.2 林业专业师资分析

相关基础调研成果表明，职业高中、中职学校林业专业师资队伍具有：大多来自普通大学，缺乏教师素质训练，教育专业素质较弱；中青年教师多，实战经验不足，专业实践能力不高；环境、待遇、发展动力不够，造成教师资源流失，专业教师不足等特点。

3.2.1 来自普通大学，教育专业素质弱

调查结果表明，在职业高中、中职学校林业专业师资队伍中，有80%来源于普通高等院校的全日制普通本科及以上专业；来自高等职业技术师范学院的仅占3.2%（即便是来自高校的职教师资专业，很多高校也只是在普通本科专业课程基础上简单增设了《教育学》《教育心理学》等两三门与师资相关的课程）。

教师是一个专门的职业，林业专业是一个特殊的专业，林业专业教师必须经过专门的学习和训练；缺乏教育专业理论知识和相应的专门技能、技术技巧和专业素养的师资现状，距林业专业教师职业专业化目标相去甚远。

因此，就林业专业师资队伍整体看，专业教学方法的应用、改革、研发能力普遍比较低下。

3.2.2 中青年教师多，专业实践能力较差

调研成果表明，在职业高中、中职学校林业专业专任教师中，青年占59.01%，50岁以下者占93.67%；具有大学本科学历者占68.17%，具有专科以上学历者占83.83%；获得中级职称者占32.47%，中级职称以上者占52.68%，初级职称及其他者占47.32%；来自林业企业的占13%。

这些教师绝大多数是从学校到学校，没有到林业生产单位进行专业实践的经历；来自林业生产企业的教师又严重缺乏教育学等相关知识。因而，只有专业智力而缺乏专业技能、拥有一定专业技能而缺乏教育学等知识的现状，直接影响到专业教学质量和教育、教学目标的实现。

3.2.3 教师资源流失，专业教师不足

调查表明，自20世纪80年代以后，全国普通中等林业学校由48所减少至2007年的14所，减少了71%。随之而来的是林业专业教师严重流失，教师总量严重不足。从师资结构看，绝大多数学校没有“教师总量结构配置”意识，更无结构配置管理机制和相应的优化措施和人事保障，致使林业专业教师总量结构失衡。普遍存在“三多一少”现象——“基础课”教师多、“专业基础课”教师多、只会理论讲授的教师多；实践技能强的教师和专业实训教师少。黑板上练技能，毕业实习“放敞羊”，严重影响教学质量的提高和专业培养目标的实现。

任务3.3 林业专业培养目标分析

林业专业培养目标以国家教育方针、教育目的为指导，以林业行业职业分析成果为基础，以职业高中、中职学校林业专业培养目标为依据制订。它是林业专业教育教学工作的具体目标。在林业专业教育培养过程中，我们需要并执行培养德、智、体、美等诸方面全面发展的人才素质总目标，但在这里我们着重强调的是教学过程中的具体目标。

基于这样的认识和经济社会对职业高中、中职学校林业专业人才的要求，将中等职业学校林业专业培养目标确定为：根据林业专业人才市场需求，为林业行业培养掌握森林资源保护、培育、经营、管理、开发利用的核心技术和林业调查、规划设计关键技能的中等技术应用型高素质劳动者。

这种劳动者包括专业技术人员、行政管理人员、经营管理人员，人才培养层次为中级；人才培养类别为技术型、经营型、管理型；人才培养的门类(职业岗位类列)为森林资源保护、培育、经营、管理、开发利用、林业调查、规划设计工作任务领域中的相应岗位群。

任务3.4 林业专业教学内容分析

现行林业专业的教学内容仍归入传统的三大模块课程——基础课程、专业基础课程和专业课程(专业核心课程)之中。其中的专业技术内容包含在“林业生态学”“造林学”“林木育种学”“森林经营学”“森林害虫防治”“森林经理学”等课程之中。因为受这些专业技术运用前提条件的制约，林业专业教学内容还包括作为林业生产经营前置关键技能的林业调查和规划设计。林业专业教学内容具有如下几个特点。

3.4.1 与生产实践项目吻合度高——实践性强

从现行职业高中、中职学校林业专业的专业课程内容看，无论是各类林业调查、各种林业规划设计，还是森林有害生物防控、林木种苗培育、森林营造、森林经营、森林资源管理等内容，都一一对应于林业生产周期或某个林业工作阶段而形成的生产实践项目。贴近生产实际，实践性强。

3.4.2 与学生好动个性吻合度高——活动性强

与林业生产实践项目一一对应的林业专业教学内容，绝大多数包含某种或多种林业核心技术、关键技能的应用操作步骤和过程，都要动脑、动手，都要具体行动。这正与处于青少年年龄阶段的职业高中、中职学校林业专业学生好动的个性特征高度吻合，贴近学生个性需求，活动性很强。

3.4.3 与媒体多元化吻合度高——支撑点多

在职业高中、中职学校林业专业的课程体系中，几乎各门专业基础课（如与森林植物、森林环境有关的学科）、专业课（包括森林资源、森林保护、森林培育、森林资源综合利用等内容的学科）都离不开实验、实习、实训所需的各类教学媒体。教学内容贴近相关媒体，与媒体多元化吻合度高。

任务3.5 林业专业教学媒体分析

媒体（media）一词来源于拉丁语“Medius”，音译为媒介，意为两者之间。它指信息的载体和加工、传递信息的工具。具体地说，媒体有两层含义：一是指承载信息所使用的符号系统，如语言、文字、声音、符号、图形、图像等；二是指存贮和加工、传递信息的实体，如书刊、挂图、画册、报纸、投影片、计算机磁盘、录音带、录像带以及相关的播放、处理设备等。

在教学活动过程中所采用的媒体被称为教学媒体。从教学的本质上看，教与学的过程是一种获取、加工、处理和利用事物信息的双向交流过程。因此，作为存贮和传递信息的任何媒体，都能充当教学媒体。林业专业教学所需媒体主要是实物模型（标本）、模拟软件、文字图表三大类。

实物模型——包括动植物等实体、标本和黑板、规划设计模型等。

模拟软件——包括用现代多媒体技术制作的林业专业相关题材的幻灯片、电影片、电视片、动画片、录像片、录音带及其辅助设备；也包括程序教学机、电子计算机、摄影器、电化教学设备、远程教学设备等机器和各种教学软件等。

文字图表——教材、讲义、实训指导书等文字资料。包括照片、图画、调查和规划设计等图纸、各类表格等。

林业专业教学媒体具有如下几个使用特点：

3.5.1 可用媒体支撑种类多

林业专业教学内容是既包含林业行业科学技术体系的诸多子系统，又包含或涉及众多相关行业科学技术体系的众多子系统，因而适用于本专业和相关专业教学的媒体均可选用或借用。

3.5.2 传统媒体支撑频率高

从林业专业教学媒体使用现状看，传统的实物媒体、图文媒体占相当比例，且使用频率较高，对教学内容的支撑密度较其他媒体大。

3.5.3　现代媒体吸纳速度快

当今世界已进入科学技术大发展的时代。科技更新速度十分惊人，日新月异。其中信息技术更是飞速发展，不断换代，已经成为21世纪的形象标志。在学校教育教学领域中也大量使用以信息媒体为主力军的多种多样的现代媒体。林业专业教学内容有相当部分在媒体选择上与时俱进，IT技术、“3S”技术及其相关配套设施、软件迅速地用于教学活动之中。对现代媒体的吸纳速度很快。

综上所述，不难发现，林业专业教学系统各大要素的特点呼唤教学改革，要求教法创新，《林业专业教学法》教材由此诞生。

林业专业课程开发

【教学目标】

知识目标：了解林业专业课程开发的定义和特点；掌握林业专业课程开发的基本原理、流程(步骤)和方法。

能力目标：能够组织实施林业专业课程开发。

情感目标：提高对林业专业课程开发的认识。

【重点难点】

重点：林业专业课程开发的原理、流程和方法。

难点：林业专业课程开发的方法。

任务 4.1 林业专业课程开发认识

4.1.1 林业专业课程开发

课程开发是指根据某种思想和理论，确定课程目标、选择和组织课程内容、实施课程并进行评价等一系列的活动和过程。从课程开发所承担的任务和产生的结果，将课程开发分为宏观、中观和微观 3 个层面：宏观的课程开发指的是国家和地方政府层面出台的基本政策和指导原则；中观层面指的是政府教育部门或学校开发的课程大纲或课程标准；微观层面则指的是教师制订的课时计划。从教育行政机构所担当的角色分析课程开发又分为国家本位、地方本位和学校本位 3 层次。

从林业专业教师角度出发，课程开发主要指微观层面和学校本位的课程开发。作为林业专业教师，不仅要做好自身承担的专业课程开发，还要积极促成和参与学校本位的课程开发。因此，我们将林业专业课程开发定义为：职业高中、中等职业学校的林业专业课程开发以一定的林业专业课程理论为指导，以林业行业职业分析为基础，以林业专业教学系统构成要素分析为前提，针对林业专业课程的教学内容和相关教学活动进行计划、组织、实施、评价与修订，从而实现林业专业课程目标(如“林业专业教学法”课程开发就是围绕林学职教专业培养目标界定该课程开发目标为培养选法准、用法精的胜任职业高中和中职学校林业专业教学的专业教师)的整个活动和工作过程。

4.1.2 林业专业课程开发特点分析

林业专业课程开发由于林业职业教育述求的特殊性，强调学院式课程开发体系(注重知识系统、内容完整)与企业式课程开发体系(注重实用)的综合，它既注重教学知识的系统、全面和教学内容的严谨、科学，更注重教学内容与具体林业工作的紧密联系，突出教学知识的操作性和实用性。

4.1.3 林业专业课程开发原理分析

1949 年出版的《课程与教学的基本原理》一书是被誉为“现代课程理论之父”的美国著名教育学家、课程理论专家、评价理论专家拉尔夫·泰勒(Ralph Tyler)的经典著作，是迄今为止课程领域最有影响的著作之一，被奉为现代课程理论的“圣经”。泰勒在 20 世纪 30 年代和 40 年代分别提出了评价活动的原理和课程编制的原理，并在《课程与教学的基本原理》一书中提出 4 个基本问题：学校应该达到哪些教育目标？提供哪些教育经验才能实现这些目标？怎样才能有效地组织这些教育经验？怎样才能确定这些目标正在被实现？这 4 个基本问题构成了考察课程与教学问题的基本原理，既为课程开发提供了坚实的理论基础，又为现代课程研究开创了范式。

事实上，泰勒并非试图通过直接回答上述问题来解决问题本身，因为这些问题的具体答案会因为学校性质、教育阶段的不同而产生差异，他只是想通过问题的提出，寻找解决研究这些问题的方法与程序。这本身就构成了考察课程和教学问题的基本原理。林业专业课程开发原理正是基于泰勒原理以及对设置专业课程目标、选择学习经验、组织学习经验和评价等基本问题的解答程序的阐释。

4.1.4 林业专业课程开发流程

泰勒提出以课程目标作为课程开发的基础和核心的模式被称为“目标模式”，这种模式被看作课程开发的经典模式、传统模式。它以泰勒为代表，并不是泰勒所首创，其首创者是博比特和查特斯。后来，泰勒的学生塔巴对泰勒课程开发目标模式进行了进一步发展，提出了课程开发更为具体的8个步骤：诊断需要、建立目标、选择内容、组织内容、选择学习经验(学习活动)、组织学习经验、评价、检查平衡与顺序。经过几十年的发展，中外一些教育学家、课程理论家、评价理论家根据泰勒原理结合自身研究与实践也提出了很多课程开发的步骤。

我们根据泰勒原理，综合了中外众多专家的研究成果，结合林业专业教学实践与调研成果，将林业专业课程开发流程划分为4个环节：课程目标、课程设计、课程实施和课程评价。其中，课程设计主要指教学计划、教学大纲和教科书等；课程实施主要是包括安排课表、确定并分析教学任务、研究学习活动和学生特点、选择教学模式、规划教学单元和课的类型和结构、组织教学、评价等；课程评价主要是判断课程价值和适宜性，并通过反馈进行修订。课程开发4环节是一个往复循环不断发展的过程，如图4-1所示。

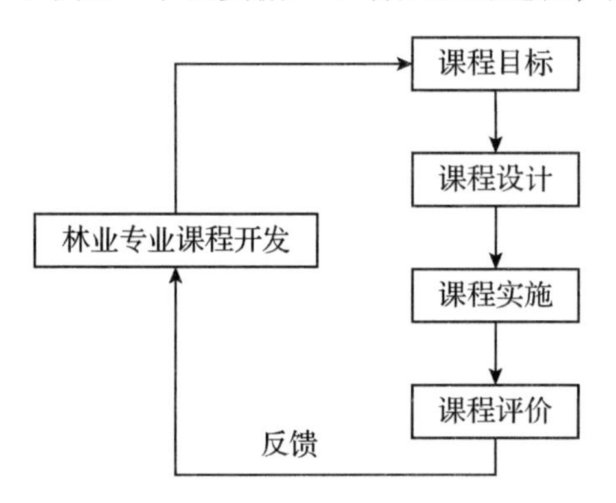

图4-1 林业专业课程开发流程

任务4.2 林业专业课程理论分析

教学理论是为了解决教学问题而研究教学一般规律的科学。迄今为止，有4种典型的课程理论：知识中心主义课程论、社会中心课程论、学习者中心课程论和结构课程论。知识中心主义课程论主张以学科分类为基础，以学科知识为中心，以掌握学科基本知识、基本规律和相应的技能为目标；社会中心课程论把重点放在当代社会问题、社会的主要功能、学生关心的社会现象以及社会改造和社会活动计划上，主张学生尽可能多地参与到社会中去；学习者中心课程论则主张以学生的活动为中心，同时课程的组织应心理学化；结构课程论主张教学内容应以各门学科的基本结构为中心。

职业高中、中等职业学校的林业专业课程理论主张以学生为中心，以学科知识为重点，综合社会中心课程论和结构课程论的方法，强调学生主体和技能应用。

任务4.3　林业专业课程目标分析

制订林业专业课程目标是林业专业开发的最关键环节。课程目标是特定阶段的课程要达到的预期性的、明确的、可以付诸实践的学生发展状态的理想性规划。林业专业课程目标的确定来源于对学生和社会需求的调查研究与林学学科专家对目标的建议并通过一定的林业专业教育哲学和学习理论进行筛选。

4.3.1　研究林业专业学生

对林业专业学生的研究主要目标是结合学生需要确定作为课程教师希望给学生带来哪些预期效果。研究学生特点包括以下3个方面的主要内容：

①利用对照检查方法分析确认林业专业学生学生身心发展状况。通过学生兴趣与需要、认知发展与情感形成、社会化过程与个性养成等身心状况测评结果与全国常模、地区常模进行对照检查，明确林业专业学生与其存在的差距；同时将林业专业学生身心状况测评结果与校内其他专业学生进行对比分析，得出本专业学生身心发展存在的独特状况。

②通过问卷调查分析林业专业学生的个体需要。

③通过问卷调查分析林业专业学生的兴趣爱好及其个体差异。

采取问卷调查，如果选用抽样调查方式，要注意保证样本选取的代表性。

4.3.2　研究社会和林业职业需求

社会研究的涉及的内容极为广泛。在课程领域里通常采用的方法是把社会生活划分为若干有意义的方面，泰勒介绍的一种可行的分类是把社会划分成7类进行研究：健康、家庭、娱乐、职业、宗教、消费、公民。通过研究，掌握社会对教育和人才素质的需求，特别要明确林业职业及其相关职业对教育和林业专业人才素质的需求。

4.3.3　研究林学学科

学科是知识的最主要的支柱。研究林学学科的重点应放在林学知识、类型、发展及其价值，以反映林学知识增长的客观要求。研究过程中，要注意吸收借鉴、综合或筛选林业行业专家特别是林业职业教育专家的意见。

任务4.4　林业专业课程设计

所谓课程设计就是对课程进行规划和具体安排。林业专业课程设计包括教学计划、教学大纲和教科书3个层次。

4.4.1　制订教学计划

教学计划包括设计的指导思想、培养目标、课程设置及其说明、课时安排、课程开设顺序、时间分配、考试考查制度和实施要求等几部分构成。林业专业课程设置按现行标准一般包括对通识基础课程、专业基础课程和专业核心课程的界定。同时，要规定每门课程开设的顺序、学时分配和具体开设时间，并对学年、学周进行具体安排。

4.4.2　制订教学大纲

教学大纲又称课程标准，是课程教学内容的指导性文件，是对课程的教学目的与任务，知识的范围、深度和结构，教学进度，教学法等的基本要求。

林业专业课程教学大纲一般由说明和正文两个基本部分构成。说明部分，要简明扼要地阐明课程开设的意义、教学目的、任务和指导思想，提出教材选编的原则、教学方法建议等；正文部分主要是对教材主要课题、要目和章节进行系统安排，对每个课题教学要点、学时(包括实验实习、练习参观、作业等)做具体要求和安排。

4.4.3　选择教科书

选择教科书也是教学设计的一个重要内容。教科书既是学生上课也是教师行课的主要基本材料。林业专业教科书选择必须要符合大纲要求，思想性与科学性、观点与材料要符合中国国情和实际，理论知识和技能的广度与深度与自己任课的职业高中、中等职业学校林业专业学生实际贴近，基础知识与基本理论与林学学科最新研究成果相符。

在此必须说明的是，教科书指的是我们通常所讲的教材，即学生上课用的课本。但教科书不是教材，教材泛指的是教科书和讲义，严格意义上的教材还包括了教科书、讲义、教案、参考书、实验实习指导书以及各种视听材料等。

任务4.5　林业专业课程实施

课程实施就是将教学计划付诸实践的过程，是实现教学目标的基本途径。林业专业课程实施包括7个方面的主要结构，如图4-2所示。

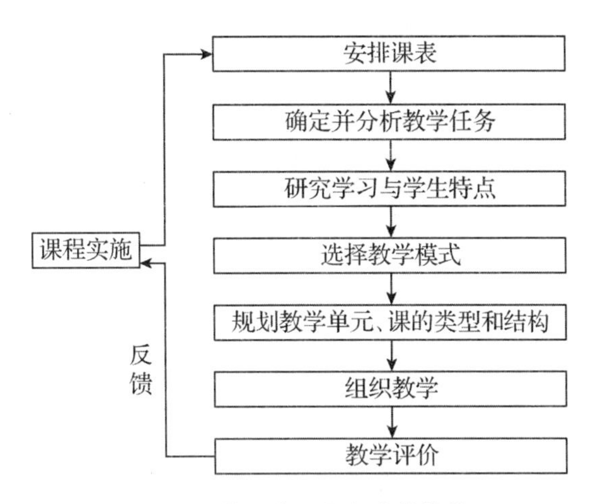

图4-2 林业专业课程实施结构

4.5.1 安排课表

根据林业专业课程的特点和实际，结合学校、专业全局，通过协调和合理配置，使通识基础课、专业基础课、专业课乃至实验实训等每门课程都处在能发挥最佳效果的最恰当位置。

4.5.2 分析教学任务

对林业专业学生要掌握的基础知识和基本技能，需要达到的智力、能力和要养成的情感、态度、品德和个性心理品质等进行分析。

4.5.3 研究学生的学习特点

对林业专业学生学习特点的分析，包括对学生的基础知识和技能状况、智能结构、心理品质和个性特征等基础因素，学习经验、学习方法、学习动机等内部因素，教学内容、本人的教学风格、中国社会和地域传统、当代要求、学校教育环境等外部因素。

4.5.4 选择教学模式

根据林业专业课程的教学任务、林业专业学生的学习特点选择恰当的教学模式。

4.5.5 规划单元和课

根据林业专业课程教学内容的主要原理、概念、技能、态度等规划好林业专业课程单元，合理安排每次课的课堂教学活动。

4.5.6 组织教学活动

林业专业教学活动组织的构成要素主要由林业专业学生、林业专业教师、专业课程教学目的、专业课程教学内容、教学方法、教学媒体等组成。前面已经对相应内容做了分析，这里将着重阐述林业专业教学法的选择。林业专业教学法选择根据林业专业教学内容分析成果，采用“课程—内容—方法”思路进行。从现行职业高中、中职学校林业专业的课程设置看，根据其主要内容和功能可以划分为4个主要类型，即理论课程类、理论与实践相结合的课程类、实验实训课程类和现场教学课程类。

4.5.6.1 理论课程类教学内容的教法

在职业高中、中职学校林业专业的专业基础课和专业课中，有关一些基本理论、基本原理等教学内容属理论课程类，这类教学课程理论性较强，需要识记和理解。教学法选择除传统的讲述(讲演)、练习、复习、提问、实习、实验等教学法外，还应注意选用问题教学法、学导式教学法、思维导图法、引导文法等现代职教领域中较为典型的教学方法。

例如，对“森林资源资产评价”的教学，如果单纯采用讲授法，平铺直叙的讲述，可能学生积极性不高，兴趣不大；但如果采用问题式或者学导式教学法教学，可能就会事半功倍。

4.5.6.2 理论与实践相结合课程的教法

在职业高中、中职学校林业专业的专业课中，有关林木种苗生产、测量、森林营造技术、植物组织培养、园林绿化、林业有害生物控制、森林资源管理与资产评估等理论与实践相结合的课程，纯理论内容相对偏少偏轻，而实践操作性强、技术技能性强，应着重选用行动导向、能力本位教学模式下的教学方法，如项目教学法、模拟教学法、角色换位法、案例教学法等。

4.5.6.3 实验实训课程的教法

职业高中、中职学校林业专业的专业基础课和专业课中，有关需要采用实验、实训(含实习)等教学手段进行教学的内容属实验实训课程。对这类课程而言，其教法可适性较强，如行动导向类教学方法。

4.5.6.4 现场教学课程的教法

在职业高中、中职学校林业专业专业课中，如森林资源一类清查、二类调查、三类调查和林业工程规划设计(如自然保护区、湿地保护、森林公园、营造林规划设计等)，这类课程现场感强，教学时可重点选择头脑风暴法、项目教学法、角色换位法、模拟教学法、案例教学法等教学方法。

林业专业教学法的选择既受教学系统中各种要素和学校教学条件的制约，又受不同施教者的个性差异影响，不能一概而论。这里只侧重从课程内容及其功能视角进行分析，不能僵化对待。在实际教学设计中，教师可根据具体情况灵活选择。选择的一般原则是内容可适性、条件可行性、可操作性和效果最佳性。法无定法，最宜者佳。既不要排斥传统教学方法的创新型应用，更应主动学习、研究探索新的教学方法。

在课题研究过程中，我们通过发放大量问卷对国内院校、职业高中和中职学校的林业专业教师所采用的教学方法进行调研，目前国内专业教师大量采用、且相对效果较好的林业专业教学方法详见单元2。

4.5.7 教学评价

课程实施评价，主要是对本次课程实施的组织过程和教学结果进行评价，确认是否到达了预期目的。并通过结果反馈不断修订教学实施的相关内容。

任务4.6　林业专业课程评价

课程评价就是检查课程目标、编订和实施是否实现了教育目的，实现的程度如何，由此判定课程设计的效果，并根据结果反馈对课程开发做出改进或修订。林业专业课程评价包括收集相关材料与信息、组织分析、形成结果几个基本步骤，主要是判断课程价值和适宜性。

目前，世界上对课程评价有目标评价、目的有利评价、CIPP评价等多种模式，不同的课程应根据需要做出不同的选择。在林业专业课程评价过程中，关键是要把握好评价概念、组织与分析材料信息、评价方法选择是否适合本课程。由此产生的评教结果会直接影响下一轮的课程开发。

参考文献

陈琦，刘儒德 . 2007. 当代教育心理学[M]. 北京：北京师范大学出版社 .
冯建军 . 2012. 教育学基础[M]. 北京：中国人民大学出版社 .
高玉祥 . 2003. 个性心理学(修订版)[M]. 北京：北京师范大学出版社 .
裴娣娜 . 1995. 教育研究方法导论[M]. 合肥：安徽教育出版社 .
彭聃龄 . 2004. 普通心理学(修订版)[M]. 北京：北京师范大学出版社 .
泰勒(美). 2008. 课程与教学的基本原理[M]. 北京：中国轻工业出版社 .
王道俊，王汉澜 . 1999. 教育学[M]. 北京：人民教育出版社 .
王刚，李晓东 . 2012. 林业专业教学法[M]. 北京：北京师范大学出版社 .
徐国庆 . 2009. 职业教育项目课程开发指南[M]. 上海：华东师范大学出版社 .
严中华 . 2009. 职业教育课程开发与实施[M]. 北京：清华大学出版社 .
袁振国 . 2004. 当代教育学[M]. 北京：教育科学出版社 .
曾令萍，仲艳平，金敏. 2015. 中华人民共和国职业分类大典(2015版)[M]. 北京：中国人力资源和社会保障出版集团有限公司.
周海银 . 2008. 课程与教学原理[M]. 济南：山东人民出版社 .

单元2

林业专业常用教学法应用

作为林业专业教学法，哪些方法应用最广？哪些方法效果最优？如何选择最适宜的教学法？这是摆在教材开发组面前的重要问题。

通过滚雪球抽样法，我们调查访谈了国内多位林业专业资深专家，其中4位专家为林学职教项目核心课程开发的教材负责人，并与其一道认真分析了《森林资源经营管理》《森林计测》《森林保护》《森林培育》4本核心教材的具体内容，并结合这些内容寻找适合且广泛应用效果较好的教学法。同时，结合其他林业专业课程内容，一共筛选出26种教学法。

根据李秉德教授的教学方法分类原则和林学教育实践，我们将这26种教学法按照"以语言传递信息为主的方法、以直接感知为主的方法、以实际训练为主的方法、以引导探究为主的方法"进行排序并将其制成问卷，调查了国内40位长期承担高职、中职和职教本科层次教学的林业专业教师，请他们进行选择，最后结合访谈内容和教育学专家建议，遴选出以下10种林业专业教学法纳入单元2中进行应用探讨，并非排斥或者遗弃诸如教授法等方法的应用。

本单元共10个项目20个任务，教学目标及重点难点如下：

【教学目标】

知识目标：了解讨论式教学法等10种林业专业教学过程中广泛应用且效果较好的教学法的基础知识，掌握该10种教学法应用的核心技能。

能力目标：能用该10种教学法进行合理的教学设计，提高学生理论与实践相结合的能力。

情感目标：提高学生对教学的热爱之情。

【重点难点】

重点：合理运用该10种教学法进行教学设计，提升教学效果。

难点：结合教学内容，创造性的运用该10种教学法进行教学。

项目5 讨论式教学法应用

【任务载体】

森林资源和水资源是生命进化、人类社会生存和发展必不可少的物质基础，是包括人类在内的地球生命生存的重要资源，是陆地生态系统十分重要的组成部分。森林是陆地生态系统的主体，水是生态系统中物质循环和能量流动的主要载体。

在森林生态系统中，森林通过降水截留、枯枝落叶层保水、土壤入渗、蒸散及径流等来影响水分循环，从而对自然界的水分运动产生重大影响。因此，研究和认识森林对自然界水分循环运动影响的规律，对于开发、利用水资源，防治水患，充分发挥森林的生态效益具有十分重要的意义。

请就森林对水循环的作用展开讨论。

【教学目标】

知识目标：了解讨论教学法的定义、作用和特点；掌握讨论教学法的使用步骤、运用技巧；能够使用讨论教学法设计教案和实施教学。

能力目标：提高学生解决问题的能力；提高学生的交流能力。

情感目标：提高学生环境保护意识。

【重点难点】

重点：讨论教学法的作用、特点、使用步骤和运用技巧。

难点：讨论教学法的使用步骤和运用技巧。

任务5.1 讨论式教学法认知

讨论式教学法的历史追溯起来可谓由来已久。

在我国，古代教育名著《学记》中就曾记载有“独学而无友，则孤陋而寡闻”，意思是如果在学习中缺少了学友之间的交流切磋，必然会导致知识狭隘、见识短浅。因此，在学习过程中应当多与他人交流，博采众长，从而提高学习效率。春秋战国时期，著名的教育学家孔子提出了“三人行，必有我师焉”，他认为学习应当虚心，注意习人所长，而他本人在实际教学中也正是经常性地跟自己的学生对各种问题展开讨论。

在西方，早在古希腊时期，著名思想家苏格拉底就提出了“反诘法”。所谓“反诘法”，就是指教师在指导学生时并不直截了当地把知识告诉学生，而是通过讨论问答甚至辩论方式来揭露对方认识中的矛盾，逐步引导学生自己得出正确答案的方法。苏格拉底认为这种方法可以“催生”出知识，所以这种方法又被称为“产婆术”。

英国学者俄斯凯恩(John Erskine)在1919年明确提出了讨论式教学的概念，并分析了如何应用讨论式教学。美国著名学者布鲁克菲尔德(Stephen D. Brookfield)对讨论式教学法进行了深入的研究，在他和普瑞斯基尔(Stephen Preskill)合著的*Discussion as a Way of Teaching: Tools and Techniques for Democratic Classrooms*(《讨论式教学法：实现民主课堂的方法与技巧》)一书中，他们对讨论式教学法的实施过程、注意事项以及如何开展有效的讨论式教学进行了深入细致的研究。

5.1.1 含义

林业专业讨论式教学法是相对于传统的讲授式教学法(或称演讲式教学法，事实上该教学法也是迄今为止所有教师依然广泛采用的一种极其常见的最为基本的教学方法)而言的，讨论式教学法抛弃了专业教师讲授、专业学生学习的单向信息交流沟通方式，通过讨论这种形式使信息能够在师生、生生之间双向流动，能激发学生在专业学习过程中的积极性、主动性，增强专业课程教学反馈，实现了教与学的互动。

从字面上看，讨论指“就某一问题交换意见或进行辩论”。因此，讨论式教学法就是指以讨论为基本教学手段的教学方法模式。因此，林业专业讨论式教学法可以被认为是在林业专业教师的精心组织和指导下，林业专业学生就某一林业专业主题进行有意识、有目的的相互学习、相互启发的思维探索活动，通过学生积极参与课堂讨论，实现教与学的互动，使学生变被动学习为主动学习的一种教学方法(徐振启，2013)。

在林业专业教学过程中，运用讨论式教学法和问答式教学法在形式上有一些相似性，往往容易混淆。

课堂问答和教授法一样，也是一种很常见的教学形式，通常是遵照“教师提问→学生回答→教师反馈”这样的流程不断重复，所有的师生互动都是由教师发起和控制的。

而在讨论式教学法中，教师鼓励学生与其他同学交流沟通，交流讨论过程中教师有可能很长一段时间都不会进行干涉。

这两种教学法的另外一个区别在于：问答式教学法关注专业学生回答的相关的学科知识，而讨论式教学法更关注学生高级认知能力的发展。

在林业专业教学过程中，讨论式教学跟传统的专业课堂授受的教学相比，它具有以下特点：

(1)交互影响

在讨论过程中，学生不仅从专业教师那里学到专业知识及其相关知识，同时还能从同学那里学到东西；相应的，专业教师也应当对教学保有更开明的态度：专业教学不再是教师教专业知识给学生，教师本人也能从学生那里获取知识。

(2)强调听说能力

传统的教学强调听、读、写、识、记等能力，专业学生听专业教师讲，从专业教材(课本)上学、记笔记、做作业。而讨论式教学法则鼓励学生说、观察和倾听。

(3)合作性

在讨论的整个过程中，需要小组成员根据知识结构、性格和能力等进行合理分工、共同协作，以更好地完成小组讨论任务，达到学习目标。

(4)民主性

民主性是讨论的一个重要特征。在讨论过程中，每个成员都可以发表自己的看法或者对别人的看法提出意见。学生必须要学会倾听，积极参与，谦虚，表达对别人的赞赏和信任，这一切都有助于开阔视野，促进人与人之间的相互理解。

布鲁克菲尔德和普瑞斯基尔在其合著的《讨论式教学法——实现民主课堂的方法与技巧》中也指出了讨论式教学法的15点好处(Brookfield S, Preskill S, 1999)：

①有助于学生思考多方面的意见。

②增强了学生对含糊或复杂事情的关心和容忍度。

③有助于学生承认或研究他们的假设。

④鼓励学生学会专心地、有礼貌地倾听。

⑤有助于学生对不同意见形成新的理解。

⑥增加了学生思维的灵活性。

⑦使学生都关心所谈的话题。

⑧使学生的想法和体验得到了尊重。

⑨有助于学生了解民主讨论的过程和特点。

⑩使学生成为知识的共同创造者。

⑪发展了学生清晰明白地交流思想和看法的能力。

⑫有助于学生养成合作学习的习惯。

⑬使学生变得心胸博大，并更容易理解他人。

⑭有助于发展学生分析和综合的能力。

⑮能力导致思想转变。

5.1.2 适用范围

讨论教学法的适用面广泛，使用灵活，形式也多变，所以可以在林学教育中广泛使用。

5.1.2.1 适用于“非良构性”教学内容

所谓的讨论是就某一问题交换意见或者辩论。这意味着讨论各方所持的意见可能存在差异，而且各方意见的对错通常还不是显而易见的，而是需要通过辩论来说服对方的。因此，需要通过讨论来学习的知识不能是那种答案一眼可见的，也最好不要是那种虽然需要通过思考，但只有一个标准答案的学习内容。

所谓的非良构领域的知识就是当我们将这些事实、概念、原理和程序这样的良构知识运用起来的时候，它们就产生了非良构知识。因为虽然事实、概念、原理和程序这种知识是有明确答案的，但是当把它们应用到具体情境的时候，却是千变万化的。

讨论式教学法比较适合那些非良构的、应用性的问题。这样的问题没有完全标准的答案，学生可以各执所见展开激烈的讨论，在讨论的过程中学到更多的知识，也提高了学生的思维能力和交流能力。

5.1.2.2 教学内容难度应当适中

使用讨论教学法的时候，应当注意教学内容的难度应该适中。

如果教学内容过于简单，则学生解决起来太容易，无助于提高学生的高级思维技巧；如果教学内容过于困难，则学生无从下手，一方面打击学生的学习积极性，另一方面学生难以完成学习过程，知识和能力也难以提高。

5.1.2.3 最好能结合现实中的问题

现实世界中的问题往往受到多种因素影响，具备一定的复杂性，而且其答案也不是确定的，这正好为讨论提供了基础。林学学科应用性强，教师应当有意识地将理论知识与实践相结合，提高学生的实践能力。

5.1.3 一般流程

讨论式教学法的一般流程分别从教师和学生两个方面予以呈现，如图5-1所示。

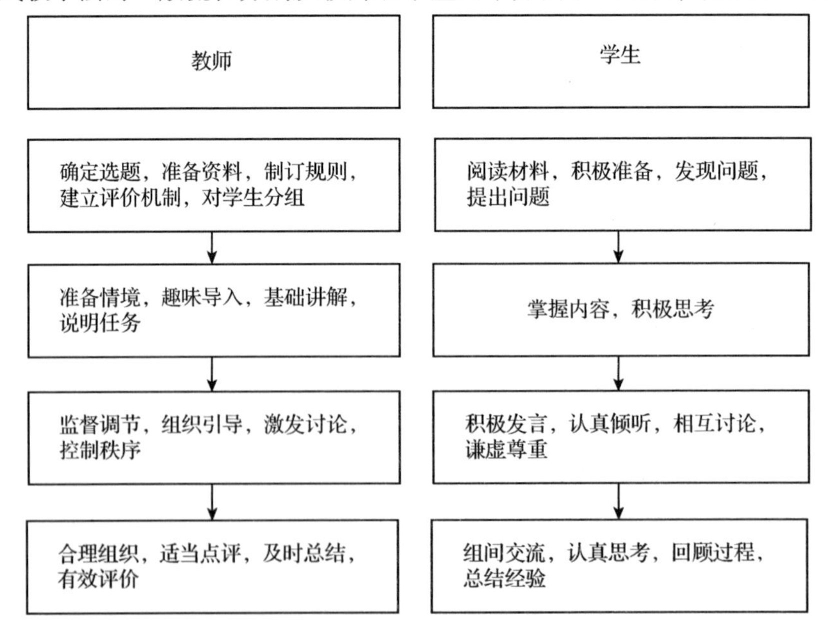

图5-1 讨论式教学运用实施的一般流程

从图 5-1 中可以看出，讨论式教学法可以分为 4 个阶段，即讨论前的准备、问题的引入、正式讨论和讨论后的总结。

(1) 讨论前的准备阶段

在讨论前必须做好讨论的准备，这些准备包括：确定讨论的主题，准备讨论的资料，制订讨论的规则，建立讨论的评价机制，学生分组等。

①选题　选择教材中的重点、难点问题。

讨论式教学通过学生的讨论来解决问题，因此问题应当具备适当的难度，过易则难以发挥讨论的作用，过难则学生无从下手。同时，讨论的主题应涵盖比较广的知识面，这样学生可以采用比较大的探索空间。因此在选择讨论主题时，应选择那些关键的并具有一定难度的知识点。

首先，提出讨论的问题要具有层次性。学生认识和解决问题需要一定的过程，因此林业专业教师在设计讨论题目的时候，可以将复杂的问题进行分解，提供给学生一个讨论框架。

其次，注意理论联系实际。将要教授的专业理论知识与林业生产生活中的实际问题相结合，更能够引起学生的兴趣，激发他们的求知欲望。

②准备资料　为了保证讨论的顺利进行，学生在正式进行讨论之前应当对讨论议题有充分的准备。林业专业教师可以提前一周通知学生讨论的选题，让学生搜集相关资料，根据所学知识和搜集的资料提出自己的看法，并找出证据支持自己的看法。不仅如此，学生还需要考虑其他的一些看法，并能找到证据驳倒这些看法。在此基础上，学生对自己的论点和论据进行整理，形成简明的发言提纲。

③制订讨论规则　跟传统的课堂相比，讨论式教学中的课堂秩序看起来是“混乱的”“无序的”，这常常让教师觉得难以控制。在实际的操作过程中，也往往出现各种临场状况。有的时候学生们争相发言，课堂变得嘈杂和混乱；有的时候只有部分学生在积极参加讨论，其余学生或者无所事事，或者在做自己的事情。

就我国中职林业专业的情况而言，专业班级的学生数目一般在 40 人左右或以上，若全班同学一起进行讨论则每位同学发言的机会不多，经常出现很多人争相发言的情况，而且往往因为意见太多而使讨论变得分散。所以一般采用分组讨论的形式。在讨论时为了鼓励学生都能发表自己的意见，最好先依次发言，然后自由讨论。

在讨论过程中，为了确保每位同学的发言能得到重视，要求组员在同学发言时应认真倾听和思考，不应交头接耳或者插嘴。如果有意见或看法，可以先记在本子上，待发言的同学完成之后再发表自己的意见。这需要专业教师或者主持人实时并适时对课堂秩序进行控制。

④建立评价机制　在讨论式教学中，学生的自主性很高，教师不再控制课堂，而是起监控和调节的作用。在这样的情况下，建立合理完善的监督评价制度就变得非常重要。在建立评价机制的时候既要考虑培养学生的合作意识和交流交际能力，又要考虑学生在教学内容和能力上的成就。综合考虑，可以采用小组表现 + 个人表现，讨论技巧 + 学业成就 2 个维度共 4 项大类来进行评价。在评价时，采用组内互评 + 组外互评 + 教师评价 3 项计分。这样既考虑了小组的整体学习情况，也考虑到了个人的学习情况，避免了学生自评的

盲目性，也避免了教师评价的主观性。

⑤分组　分组时首先应注意分组的人数。美国学者布鲁克菲尔德认为5人一组比较合适，人数太多则每个人的发言机会减少，讨论中出现的意见会太多导致讨论不够充分，人数太少则不能满足取长补短相互补充的要求。一般而言，可以将人数安排在5～10人之间。

在分组时，可以采用同质分组或者异质分组的方法。所谓同质分组就是将能力、性格、特长相似的学生分为一组，所谓异质分组就是将小组学生的能力、性格、特长进行互补搭配。在分组时可以结合这两种方法，将地位平等，相互之间有好感，但是能力性格特长有区别的同学分在一组。

小组通常应推选一名组长，负责组织小组学习和讨论，维持讨论秩序。通常还应指定一名记录员，对讨论的内容加以记录。

(2)问题的引入阶段

问题的引入有直接引入和间接引入两种方式。直接引入就是在讨论正式开始之前教师直接告诉学生讨论的主题，然后学生就开始讨论。如果采用直接引入的方式，教师必须提前告诉学生讨论的主题，让学生自行针对该主题进行准备。所谓间接引入就是教师先创设一个问题情境，然后讲解一些基本知识，再要求学生进行讨论。

(3)小组讨论阶段

小组讨论是小组讨论教学法实施过程的重要环节。在小组讨论的过程中，学生按照规则进行讨论，教师则对整个环节进行监控，保证讨论取得良好效果。

①讨论的时间　讨论的时间太短则无法充分讨论，时间太长则使学生疲劳，注意力涣散。

②课堂秩序　在讨论过程中教师应当巡视各个小组，对讨论的秩序进行维持。一方面要调动大家的积极性和主动性；另一方面要避免少数人垄断讨论。

③给予正确指导　学生在讨论过程中可能会出现一些问题，如讨论偏题，找不到正确方向，或大家争执不下陷入僵局。在这个时候教师应当给予一定的指导，帮助讨论顺利进行。

(4)讨论后的总结阶段

每个小组讨论完成之后，各个小组对问题形成了自己的看法。这个时候，需要各个小组之间相互交流自己的看法。每组可以派一位代表陈述自己的观点，然后小组之间自由辩论，最后由教师进行概括和总结。

5.1.4　注意事项

讨论教学法能够提高学生的思维能力、解决问题能力、表达能力和交流能力，但是真正在实施讨论式教学法的时候，有以下几方面注意事项：

(1)学生不积极参加讨论

在讨论式教学中，学生的反馈往往被教师看作教学成功与否的一个重要评判标准。但事与愿违，很多学生却不愿意参与讨论，教学变成了教师和少数几个学生之间的对话。有的学生是因为觉得表达不出自己的看法，而有的学生是因为害怕自己的看法是错误的，因此不愿意发言。

(2)失去控制

在使用讨论式教学法的时候，课堂往往会变得比较嘈杂和无序。有的教师会觉得这意味着教师的课堂控制不好，甚至是失败的教学。

(3)小组规模

要进行有效的讨论，小组成员的数目不能太多。如果小组成员数目太多，每位成员发表的看法以及参与讨论的成员的数目都会大幅度下降。一般来说，小组成员的数目在5位左右。但是对于我国的职业高中、中等职业学校现状来说，一般每个班级人数都在40人左右甚至更多。在这种情况下，一般有两种选择：一种是“玻璃鱼缸”法，专业教师挑选出5～6位学生在教室中心坐成一圈进行讨论，剩下的同学在他们四周围成一个大圈参观讨论过程，同时做笔记，等中间几位同学讨论完毕之后其他同学可以继续刚才的讨论。这种方法在实际应用中已经取得了不错的效果。另外一种方法就是将全班同学分成许多小组，一般按照每组5人进行划分。教师可以指定各个小组中的一位同学为组长并负责记录讨论过程。

(4)座位安排

传统课堂将学生按照行列的形式安排就座，这种座位形式对于讨论式教学有一定的局限性。以圆圈的形式安排学生的座位是最有效的，这样学生和教师都能看到其他人，从而能提高他们交流的积极性。

(5)讨论技巧

Gall(1980)制订了一个表格(表5-1)，其中罗列出了优化讨论过程的各种技巧。这些技巧分为主持人(一般为专业教师)的技巧和参加讨论者(主要是专业学生)的技巧，如何维持一个可以让学习者感到轻松和能够畅所欲言的、开放的讨论氛围，如何倾听别人的意见并保证讨论围绕主题，如何分析不同的观点，以及如何评价讨论的有效性4个方面的技巧。

Sehreyer(2007)指出：讨论式教学成功与否的关键之一是学生是否积极参与，而这是很难达成的一点。因此，为了成功地开展讨论式教学，教师需要制订明确的讨论规则，并很好地去实施。他还提出了10条更好地开展讨论式教学的建议：①讨论中应相互谦让；②积极、负责地参与讨论的每个环节；③仔细阅读材料并提出相关问题；④认真思考他人的观点；⑤紧扣主题；⑥对他人的观点进行提问；⑦积极倾听；⑧表达应清楚、响亮；⑨使用证据支持你的观点；⑩相互理解。

表5-1　讨论过程的技巧

教师	学生
创造良好的讨论氛围	
1. 维护每位同学发表意见的权利 2. 保持适度的沉默，以维持同学们的互动 3. 点名让那些沉默的同学发表看法	1. 与其他同学交流，不应只和教师交流 2. 不能独霸讨论 3. 询问他人意见 4. 禁止人身攻击

（续）

教师	学生
学会倾听并保证讨论的方向正确	
1. 在讨论开始之前向学生说明讨论的主题 2. 重申主题，避免学生跑题 3. 对同学们的看法进行总结	1. 倾听他人的想法 2. 理解他人的想法 3. 质疑不适合的评论
分析不同的观点	
1. 说明自己赞成哪些方面，不赞成哪些方面 2. 打破僵局，要求学生达成暂时性的一致意见 3. 要求学生澄清自己的看法 4. 求学生说明自己为什么持这样的看法	1. 要求澄清 2. 要求同学说明他们为什么持这样的意见 3. 说明自己为什么持这样的意见
评价讨论的有效性	
1. 要求学生进行简要的回顾 2. 要求学生解释与他们自己的观点不一致的看法 3. 要求学生说明他们当前的观点，并说明讨论是如何影响自己的观点的 4. 询问小组和个人下一步该做什么	1. 研读讨论中得到的主要观点 2. 解释跟你的观点不同的那些观点 3. 说明自己当前的观点，并说明讨论是如何影响自己的观点的 4. 建议小组或自己下一步应采取什么行动

任务5.2　讨论式教学法操作

5.2.1　教学实例分析

某林业专业教师在教授“森林生态学”课程中的“水分因子”这一部分内容时就采用了讨论教学法，并且取得了较为良好的效果。该教师分5阶段完成了此次教学。

(1)第一阶段：准备阶段

首先，教师提前一周确定了议题。议题如下：“有人说森林是一个‘小水库’，有人说森林是一个‘抽水机’。请分析这两种说法存在的原因，并谈谈你自己的观点。”

然后，根据班级学生人数状况将学生分成7个小组，并确定了主持人(各小组组长即为主持人)。要求学生预习《森林生态学》教材中关于“水分因子”的相关教学内容。

(2)第二阶段：问题引入

该教师通过使用多媒体向学生呈现各种森林的图片，包括森林在下雨时和天晴时的各种状态，向学生们明确讨论的主题。

(3)第三阶段：小组讨论阶段

首先，教师说明讨论的流程和规则：同学们分组讨论，每位同学依次发言；待全组同学都发表了自己的意见之后，进入自由讨论阶段；最后由组长将形成的意见进行汇总。同时，该教师对讨论作出强调，要求同学们在讨论过程中要充分重视和尊重其他同学的发言，各组组员在其他同学发言时应认真倾听和思考，不交头接耳或者插嘴或者做无关的事情。如果对同学的发言有意见或不同看法，可以先记录在本子上，待发言的同学发言完毕后再发表自己的意见。

接下来，小组成员开始展开讨论，记录员做好记录工作，主持人做好调控工作，该教师则做好巡视指导工作。

最后，形成小组讨论结果。

例如：

依次陈述阶段：

A同学陈述自己的意见：我认为森林是“小水库”是因为：首先，树木的枯枝改善了土壤的物理特性，使降水更容易渗入地下，形成丰富的地下水；其次，森林覆盖减轻了地表的水分蒸腾，使得水分保持下来。说森林是“抽水机”，因为树木本身也会消耗水分，将水从地底通过树叶的蒸腾作用散发到大气。我个人认为因为树木本身消耗水分，所以说森林是“抽水机”更恰当。

B同学陈述自己的意见：我认为森林是“小水库”是因为：首先，枯树层能够保持水分，降低了地面径流，保持水土；其次，林地土壤的物理特性使降水更容易渗入地下，形成丰富的地下水；再次，森林覆盖减轻了地表的水分蒸腾，使得水分保持下来。说森林是“抽水机”，因为：首先，树冠会截留一部分降水，使其直接蒸发到空中；其次，树木本身也会消耗水分。我个人同意A同学的意见，因为树木本身消耗水分，所以说森林是“抽水机”更恰当。

……

自由讨论阶段：

B同学：森林固然有保持水分的功能，但根据能量守恒定律，如果森林本身不能带来更多的水量，而它自身成长又需要消耗大量水分，那么它必然起到“抽水机”的作用。

C同学：我不同意这种看法，有研究表明森林的存在会增加该地区的降雨量。森林能锁住更多的降雨，树木的蒸腾作用将这些雨水的一部分送到大气，导致这个地区的大气层中含水量高，又形成降水落下来。所以归根结底，森林还是起“小水库”的作用。

D同学：我同意C的看法。我们都知道森林砍伐会造成水土流失，而森林繁茂的地方气候都比较湿润，所以森林应该还是起保水作用的。

E同学：我不同意D说的森林繁茂的地方气候都比较湿润的看法，也有可能是因为气候湿润才森林繁茂的。

……

组长总结阶段：

根据同学们的发言，我做了整理：

认为森林起“小水库”作用的理由：森林树木的枯枝落叶改善了土壤的物理特性，使降水更容易渗入地下，形成丰富的地下水；枯树层能够保持水分，降低了地面径流，保持水土；树冠降低了雨水的重力作用，减少地面径流；森林覆盖减轻了地表的水分蒸腾，使得水分保持下来；蒸腾将水散发到空中变成降雨。

认为森林起“抽水机”作用的理由：雨水落到树冠上，直接蒸发；树木的蒸腾作用；树木的生长需要吸收水。

森林主要是通过对降水截留、枯枝落叶层保水、土壤入渗、蒸散及径流等来影响水分循环，森林的结构、生长发育状况等因素导致上述水文功能呈现多样性特征。由于森林生态系统的复杂性，我们难以对森林生态系统跟水的交互作用作出明确的解释。

(4)第四阶段：交流总结阶段

首先，各组推选汇报人并按顺序汇报，其他组成员和教师质疑。其次，教师总结。最后，师生进行教学反思。

例如：

每位组长陈述小组讨论意见(略)，教师将这些看法写在黑板上。

全班同学自由辩论(略)，教师将重要观点写在黑板上。

教师总结：

今天我们讨论了森林对水的作用，同学们讨论得非常热烈，我很高兴看到同学们认真进行了思考，积极发表自己的看法。不仅如此，同学们在思考问题的时候并不仅仅依据教科书，还自己查找了其他很多资料，产生了自己的看法。

总结起来，大家讨论的森林对水的作用的两个观点有以下基本理由。

①认为森林起“小水库”作用的理由包括：树木的枯枝改善了土壤的物理特性，使降水更容易渗入地下；枯树层能够保持水分，降低了地面径流，使降雨不外流；树冠降低了雨水的重力作用，减少地面径流；森林覆盖减轻了地表的水分蒸腾，使得水分保持下来；蒸腾将水散发到空中变成降雨。

②认为森林起“抽水机”作用的理由包括：雨水落到树冠上，直接蒸发；树木的蒸腾作用；树木的生长需要吸收水；森林所孕育的动物也需要消耗水。

森林主要是通过对降水截留、枯枝落叶层保水、土壤入渗、蒸散及径流等来影响水分循环，森林的结构、生长发育状况等因素导致上述水文功能呈现多样性特征。由于森林生态系统的复杂性，我们难以对森林生态系统跟水的交互作用作出明确的解释。

(5)第五阶段：评价

因讨论问题本身不算复杂困难，所以采用学生自评。

学生自评应完成以下表格(表5-2)：

表5-2　学生自评表

我的初始观点	
讨论完成之后的观点	
持该观点的理由	
经过讨论我的观点是怎么转变的	
在自己思考和讨论的过程中，我学会了哪些学习方法	

5.2.2　教学过程设计

针对“森林生态学”课程教材中“水分因子”这一具体的教学内容，任课教师设计了以下教案(表5-3、表5-4)：

表5-3 参考教案

课　　题		水分因子
教学目标	知识目标	了解森林的水分平衡，了解森林对降水的作用，对森林的水分平衡进行分析
	能力目标	提高学生解决问题的能力，提高他们的讨论技巧，表达能力，交流能力和合作精神
	情感目标	提高学生环境保护意识
教学重点	对森林的水分平衡进行分析	
教学难点	对森林的水分平衡进行分析	
课　　时	2课时	
教学方式	讲授法、讨论法	
教学手段	语言表达、课件演示	
教学用具	多媒体课件	

表5-4 教学过程

教学内容	教师活动	学生活动	设计意图	方法手段
课程导入	多媒体展示：用多媒体教学展示各种森林的图片 情境导入：有人说森林是一个“小水库”，有人说森林是一个“抽水机”，试分析这两种说法存在原因，并谈谈你自己的观点	思考	情境导入，激发学习兴趣	多媒体展示 讲授法
课程组织	1. 分组，介绍各组主持人和记录员 2. 将多媒体教室划分为7个区域，每个小组占据一个区域，小组成员围坐在一起 3. 宣布讨论规则	听从安排	分组合作，提高学生合作学习能力	讲授法
小组成员依次发表意见	教师巡视指导，了解学生预习的情况	组长主持讨论，组员依次发表已经准备好的观点，记录员将所有组员的观点编号，清楚地记录在黑板上，并参与讨论	强化小组讨论遵守的原则	讲授法
小组自由讨论	教师巡视指导，注意当讨论离题、或者讨论秩序出现问题(如个别学生控制话语权，部分学生沉默，学生不认真倾听等)进行适当的干预，保证讨论有效地进行	组员在仔细思考所有人的方案之后自由发言，说明自己现在的观点以及原因，并对别人的观点提出自己的看法。组长应注意维持良好的讨论氛围和秩序，记录员记录每位组员意见的要点	交换意见，交流思想	讨论法
小组总结	教师巡视指导	组长对大家的发言进行总结，形成小组的统一看法		讨论法
全班讨论总结	将各小组提交的结果写在黑板上，教师评价和总结	各组长发表小组意见，全班自由讨论		讨论法
评价	教师检查每位同学的自我总结和反思	每位同学自我总结和反思		归纳法

【强化练习】

(1)背景材料

森林对人类的生存、发展有着至关重要的作用。为了保护森林资源，防止森林灾害是一项非常重要的内容。在森林灾害事故中，森林火灾、虫害是相对常见的。

森林火灾是森林最危险的敌人，也是林业工作最可怕的灾害，严重情况下会给森林带来毁灭性的后果，不但烧毁成片的森林，伤害林内的动物，而且还降低森林的更新能力，引起土壤的贫瘠和破坏森林涵养水源的作用，甚至导致生态环境失去平衡。

但是，森林火险火灾的发生是需要条件的，也具有一些规律可以摸索掌握。森林火灾具有较强的周期性，人类在一定程度上对森林火险火灾的发生是可防可控的。森林火灾受到森林可燃物、气候气象、地形和人类活动包括管理活动等各种复杂因素的影响。目前，政府和林业工作部门采取的主要防火措施包括行政措施、防火隔离设施、绿色防火措施和黑色防火措施等。

请根据下文提供的××自治区××县基本资料，针对××县的森林资源等基本情况以及该县2001—2006年森林火灾历史数据，对××县的火灾火情发生情况进行预测，并讨论出合理的防火措施。

××自治区××县森林资源基本状况和2001—2006年森林火灾情况详见附件1。

(2)要求

在充分查阅资料，了解影响森林火灾发生的各种因素和防火措施以及××县的历史火灾数据的前提下，对××县的火灾发生情况进行预测，并讨论出合理的防火措施。

附件1：

××自治区××县森林资源基本状况和2001—2006年森林火灾情况

××自治区各县年平均降水量在1200~1700 mm之间，年平均气温21.5℃，热量丰富，年日照时数达1591.8 h。丰富的水、光、温条件为林木的生长提供了良好的环境，全地区有林业用地126.4万hm^2，有林地面积77.87万hm^2，占林地用地的62%，是我国南方重要林区之一，林业生产潜力很大。但是，由于森林火灾的频频发生，给林业生产带来巨大损失，其中比较典型的是1979—1980年春的损失面积达3万hm^2。

××县地处××自治区中南部，其年平均降水量、年平均气温、年日照时数、水光温条件、林业用地、有林地面积等在××自治区各县极具代表性。因此，对该县的森林火灾与气象因子等要素的关系进行研究，探讨其合理有效的森林防火措施十分必要。

××县历来重视植树造林和生态保护，长期以来在全县大力实施退耕还林、封山育林、生物多样性保护工程。1991年基本实现消灭宜林荒山，1993年实现平原绿化达标，1995年实现林业用地绿化达标。2001年对全县森林分类区划界定，规划公益林区面积63 498.9 hm^2，占全县区划界定面积的39.68%，规划商品林区面积96 530.9 hm^2，占全县区划界定面积的60.32%，并分类进行管理，森林覆盖率长年保持在40%以上。目前，××县的森林覆盖率达43.8%。其中，××县东北部大明山海拔1760 m，为北回归线上著名的山脉，又为森林宝库。大明山国家级自然保护区森林覆盖率达93.25%，有维管束植物2009科，764属，2023种，是植物最丰富的地区之一；保护区内栖息的陆栖动物有294种，国家重点保护的有黑叶猴、金钱豹、蟒蛇等34种；有大型真菌78种，其中3种大型真菌标本为全国新纪录。保护区内丰富的植物和动物资源是科研、教学和实习的理想基地，但也对森林防火提出了更为严格的要求。

××县2001—2006年发生森林火灾情况详见表5-5，林火月际和时际变化情况如图5-2和图5-3所示。

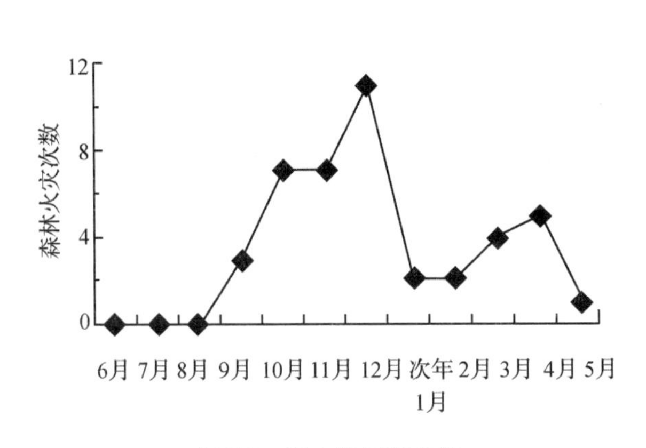

图5-2　林火的月际变化

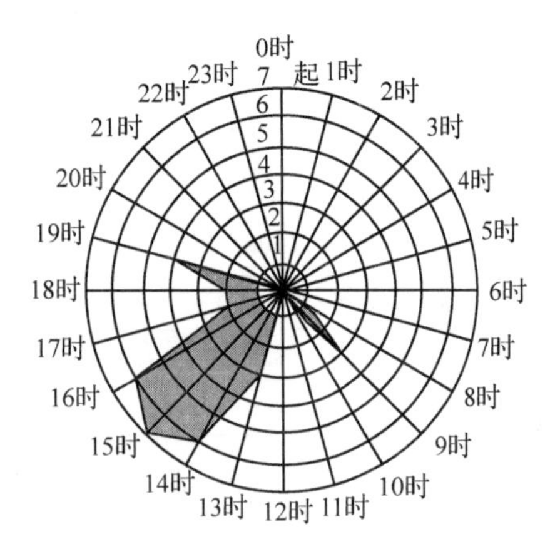

图5-3　林火的时际变化

表5-5　××县2001—2006年森林火灾发生记录表

ID	*D*	*T*	*H*	*R*	*V*	*N*	*W*	*Y*
1	2001-2-17 17：00～20：00	22.4	63	0	3.0	4	未查明火源	10
2	2001-9-17 14：50～16：05	32.7	36	0	3.0	5	烧荒烧灰	10
3	2002-4-14 14：30～15：00	31.7	46	0	3.0	3	烧荒烧灰	15
4	2002-9-30 18：10～19：00	30.4	74	0	1.0	2	野外吸烟	8
5	2002-11-5 19：25～22：30	26.0	57	0	1.0	6	烧荒烧灰	23
6	2003-3-2 19：40～2003-3-3 1：20	29.3	71	0	4.0	>10	故意放火	30
7	2003-10-3 22：00～2003-10-4 4：00	31.4	72	0	2.0	>10	痴呆弄火	6
8	2003-10-6 2：00～4：30	29.9	70	0	2.0	>10	未查明火源	2
9	2003-10-16 11：00～14：20	28.9	31	0	3.0	>10	未查明火源	
10	2003-10-16 14：30～21：00	28.9	31	0	3.0	>10	痴呆弄火	3
11	2003-10-18 16：00～21：30	29.9	33	0	2.0	>10	未查明火源	
12	2003-10-19 19：00～20：20	29.4	55	0	2.0	>10	野外吸烟	
13	2003-10-21 18：00～21：00	28.8	59	0	0.0	>10	痴呆弄火	6
14	2003-11-3 14：00～21：30	32.9	45	0	1.0	>10	上坟烧纸	35
15	2003-11-8 13：30～18：30	30.6	55	0	2.0	>10	烧荒烧灰	30
16	2003-11-17 19：40～22：30	27.0	55	0	2.0	>10	未查明火源	
17	2003-12-13 10：55～12：55	21.2	78	0	0.0	5	烧荒烧灰	30

（续）

ID	D	T	H	R	V	N	W	Y
18	2003-12-14 15：45～20：30	21.9	27	0	0.0	6	烧荒烧灰	30
19	2003-12-14 16：10～23：30	21.9	27	0	0.0	6	练山造林	30
20	2003-12-15 22：20～2003-12-16 4：00	21.6	51	0	1.0	7	未查明火源	30
21	2003-12-18 9：30～2003-12-19 2：30	19.2	83	0	0.0	10	故意放火	20
22	2003-12-19 13：30～2003-12-20 5：20	17.6	21	0	2.0	>10	未查明火源	20
23	2003-12-21 14：10～20：50	19.6	24	0	2.0	>10	烧荒烧灰	
24	2003-12-21 16：30～20：50	19.6	24	0	2.0	>10	烧荒烧灰	20
25	2003-12-22 15：00～19：30	22.2	22	0	1.0	>10	烧荒烧灰	20
26	2004-1-7 15：00～21：30	25.5	50	0	3.0	>10	上坟烧纸	25
27	2004-1-12 1：30～18：20	16.8	66	0	2.0	2	烧荒烧灰	25
28	2004-2-13 16：40～20：50	22.3	39	0	1.0	5	烧荒烧灰	25
29	2004-3-3 22：15～2004-3-4 0：09	19.3	52	0	1.0	6	故意放火	25
30	2004-3-4 15：54～17：30	21.3	37	0	2.0	7	烧荒烧灰	3
31	2004-3-10 14：20～21：20	27.8	54	0	3.0	>10	练山造林	13
32	2004-4-4 13：25～14：20	29.8	47	0	2.0	4	上坟烧纸	25
33	2004-11-3 8：45～13：00	28.9	83	0	0.0	>10	故意放火	15
34	2004-12-20 22：30～2004-11-21 3：00	21.6	53	0	1.0	3	故意放火	25
35	2004-12-7 9：00～2004-12-8 2：00	21.1	79	0	0.0	10	练山造林	25
36	2005-4-9 15：10～22：38	34.5	52	0	2.0	4	上坟烧纸	
37	2005-5-5 16：10～17：40	38.4	45	0	3.0	8	烧荒烧灰	20
38	2005-9-12 15：00～18：00	35.9	34	0	1.0	7	野外吸烟	20
39	2005-11-8 9：00～11：30	31.9	88	0	0.0	5	上坟烧灰	20
40	2005-12-19 17：10～2005-12-21 20：30	20.2	21	0	1.5	9	外省(区)烧火	
41	2006-4-15 16：30～17：30	22.9	33	0	2.5	7	上坟烧灰	12
42	2006-4-17 15：30～18：30	28.5	40	0	1.4	9	上坟烧灰	14

注：表中，*ID* 为火灾编号，*D* 为火灾起止时间，*T* 为当天的最高温度(℃)，*H* 为当时的相对湿度(%)，*R* 为当时的降水量(mm)，*V* 为当时的风速(m/s)，*N* 为连续无雨日数(包括当天及在此以前降水量≤0.3mm 的天数，天)，*W* 为火灾原因，*Y* 为林龄(年)。

从表5-5得知，××县2001—2006年共发生森林火灾42起，分析图5-2其林火的月际变化发现：森林火灾集中发生在每年的9月到次年的1月，火灾次数占全年的90%，其中12月发生的次数最多，达11起之多，3月、4月清明时节，受人为用火的影响，如烧荒烧灰、上坟烧纸，火灾次数又有所回升。最少是6～8月，没有一次火灾。从图5-3林火的时际变化来看：森林火灾多发生在日最高温度以后，即14时以后的两三个小时以内，故此时间为森林极易发生火灾时段。

对应同期气象条件可知：每年的10月至次年1月全县降水逐渐减少，而每年的2～4月全县降水最少，此时又是升温迅速、风力最大的时期，因此气象条件非常有利于火灾的发生；6～8月的夏季是降水最多、最集中的季节，由于降水充沛，空气湿润，无一例火灾发生。此外，由于××县独特的地理位置和多种植被类型，各林区火灾的发生也具有显著的地域差异，除2~4月是共同的人为森林火灾高发期外，受植被类型的影响，不同的植被类型具有不同的火灾发生率。

【教学反思】

(1)教师反思

教师反思即教师对教学实践进行再认识、再思考的过程。反思的形式多样，有撰写教学反思日记、利用教学录像进行反思、教师间的交流讨论、与学生交流等。

专业任课教师和准教师(职教本科学生)分别对本次课堂教学进行反思，提出再教设想，提高教学设计能力。

教师教学后的反思内容主要针对教学内容、教学过程、教学策略3方面做得好的地方、有待改进的地方和再教设想三方面，详细内容见表5-6。

表5-6 教学后反思表

维度	反思的具体内容	做得好的地方	有待改进的地方	再教设想
教学内容	1. 教学目标的达成度 2. 教学策略的有效性 3. 教学内容的深度是否适合学生的发展 4. 教育材料的丰富性和直观性，是否创造性地使用了教材 5. 学生的发展：基础知识的掌握、能力的发展、学习方法的应用、情感价值观的培养和认同 ……			
教学过程	1. 教学效果 2. 教学规律的运用 3. 教学理论的运用 4. 教学计划的完成度 5. 课堂教学环境 6. 教学过程是否适应学生的个性差异 7. 教学活动是否体现沟通与合作 8. 教师自身角色的发挥 ……			
教学策略	1. 教学策略运用的有效性 2. 新策略的运用 3. 教学方法是否调动了学生的积极性 4. 教育资源的合理利用 ……			

(2)学生反思

学生反思基于强化练习中设计的参考教案，分组进行教学研讨，集体反思案例教学中应把握的关键点及解决方法。

【学习小结】

(1)教师总结

你觉得这次上课的总体效果如何？是否达到预期的教学目标？主要运用了哪些教学方

法？对今后讲授相同的教学内容时有何建议？

(2)学生总结

本次上课你主要学到了什么？对老师有什么意见或建议？通过这节课学习，你得到了哪些启示？以后在课堂上应如何学习才能提高效率？

【拓展阅读】

1. 课件范例

课件范例可参考本教材数字化资源数据库中的相关 PPT。

2. 备课资源

(1)课程可用案例

案例1　联防联治不力导致严重损失

(张前林，2003)

晋城市历史上曾经是山西省森林火灾的重灾区，年均发生森林火警、火灾 36.5 起。特别是 1997 年 6 月 21 日，沁水县境内发生了新中国成立以来罕见的森林大火。上万人救火时间长达 6 个昼夜，过火面积上千公顷。紧接着 7 月 6 日、8 月 29 日又相继发生森林火灾。本该是防汛抗旱的时节，无情的火魔却严重扰乱了正常的工作秩序、生活秩序、经济秩序和社会秩序。如此反常的森林防火形势迫使我们对森林防火工作进行深刻的反思。“6·21”等森林火灾的主要教训包括：思想麻痹大意、扑火队伍和基础设施相对滞后、反应迟缓等。但最根本、最直接的原因是联防联治不力导致大火频繁发生。例如，1997 年 6 月 21 日 17 时 30 分，沁水县柿庄乡皇山一带 1153.8 高地，因雷击引起林地起火，经当地政府及时组织扑救，于当日 23 时将火扑灭(过火面积近 $7hm^2$)，并责成省属固县林场组织林场职工看守余火。但由于在看守过程中林场与当地政府联防不力、相互扯皮、看守不严，导致 2 日下午大风天气出现时，余火复燃且火势较大。虽经积极组织扑救，但未能控制住火势。6 月 23 日大火蔓延到邻近的一场三乡九村，火线长达 20km，损失无法估算。

案例2　联防联治得力减轻火灾损失

(张前林，2003)

晋城市与河南省省界长达约 250km，这些边界地区山大沟深、交通不便、人烟稀少。历史上曾因互不管和相互扯皮导致大火不断发生。1989 年，在晋豫两省的共同协调下，边界 6 地(市)、12 县(市、区)建立了晋豫边界联防委员会。联防区每年由一个县(市、区)值班，负责协调解决边界地区森林防火工作存在的问题，并于每年秋末组织召开一次联防会，联防单位彼此间通过联防会议的形式联络感情，总结交流边界地区森林防火工作的经验教训。联防制度的建立使两省边界地区沟通了信息、加深了感情、强化了责任和义务。彻底改变了边界地区的防范空挡和森林大火不断发生的被动局面。并构成了“一方有难，八方支援”的联防联治有机整体。近几年来，两省军民先后 6 次越过省界，组织专业扑火队和边界地区干部群众 4200 余人(次)帮助联防区扑火。2000 年 3 月 27 日，河南省济源市思礼乡九里沟发生大火，当晋城市得到联防区的求援后，连夜组织本市境内的专业扑火队和干部群众80余人，越过省界5km，经两省军民昼夜奋战，将长达10km的火线消灭于济源境内。

(2)课程可用典故

森林王国防火记

一个十月的早晨，森林王国的消防警钟急促地响了起来。狮子国王火速召集了森林王国中的所有动物们，商讨灭火的计策。狮子国王干咳一声，清了清嗓子说："现在有个很严重的问题摆在我们面前，就是森林北面因天气干燥，再加上几个不懂事的小家伙在那儿玩火，已经引起了一场大火。现在火势已经蔓延到了森林的西面，我希望大家能快点商议出好的对策！如果谁能扑灭这场大火，我将赏他100万个动物币！"

重赏之下，必有勇夫。人称"机灵鬼"的小猴乖乖发言了："大王，依我之见，当务之急是先阻止火势的蔓延。然后我们再组织一支救火队，去扑灭森林北面大火！""好是好，但是……"狮子国王欲言又止。"但是什么呀?""去哪找灭火队员？采用什么灭火器材?"狮子国王把自己心中的疑虑淋漓尽致地表达了出来。羊博士抢上来回答："大王可以用金币聘请灭火队员们。并且我们先用泥沙控制火势。大王，您觉得怎么样?"于是，狮子国王便带领自行组织的救火队奔赴火场。经过几天几夜的努力，火势终于得到了控制。森林王国举国欢腾，狮子国王长吁一口气，终于放下了心里的大石头。

一个十一月的早晨，森林王国的消防警钟又响了起来。狮子国王全副武装，带领着他的救火队员们又去抢救南面的森林。同前一次一样，狮子国王又取得了胜利。

可狮子国王却忧心忡忡，心细的参谋大臣狐狸看出了狮子国王的心思，便试探性地问："大王，为何伤感呢?""因为森林火灾在不断地发生，你说这该怎么办?"狐狸大臣自信十足地说："大王，何不举办一次'森林防火知识讲座'，让动物们都懂得一些森林防火的知识。然后在森林王国贴一些森林防火的标语。我想，这一定行得通的!""好！就这么办吧!"

狮子国王对这个主意大加赞赏。并马上着手处理起这件事来。果不其然，森林王国的起火事件越来越少，狮子国王紧皱的眉头也渐渐舒展开来。从此，森林王国一直在强调着森林防火，植树造林。终于，森林王国在狮子国王的明智带领下，成为了一个泱泱大国。

(3)课程可用事实和数据

1950—2004年全国发生森林火灾的情况

中国森林火灾研究综述．狄丽颖，孙仁义．2007

2000—2009年中国火灾时空分布特征

2000—2009年中国火灾时空分布特征分析．何宁，韩晓鹏．2012

(4)课程可用视频

马山口镇森林防火访谈录

http：//www. tudou. com/programs/view/EUDViXqP77c/

森林防火条例及禁火令

http：//www. tudou. com/programs/view/bdOrGx_ rvXE/

（5）备课参考书籍

实用讨论式教学法．罗静，褚保堂，王文秀，译．布鲁克菲尔德．中国轻工业出版社，2011

（6）备课参考网站

语文S版："清清的溪水"说课设计

http：//new. 060s. com/article/2011/07/11/403036. htm

边慧．新课程的"讨论法"教学功能与策略新探[D]．华东师范大学，2009. DOI：10. 7666/d. y1607426.

魏甲辉．导思——讨论式课堂教学的实践探索[D]．西北师范大学，2006. DOI：10. 7666/d. y1010870.

齐洋．高中化学课堂小组讨论教学法探究[D]．上海师范大学，2013. DOI：10. 7666/d. Y2284436.

参考文献

边慧．2009. 新课程的"讨论法"教学功能与策略新探[D]．上海：华东师范大学．

代丽君，代亚斌．1998. 讨论教学的组织[J]．黑龙江教育：高教研究与评估（Z1）：31－31.

黄彬，王德清．2007. 课堂讨论教学模式的功能与构建[J]．教学与管理（理论版）（18）：54－55.

惠春锋，孔凡苓．2005."讨论教学"的误区及对策[J]．教学与管理（1）：39－40.

焦小英，黄彬．2008. 课堂讨论教学中的控制艺术[J]．教育科学论坛（5）：5－7.

罗春英．2007. 提高中学课堂讨论教学实效性的原则、思路和方法[J]．凯里学院学报，25（5）：79－80.

马玉真，王新华，宋方臻，等．2010. 普通高校讨论式教学模式的探讨与实践[J]．中国现代教育装备（11）：168－169.

王光兴，朱秀珍．2006. 专题讨论教学模式探究[J]．广东广播电视大学学报，15（1）：37－40.

王耀文，陈丽霞．2010. 课堂讨论教学方式的实践与认识[J]．中国电力教育．

徐振启．2013. 讨论式教学法在思想政治课教学中的应用[D]．长春：东北师范大学．

张前林．2003. 山西森林防火联防网络化案例研究[J]．山西农业大学学报：社会科学版．

Brookfield S，Preskill S. 1999. Discussion as a way of teaching：tools and techniques for democratic classrooms [M]// Discussion as a way of teaching：tools and techniques for democratic classroom. Jossey-Bass Publishers.

Classroom Discussions Teaching. http：//www. crlt. umich. edu/tstrategies/tsd. php. 2015. 6.

Gall，Meredith Damien，Maxwell Gillett. 1980."The discussion method in classroom teaching." Theory into practice.

项目6 问题教学法应用

【任务载体】

D市风景优美，气候宜人，是世界文化遗产、世界自然遗产、全国重点文物保护单位以及国家级风景名胜区。D市毗邻我国西南部经济中心C市，具有经济辐射优势。目前D市政府正在与W企业讨论招商引资的项目，W企业计划在D市修建文化旅游城，其中牵涉到位于临港路江安河段的一片林地的占用。

请对该项目进行调查，并且完成《征占用林地可行性调查报告》。

【教学目标】

知识目标：了解问题教学法的概念、特点和作用；了解使用问题教学法的过程和注意事项；能够用问题教学法设计课程。

能力目标：提高学生解决问题的能力；提高学生的元认知策略。

情感目标：培养学生的探究精神；培养学生的实证精神。

【重点难点】

重点：问题教学法的概念、作用、特点、使用步骤和注意事项。

难点：问题教学法的概念、使用步骤和注意事项。

任务 6.1　问题教学法认知

问题教学法源远流长，苏格拉底的“产婆术”教学法可以说是问题教学法的雏形。苏格拉底通过向学生请教问题让学生作答，与学生辩驳，从而启发学生思考。

真正提出问题教学法理念的是20世纪初美国实用主义哲学家杜威。杜威认为思维过程“既是组织思想的方法，又是做学问的途径”。由此他提出了“以解决问题为中心”的“问题、观察、假设、推理、检验”的5步教学法：

第一，提供给学生有一个真实的经验的情境——要有一个使学生对活动本身感兴趣的、愿意连续下去的活动。

第二，从这个情境内部产生出一个真实的问题，作为对学生思想的刺激和活动目的。

第三，学生要通过调用已有知识，查阅新的资料，从事必要的观察来应对这个问题。

第四，学生必须一步一步地形成、提出解决问题的方法。

第五，学生要通过实际活动来检验他的解决方法，使这些方法更加清晰具体，并且检验它们是否有效。

前苏联教学论专家M·H·马赫穆托夫在《问题教学的理论与实践》(1972)和《问题教学基本理论问题》(1975)两部著作中，对问题教学法进行了深刻的理论阐释，马氏问题教学理论有自己特有的构成内容，包括独特的范畴体系、师生控制系统、实施原则、基本环节、四级水平及其实施方法体系等。其核心内容是问题教学的3个核心环节：问题情境的创设，学习性问题的提出，学习性问题的解决。马氏问题教学理论是一个完整的理论体系，其中的“问题”必须具有问题性，必须能引发学生积极的思维活动，所以并不是有“提问”的教学就是问题教学，也不能简单地把“问题教学”和“问题解决”混为一谈。

抛锚式教学是约翰·布瑞斯福特(John Bransford)领导的温特比尔特认知与技术小组(the Cognition and Technology Group at Vanderbilt，简称CTGV)，后更名为学习技术中心(The Learning Technology Center，简称LTC)提出的一种教学模式。这种教学模式的核心是“锚”的设计，所谓“锚”，是指某种类型的个案研究或问题情境。学生通过对某个情境中的问题进行解决，从而学习和运用知识。由于“问题驱动”和“问题生成”是该模式的主要策略，所以我们将其命名为“基于问题的抛锚式教学”。

1969年美国的神经病学教授Barrows在加拿大的麦克马斯特大学开始开展一种叫作“基于问题的教学”(PBL)方法。该方法为了提升医学生们将来实际执医的能力，以医院里的各种实际问题入手，创造一个模拟现实世界的真实情景，让学生们在该情景中分小组合作解决各种问题，学生们在解决问题的过程中不仅学会了医学知识，而且还能够学会医生的思维方法和解决问题的方法。该教学法在提出之后引起了强烈的反响，已经成为一种流行的教学方法，被广泛应用到各学科的教学中，也较早地应用到了林业专业教学工作中。

6.1.1　含义

6.1.1.1　定义

我们在这里所讲的问题教学法指的是 Barrows 所提出的“基于问题的教学”(PBL)教学法。

林业专业问题教学法是指林业专业教师根据专业教学目标，按照一定的认知规律，创设真实的非良构的问题情境，引导学生在自主、合作、探究的学习过程中，发现问题、分析问题、解决问题，并生发出新的问题，从而使学生掌握专业知识、发展智力、培养专业及其他技能，进而提高学生发现及解决问题的能力的一种教学方法。

6.1.1.2　与传统问答式教学法的比较

问题教学法从名称上容易与问答式教学法混淆，实际上，问题教学法不管是从教学思想还是教学形式上与传统的问答式教学法都有根本的不同。

(1)从教学思想方面分析

问题教学法基于信息处理理论和社会建构主义，强调通过问题教学法将学生已经学过的知识利用起来，并且通过支架式教学引导学生逐步把握知识。更关键的是，问题教学法强调的是学生自己建构知识，而问答式教学法是教师根据教学内容提出问题，并且对提出的问题有所暗示，启发学生思考，只是一种促进学生主动思考的手段。

(2)从师生活动特点上分析

第一，在问题教学法中，学生需要相互合作解决实际问题。问题教学法中的学习过程是由学生通过分组分工合作完成，学生在互相合作的过程中，共同提出解决问题的可行性方案并最终得出结论。学生通过合作不仅能够从其他人身上学习到别人的长处，更能够提高他们的社会交往能力和合作能力。

第二，在问题教学法中，学生参加全部教学过程。从问题的解析，假设的提出，资料的搜集整理，结论的最终论证到新一轮问题的提出，学生参与到问题教学法的每个环节中甚至可以在某些环节中做出决策。

第三，专业教师的作用发生了变化。教师从知识的传授者成为问题的设计者、学习的引导者和帮促者。教师不再是教学活动中的中心，但这并不表示教师在教学活动中的作用降低了。相反，这要求专业教师成为教学艺术的设计者和教学活动的组织者，其实质是对教师的要求大大提高了。

从教学效果来看，传统的课堂教学强调学生掌握知识，以死记硬背和记住解决问题的步骤为主，忽略了对学生能力和综合素质的培养。而问题教学法基于现代的社会建构主义理论，强调的是教会学生如何学习，如何解决问题，正所谓“授人以鱼，不如授之以渔”。同时，学生全程参与教学决策，能大大提高学生的学习主动性，学生在与小组成员合作和讨论的过程中也能提高他们的表达能力、沟通能力和合作能力。

总之，与传统课堂讲授法和传统问答法比较，本章中介绍的问题教学法在提高学生综合素质，全面提升学生能力等方面具有不可比拟的优势。下面以“森林火灾预测”为例，对二者做简单对比，见表6-1。

表6-1　传统课堂讲授法与问题教学法对比表

传统课堂讲授法	问题教学法
教师根据教材讲授森林火灾相关知识	根据知识点设计能吸引学生兴趣的问题情境：××县森林资源丰富，林业生产潜力很大。但是由于森林火灾的频频发生，给林业生产带来巨大损失。请同学们根据××县的地理、气候、森林资源概况以及历年火灾情况，结合下两个月的气候预测对该县的火灾进行预测
学生识记影响火灾的各种因素	学生在老师的引导下提出解决问题的假设
教师提问：影响森林火灾的因素有哪些	学生通过查询资料，找出影响火灾的各种因素，对××县森林火灾的历史数据进行调查
学生根据书本上的知识复述回答老师问题	学生在老师的引导下经过讨论和比较，进行合理的火灾预测
学生没有新的认知冲突	学生根据归纳的知识点引发新的疑问：在具体情况下应该如何进行森林火灾预测

6.1.1.3　特点

问题教学法的教学过程首先是要给学生们呈现一个复杂问题的少量信息，学生必须先不断提出问题以便获得更多的与问题相关的信息。他们也必须通过做实验或者其他的研究来收集一些事实。在解决问题的过程中，学生需要不时停下来审视他们搜集到的资料，根据这些资料提出问题，并提出假设来解释这些问题。然后学生找出为了解决问题需要详细学习的概念(学习议题)。接下来学生们分工，分别完成自己的任务。在完成自己的任务后，他们重新聚在一起，重新考虑之前的假设并提出新的假设。在完成任务后，学生们还需要对问题进行反思，也需要对自己的学习过程进行反思。

本章所谈到的问题教学法与传统的课堂讲授法以及其他常用的一般问答法相比较，具有以下突出特点：

(1)以学习者为中心

问题教学法强调学生的主动性，学生只有通过主动的学习才能真正掌握思考和解决问题的方法。

在教学过程中，发挥学生的主动性一直是一个关键的问题。如果学生在学习过程中不主动对教学信息进行加工处理，那么学生不可能学会任何知识。传统的教学也强调发挥学生的主动性，但是这种主动性通常局限于对教师准备的现成的内容的主动加工。问题教学法将学生放入问题情境，让学生主导自己的学习，在学习过程中，学生不仅能学到相关的知识，更重要的是学会学习的方法。因而在课堂教学中引入适当的问题有利于帮助学生建立元认知策略(注：元认知即对认知的认知，是个体对自己认知活动的自我意识和自我调节，简单来说，元认知策略就是学习如何学习的策略)，提高他们的学习能力和解决问题的能力。

(2)问题与情境高度结合

问题教学法的关键在于设计跟现实世界接近的“真实”的问题。

这些真实的问题是复杂的、非良构的，并且是开放式的，同时必须是现实的，并且和学生的经验相联系。这跟传统教学中所说的问题有根本区别。传统教学中不管是教师举例还是要求学生思考作答的问题，都是对真实世界中的问题进行了简化，并且其答案也是标准的、唯一的。这种问题的作用仅仅限于帮助学生理解所学的知识点，并不能真正提高学生解决问题的能力和他们的综合素质。问题教学法中所采用的非良构性的问题易于引发学生的高级思维活动。

林业专业知识有很强的实践性和现实性，因而停留在表层的简单的识记不能引起学习的真正发生，只有将知识渗透到具体的情境问题的解答过程中才能促使学生真正理解。

在教学过程中，问题与情景的高度结合称之为“高情景化”。在问题化教学过程中设计高情境化的问题，其作用主要表现在以下两个方面。

第一，有助于提高学生解决问题的能力。

“高分低能”现象是广为大众所诟病的应试教育弊端。之所以出现“高分低能”的现象，是因为在传统课堂中学生所接触的问题都经过大量的简化，学生在解决问题时其思维过程大部分是单调的重复和简单的转化，并不能锻炼学生的高级思维能力。因此当学生遇到真实问题时，他们所学到的那些简单的处理方式根本无法应对复杂的现实世界的问题，甚至连对现实世界问题的建模都无法很好地完成。在教学中采用高度情景化的复杂的真实问题，学生在解决问题的过程中不仅学到了知识，也学会了各种高级的元认知能力和解决问题的方法，不仅有利于他们在将来的实际工作和生活中处理各类事务，而且还能够养成学生勤于思考的习惯。

对学生而言，从社会工作和日常生活情境中来的真实问题，会使其学习变得富有生活意义与实在价值。因此，一个高情境化的学习环境，将有助于激发学习者的认知兴趣和进取心，进而提高解决复杂问题的能力。

第二，有助于学习者知识的迁移。

迁移，即个体将所学的知识经验成功地运用到与原情境不同的其他情境中。迁移产生的一个重要条件就是学习知识时的情景与应用知识时的情景具备一定的相似性。学习知识时的情景与应用知识时的情景越相近，学生将所学的知识应用到新环境中的可能性就越大。问题教学法采用与真实世界相似的问题来进行教学，将有助于学生解决问题能力的近迁移和远迁移。

(3)教师的职能的转变

问题教学将专业技能可视化，可以看作认知学徒制的一个应用。

在认知学徒制中，教师在对问题求解进行建模以及帮助学生学会自我学习的技巧的过程中起了关键作用。在问题式教学过程中，教师更像是一个专家学习者，设计学习和思考过程中需要采取哪些策略。随着学生越来越熟练，教师需要慢慢减少对学生的支持。教师既需要帮助学生从问题解决的一个阶段跨越到另一个阶段，也需要监控小组的学习进程以确保所有的学生都在正常地进行自我学习，同时与其他人交流自己的想法并对别人的想法提出意见。教师通过鼓励学生(小组)对自己的想法进行评价，帮助学生发展高级思维技巧，通过向学生提出问题来外化自己的思考过程。教师可以通过各种策略包括开放式的和元认知的提问来完成这些任务。

6.1.2 适用范围

诚如在特点分析中所讲，由于问题教学法的使用十分灵活、广泛，因此，它在中职林业专业教学中的适用范围非常宽广。

6.1.2.1　适用于“非良构性”教学内容

斯皮罗等人根据知识的复杂性将知识划分为良构领域(well-structured domain)的知识和非良构领域(ill-structured domain)的知识。所谓良构领域的知识，是指有关某一主题的事实、概念、规则和原理，它们之间是以一定的层次结构组织在一起的。而非良构领域的知识则是将良构领域的知识应用于具体问题情景时而产生的，也就是有关概念应用的知识。简单来说，我们经常所说的事实、概念、原理、程序这样的知识都是良构知识，当我们将这些事实、概念、原理和程序运用起来的时候，它们就产生了非良构知识。这意味着良构领域中的同一个概念应用在各个具体实例中，其内涵将表现出一定的差异(何克抗，2006)。

林学是一门应用性很强的学科，学生在学校所学的相关课程都是为了他们将来走上相关工作岗位做准备。问题教学法不仅适用于林学基础课的常规教学中，也适用于任何专业知识和技能的教学过程中，如“林业生态学”“林木育种学”“森林经营学”“森林害虫防治”和“森林管理学”等课程内容以及专业调研及实验实习等活动，都可以将其中涉及的知识点设计成实际的问题(或问题集)情景，使用问题教学法或与其他教学方法结合使用。

特别对于学生初次接触，需要激发学生学习兴趣和好奇心的内容以及需要学生掌握理解、迁移应用的内容，设计有适当情境性和适当难度的问题能有助于激发学习者的学习热情和迁移学习内容。

6.1.2.2　教学内容难度应当适中

问题教学法是教师提供一个问题情境，让学生在该情境中自己发现问题并找到问题的解决方案。在整个的学习过程中，学生掌握了学习的主动权，教师主要起引导和监控的作用。因此，使用问题教学法的时候，应当注意教学内容的难度应该适中。如果教学内容过于简单，则学生解决起来太容易，无助于提高学生的高级思维技巧；如果教学内容过于困难，则学生无从下手，一方面，打击学生的学习积极性，另一方面，学生难以完成学习过程，知识和能力也难以提高。

6.1.2.3　应当有足够的教学条件

问题教学法突破传统课堂授受的教学方式，将主动权移交给学生。学生的学习过程不再是对知识的死记硬背，而是模拟真实世界里人们的生产学习活动。学生通过查找资料、咨询专家、同伴讨论甚至实验实践等方式来进行学习。因此，问题教学法要求学校具备一定的教学条件，如图书馆、电子阅览室、计算机和因特网等教学条件，方便学生对问题进行探索。

6.1.3　一般流程

基于问题的教学模式有很多，其中影响最大的是Barrows针对医学课程所提出的教学模式。

首先，将学生按照约5人一组分成许多小组，每组安排一位助教，让组员们相互熟悉。

然后，助教以病人就医的形式向小组呈现一个问题，由病人说明自己的症状。学生的任务就是根据症状来诊断病情并给出治疗措施。

接下来，学生开始针对问题来进行研究和讨论。在讨论过程中，他们根据自己原有的知识和经验提出假设，根据案例所提供的信息找到学习议题。所谓学习议题就是学生在解决问题的过程中发现的自己不明白的地方。在一轮讨论结束时，必须提供给小组中的所有成员机会发表他们对当前的诊断的看法，并承担某个学习议题。接下来所有的学生进入自我引导的学习阶段，他们自己从图书馆和计算机资源库中收集信息，或者向(由教师扮演的)顾问咨询。

在学生完成了自我引导的学习之后，需要将他们集合起来，先各自汇报自己找到的资源，并对别人的资源进行评价，看看哪些资源最有用，哪些最没用，然后根据讨论中形成的新的认识处理问题。这期间如果又产生了新的学习议题，需要重复前面2个步骤，进入新一轮的循环，直至问题得到解决。像这样的医学问题有的时候需要1~3周的时间才能完成。

最后，学生应当对工作进行评价。评价的形式包括自我评价和同伴评价，包含对学生在自我学习、问题解决和小组合作技能方面进行评价(Barrows，1985)。

总结起来，问题教学法的流程如下：

(1)为学生准备问题

教师根据教学内容创设一定的问题情境。需要注意的是，在问题教学法中，教师并不是明确地指出问题，而是用少量的信息把学生引入一个复杂的问题，这个问题应该是真实的(authentic)、现实中实际存在的问题，而且能够吸引学生。

(2)创建学习小组

问题教学通常是分组进行的。在面对复杂的问题情境时，个人的力量有限，小组合作有助于学生集思广益、扬长避短，合力完成一个任务。所以在实施问题教学法的时候，一般要求学生分成若干小组，以小组为单位进行探索，每个小组都安排有促进者(通常为教师)。首先，要让小组成员包括促进者分别做自我介绍，营造轻松愉快的合作氛围。其次，小组还要建立一套合作学习的基本原则。在学习过程中要求小组内的成员，无论学生还是促进者，都要尽自己的努力认真学习和思考，并要能够说出自己的想法和疑惑。同时也要注意在小组讨论时，先等大家都说出自己的想法，再来进行评判。分组的大小通常5~8人，根据任务的复杂程度和班级学生的数目可以上下浮动。如果问题比较简单，每组人数可以少一点，反之则小组人数多一些。

(3)学生进入问题情境

在分组完成之后，教师向学生展示问题情境，让学生了解所需要解决的问题。在展示问题情境的时候教师不应向学生透漏解决问题的细节，学生需要在后继的学习过程中自己确定问题并解决问题。

(4)分析问题情境，提出假设，确定学习议题

首先，学生应当对问题情境进行分析，在此基础上确定自己所要研究的问题(学习议题)。也可以是学生自己对某种现象或某个情境提出问题，并在老师的帮助下对问题进行界定。在这里需要说明的是，在一开始的时候老师用来将学生引入问题情境的问题跟这里学生确定自己要研究的问题是不同的。接着对学习议题进行分析，提出解决问题的假设，小组成员分工，确定已经知道哪些关于问题的信息、还需知道哪些信息、可以利用哪些资源以获取所需的信息，确定研究计划和安排。

在进行问题研讨之前，每一小组准备一块白板或者黑板，并挑选一名记录员负责在白

板上记录解决问题的过程，包括组员们的想法（主意或假设）、有关问题的事实、所确定的学习议题以及行动计划等。白板是学生开展PBL过程中一个不可缺少的学习辅助工具。在解决问题的开始，要使学生和促进者对问题解决的目标形成共同认识。促进者可能向学生提出一些疑问，诸如“从这个问题中你想学到什么？”通过疑问激发起共同的学习目标，以便促进者可以参照该目标，更好地监察小组的进步情况，及时纠偏，必要时提醒学生考虑是否需要调整目标。当学生向促进者询问如何获得其他信息时，促进者要提供适当的建议。更为重要的是，促进者要通过元认知性的问题的提问，来鼓励学生展开反省性思维，要求他们解释为什么某一解答比较好，为什么需要某一信息。当然更多的是他们通过自己做实验或其他探究活动来获取事实资料。在解决问题过程中，学生要不时地停下来，反思他们目前所收集的材料，对这些材料提出疑问，对问题及其可能的解答提出假设。

随着问题的解决，他们逐渐发现有些概念对解决问题而言很重要，但是他们又不太理解，因此为了解决问题他们还需要进一步学习某些概念。这些概念就是所谓的学习议题。小组一旦认识到由于某些知识的缺乏，致使问题解决活动无法进行下去，小组成员就需要分散开来，从事独立的查询探究，完成自己所承担的学习议题。

（5）收集所需信息

学生通过各种途径收集与问题相关的新信息，对所收集的信息进行分析、整理、评价。

（6）对信息进行讨论和整合，形成最终的解决方案

把整理后的新信息与旧的信息（即已有的信息及学生的原有认知）进行整合，形成最终的解决方案。在新问题解决阶段，小组成员再次集合，相互交流自己学到的知识，并且运用所学的新知识重新去分析、思考生成新的解决问题的假设。在这一过程中，学生在分享他们的学习成果的同时，更为重要的是还要评价自己的信息以及他人的信息。“与传统课堂学生们往往只是接受表面的信息不同，在PBL中，学生要讨论他们是如何获得资源的、如何评价他们的资源、如何利用这些资源来解决问题。这极有助于他们成为自我引导的学习者，从而极有助于他们适应所面临的校外实际环境。”（Dewey J，1916）

（7）汇报成果

每个小组在报告自己的结论时，可以采用各种不同的形式，利用不同的工具和技能，如通过图表、数学分析、口头表达甚至戏剧表演等来展示他们的成果。这样的成果汇报活动既可被教师用来评价学生对有关内容和技能的掌握水平，也可以增强学生对学习内容的理解程度。

（8）反思和评价

在问题解决之后，为了强化他们所学的东西，学生们要有意识地对他们解决问题的过程进行反思。他们要考虑：当前的问题与以前的问题之间有什么联系？这个问题与其他问题有什么相似之处和不同之处？这种反思有助于他们概括和理解新知识的应用情境。而且，在评价自己以及他人表现同时，他们也在对自主学习的有效性和合作解决问题的有效性进行反思。这样对发展学生的批判性思维能力、自我反思能力和创造性思维能力都是十分重要的。

我们将问题教学法的流程归结为七步骤，如图6-1所示。

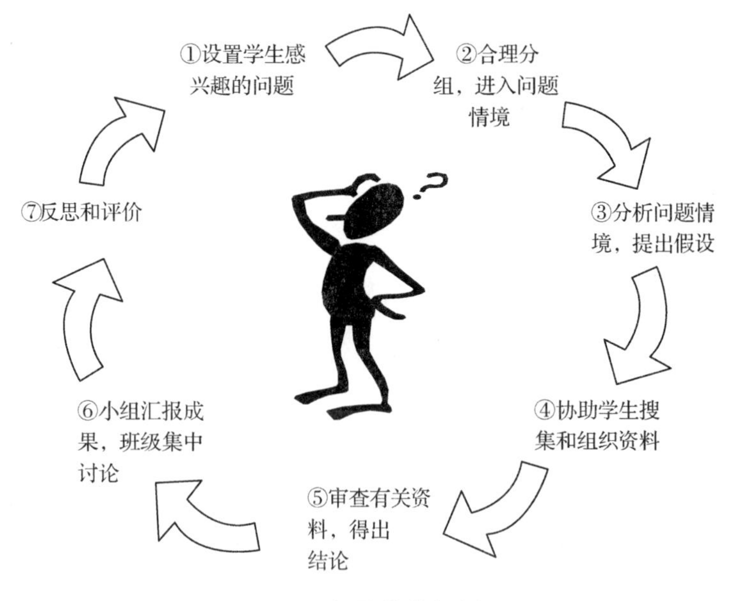

图6-1　问题教学法流程

6.1.4　注意事项

在采用问题教学法进行教学的时候，通过注意以下问题可以提高问题教学的效果：

①将所有的学习行为包含到一个更大的任务或者问题中。也就是说，学习必须要有目标。人们学习是为了更好地适应和改造世界。学习者必须清楚学习的目标。个体的学习行为多种多样，关键的问题是学习者要清楚地认识到特定的学习行为和总体的任务之间的关系。

②帮助学习者发挥在解决问题或者完成任务中的主动性。一般的学习任务通常规定了学习目标，假定学习者了解所学内容的价值。但是，实际情况往往是学习者并不接受教学目标，而仅仅是想要通过考试或者消磨时间。不管我们制订的学习目标是什么，学习者的目的才是决定他们到底能学到什么的主要因素。因此，学习者的目的与我们的教学目的相一致是非常关键的。

要实现这一点有两种方法，首先，我们可以向学习者征集问题，以此来刺激学习者的积极性。在研究生阶段要求学生发表相关领域论文就是如此。Scardamalia 和 Bereiter (1991)发现就算是低年级的学生也能根据课程内容想出问题。一般来说，采用的方法是界定问题的领域，然后和学习者一起思考该领域的问题或任务。另外，我们也可以尽量采用学生能轻易接受的问题。

③设计真实的问题。真实的问题不是意味着专业学生应该到真正的实验室里去工作，或者他们应该去处理问题。而是指他们的学习过程应该面临相同类型的认知挑战。在真实的问题情境中学习者面临的认知和思维上的要求跟他们将来在实际生活中所需要的认知和思维能力是一样的。因此我们并不需要学习者学习历史，而是希望他们能够像历史学家一样解释和应用历史。相应的，我们并不需要学习者学习科学(记住一些科学知识或者按要求完成一些科学实验)，而是学会科学地思辨和解决问题。如前所述的让学习者提出要解

决的问题并不能保证问题的认知要求是真实的。因此，需要和学习者就要解决的问题进行讨论，以保证问题所需的认知要求是真实的，并且学习者在解决问题时能发挥主动性。

④设计的任务和学习环境必须具备与学习者将来所面临的环境相应的复杂程度。我们要想方设法提供给学习者足够复杂的学习环境，而不是像以前那样去简化问题情境。认知学徒制理论和认知灵活性理论以及其他的学习理论都认为学习应该给学习者提供复杂的学习环境，这样他们将来才能更好地将学到的理论知识应用到实践中。

⑤让学习者掌握问题解决过程的主动权。学习者不仅应该对解决问题有主动性，还必须掌握问题解决过程的主动权。教师常常只注意学习者解决问题的主动性，而忽略了在解决问题的过程中的主动权。这样，教师可能会告诉学生采用特定的解决问题的方法或者思维方法，或者告诉学习者哪些领域的知识需要学习。例如，在一些问题教学法的策略中，在呈现需要学习的问题时往往同时告诉学生学习目标和参考文献。这样就告诉了学生他们需要学习什么，以及哪些知识跟问题有关。很明显，学生知道了自己应该怎么做才能解决问题之后，他们在解决问题的过程中并没有经历真正的思考和问题解决过程。实际上我们呈现的问题只是一个实例，而不是用来刺激问题解决和自我指导的学习。教师的作用应该是挑战学生的思维，而不是指导或者规定学生的思维。

⑥设计学习环境来支持和挑战学习者的思维。当我们提倡给予学习者主动性和解决问题的主动权的时候，并不是说任何行为和解决方案都可以。实际上，我们的主要任务是帮助学习者成为某个领域的有效的工作者或者思考者，教师必须要承担顾问和教练的角色。教师最关键的教学行为就是在指导学生的过程中向学生提出问题。在挑战学生的思维的过程中，教师要起到自己的作用。教师不能告诉学生该做什么或者如何思考，但是可以通过向学生提出一些关键性的问题来引导。这跟广泛采用的苏格拉底法有所不同。苏格拉底法认为教师掌握了正确答案，学生的任务就是通过有逻辑的质疑来猜测或者推理出这个正确答案。维果斯基的支架式教学或者最近的发展区理论则比较准确地解释了教师和学生之间的这种互动。根据维果斯基的理论，教师的作用应当在于为学生提供学习的支架，学生通过这些支架可以自己学习，完成从一个水平到更高水平的跨越。

学习者利用各种媒体形式的信息资源和学习材料来作为信息来源。这些材料不是用来教学的，而是用来支持学生探究问题的。这并非否定所有类型的教学材料，而仅仅是说明了为什么使用资源。因此，如果我们的目的是要让学习者学习解决某个领域的问题，那么采用模拟现实世界中的情形将学生放入到问题情境中的方法是合适的。

⑦鼓励学生对自己的想法和其他各种观点进行讨论。知识是需要讨论的。我们提出的看法要能够经受得住别人的质疑，并能够说服他人；我们也需要广泛地了解其他的想法，看能不能将这些想法与我们的想法整合。在构建有效的学习环境的时候，构建一个可以讨论交流从而深化理解的学习群体是非常重要的。互助学习小组是一种有效的形式。另外，也可以通过网络构建学习社区。

⑧提供机会，帮助学生对学到的知识和学习过程进行反思。教学的一个重要目标是帮助学生学会自我控制的技巧，从而树立他们的独立能力。教师在教学过程中应当贯穿始终地帮助学生对所学的内容和学习过程中采用的方法和策略进行反思。

任务6.2 问题教学法操作

6.2.1 教学实例分析

某林业职业学校教师在教授“森林资源经营管理”课程中的“征占用林地可行性调查报告”这一内容时，采用问题教学法组织教学，让学生通过完成“××项目征占用林地可行性研究报告”掌握所涉及的理论知识与实训内容。该教师运用问题教学法分以下7步完成了本次教学。

(1)设计问题情景

该教师根据教学内容设计了以下问题情境：D市风景优美，气候宜人，境内有著名的S工程，是世界文化遗产、世界自然遗产、全国重点文物保护单位，国家级风景名胜区。D市毗邻我国西南部经济中心C市，具有经济辐射优势。目前，D市政府正在与W企业讨论招商引资的项目，W企业计划在D市修建文化旅游城，其中牵涉到位于临港路江安河段的一片林地的占用。请对该项目进行调查，并且完成《××项目征占用林地可行性调查报告》。

(2)合理进行分组

教师对学生进行分组，学生将通过小组合作完成学习。

因为本问题比较复杂，所以将学生分为8人一组。在分组的时候采用同质分组和异质分组相结合的方法，即尽量将相互有好感但性格、能力、知识结构和背景不同的学生放在一组。

(3)引入情境

在引入情境阶段，教师在课堂上通过多媒体向学生展示问题情境。

(4)分析问题、搜集资料和讨论整合

分析问题、搜集资料和讨论整合是一个循环过程。

在本内容的学习过程中，学生在进入问题情境之后首先对问题进行分析，找到一级学习议题：“什么是‘征占用林地可行性调查’?”“‘征占用林地可行性调查’包含哪些内容?”然后搜集资料，并对资料进行研究。在研究资料之后学生进行讨论，总结出关于一级学习议题的研究结果，并进一步提出和分析一些不明白的地方，提出二级学习议题：“要完成可行性报告需要采取什么步骤?”“要完成可行性报告需要获得哪些内容?”“通过什么途径获得这些内容?”“怎样安排任务计划? 如何分工?”然后按照拟定的计划，依次去完成可行性报告中的资料收集和调查任务，获取到较全面的数据。在按计划进行的过程中，学生可能会遇到各种各样的具体的问题，小组应保持联系，定期或者在需要时聚集，共同讨论和解决这些问题。在完成上述学习议题之后，开始进入可行性报告的形成和整合阶段，在这过程中，学生在浏览上一阶段获得的资料的基础上，提出自己的意见和看法，如：“资料有没有不完善不完整的地方?”“可行性分析报告中哪些是重点难点?”“在拟定可行性分析报告时应该注意什么问题?”同样，分析讨论之后学生分头完成工作。

(5)再次讨论修改，提交可行性分析报告

小组将所有的工作整合在一起，并再次讨论修改，提交可行性分析报告。

(6)评估总结

在评估总结阶段，全班聚集在一起。各小组派代表汇报自己的学习成果。全班针对这些学习成果进行讨论，提出意见，指出优点和缺点。

(7)教学反思

教师根据学生小组提交的成果材料、答辩情况和个人表现进行总结和综合评价，而小组和个人也对自己的学习成果和学习过程进行反思。

6.2.2　教学过程设计

针对“××项目征占用林地可行性研究报告”这一具体的教学内容，任课教师设计了以下教案(表6-2，表6-3)。

表6-2　参考教案

课　题	××项目征占用林地可行性研究报告	
教学目标	知识目标	了解征占林地可行性研究报告的标准和包含的内容，了解征占林地可行性研究报告中的重点问题和注意事项，学会开展可行性调查，并能完成可行性研究报告
	能力目标	提高解决问题的能力
	情感目标	提高学生环境保护意识
教学重点	学会开展可行性调查，并能完成可行性研究报告	
教学难点	可行性研究报告的调查和编写	
课　时	6课时	
教学方式	问题教学法	
教学手段	语言表达、课件演示	
教学用具	多媒体课件	

表6-3　教学过程

教学内容	教师活动	学生活动	设计意图	方法手段
课程组织	1. 分组，介绍各组组长和记录员 2. 安排4个多媒体教室作为小组讨论的场地 3. 说明问题教学法的过程和规则以及时间安排	听从安排	分组合作，提高学生的合作学习能力	讲授法
引入情境	图片展示：用多媒体教学展示某某项目的规划以及将要占用的临港路江安河段的一片林地 情境导入：通过一段视频介绍D市的情况的概况，然后通过一个模拟真实情景的故事引入我们的学习任务。	思考	情境导入，激发学习兴趣	多媒体展示、讲授法

（续）

教学内容	教师活动	学生活动	设计意图	方法手段
学生分析问题，提出学习议题	教师巡视指导	学生对问题进行分析讨论，大家依次发言，记录员记录大家的意见，然后自由讨论，之后组长总结，得出最后的结论，接下来学生拟定解决问题的计划并分工	对问题进行初步分析，了解下一步需要干什么	讨论法
学生搜集资料，思考解决方案	教师巡视指导	学生按照拟定的计划和分工搜集信息，对信息进行分析和归纳，得出初步结论	对问题进行解决	
重复2、3步，直到解决问题	教师巡视指导	学生不断发现问题，然后搜集资料想办法解决问题，小组聚集讨论解决方案，再次发现问题	对问题不断深入和细化	讨论法
小组总结	教师巡视指导	小组最后讨论。每位成员依次陈述自己的观点，记录员记录；然后自由讨论；最后组长总结	得出最终方案	
班级讨论	教师主持讨论	各小组派发言人展示自己的学习成果，全班自由讨论，教师点评和总结	方案展示和比较	讨论法
小组和个人反思		小组和个人对自己的学习成果和学习过程进行总结和评价，找到长处和不足，并提出改进方案	学习反思	讨论法
教师总结评价		教师根据小组成果和个人表现，对学生进行评价	评价和质疑	归纳法

【强化练习】

（1）背景材料

厚朴（*Magnolia*），植物学范围内别名紫朴、紫油朴、温朴等，为木兰科木兰属落叶乔木，主要分布于陕西南部、四川南部、湖北西部，在贵州、云南、甘肃、浙江、福建等地也有分布。

厚朴是我国特有珍贵树种，国家2级保护中药材，是国家计划管理的4种重要中药材（麝香、甘草、杜仲、厚朴）之一，为国家医药局重点推荐的紧缺药材。

厚朴是我国重要的药、材两用经济树种，树皮、根皮、花、种子及芽皆可入药，其主要有效成分是厚朴酚（magnolol）及其异构体和厚朴酚（honokiol），这两种酚类物质含量的高低决定其药材质量，是鉴定药材品质优劣的标准之一。厚朴入药以树皮为主，为著名中药，有化湿导滞、行气平喘、化食消痰、祛风镇痛之效；种子有明目益气功效、芽作妇科药用、种子可榨油，含油量35%，出油率25%，可制肥皂。厚朴作为用材林，其干材通直，材质轻韧，纹理细密，供建筑、板料、家具、雕刻、乐器、细木工等用；其树形幽雅，树干通直，叶大浓荫，枝条舒展，花大美丽，可作绿化观赏树种，最宜孤植于街道、庭院和公园。

20世纪70年代以来，随着经济的发展及人口的增加，人们更加重视中药利用。由于厚朴被大量砍伐用作药材，市场供需矛盾加剧，给原本就很稀少的厚朴天然种质资源带来了近乎毁灭性的破坏和影响。20世纪90年代，为应对国内外厚朴药材市场不断上升的需求量，林业部门将营造厚朴速生丰产林作为重点发展方向，人们开始大量营造厚朴人工林。

在大量营造厚朴人工林过程中，人们很少考虑种源对药材质量的影响，加之采集树皮药材时间的盲目性及忽略栽植密度对其生长的影响，造成不同产地的厚朴药材在质量上存在很大差异，甚至有些产地药材酚类含量低于国家药典所规定的标准。简单粗放的经营制约了厚朴的产业化及规模化发展，并影响其药用价值质量。因此，有必要对厚朴人工林进行优树选择，为厚朴规模化栽植技术提供理论支撑。

四川省都江堰市位于省会成都市西部与川西高原阿坝州的结合部，都江堰厚朴属于国家地理标志保护产品。都江堰厚朴在纯天然条件下，具有生长快、产量高、皮质厚、药效含量高的特点。据《中药大词典》记载，都江堰厚朴是全国质量最优的。都江堰厚朴生长时间越长，皮质越厚，并且皮的质量越好。目前，市场销售价格均高于全国其他地区30%。

（2）要求

要求在充分查阅资料、了解厚朴的性状的基础上，运用问题教学法研究如何对都江堰市的厚朴进行优树选择，最后以小组为单位形成一份优树选择方案，要求具有实用性、可操作性。

（3）练习

不同区域的专业教师和学生也可以根据自身情况，选择当地或者自己较为熟悉的背景材料和树种，也可以根据教学需要设置其他相关练习课题。

【教学反思】详见项目5 P051。

【学习小结】详见项目5 P051。

【拓展阅读】

1. 课件范例

课件范例可参考本教材数字化资源数据库中的相关PPT。

2. 备课资源

(1)课程可用案例

毛梾优树选择

(李善文，2014)

试验材料：以山东省的毛梾野生资源引种资源及人工林为试验材料，选优林分主要以中龄林和成熟林为主，有纯林也有混交林。

试验方法：

候选优树选择

采用5株优势木对比法选择候选优树。候选优树应具有无明显病虫害和机械损伤、结果层厚、树干通直圆满、树冠匀称开张、发枝力强、结果量大等特点。

候选优树性状调查方法

选择与种子产量关系密切、受年龄影响较小、相对稳定的性状进行测试，这些性状包括冠高比、冠形指数、单序果数、结果枝率、果实百粒干质量、果实含油率、种子百粒质量、果实成熟一致性和抗病虫害能力9个性状。

①树高和冠高比与冠形指数　用测高器或塔尺实测毛梾树高与冠高，用皮尺测量树冠东西和南北2个方向的宽度，求平均值得到冠幅。树冠高度与树高的比值即为冠高比，冠幅与冠高之比为冠形指数。这2个性状与单株种子产量存在相关性：冠高比能够反映冠高相对于树体的比例，反映了树体垂直结实的潜力；而冠形指数反映了冠幅横向和冠高的相对生长速度，可以用来选择冠幅相对开展而且高生长相对较弱的优良单株，与优树的果实产量和矮化性状相关。

②单序果数与结果枝率　从每株树的东西南北4个方位随机剪取一个果序，共4个果序，调查统计单序果数，计算单株平均单序果数。观测毛梾单株结果大枝的数量与大枝总数，结果枝率为结果枝条占总枝条的百分比。

③果实与种子百粒质量　随机在毛梾单株东南西北4个方向各选取100粒新鲜果实，称质量，测量精度为0.01g，求平均值得到果实百粒鲜质量；对4份种子进行烘干处理，测定果实百粒干质量，测量精度为0.01g；再进行去皮清洗干燥处理后得到种子，测定种子百粒质量，精度为0.01g。

④种子直径　每个单株的果实去皮清洗烘干后，随机选取60粒种子，用游标卡尺逐粒测定种子直径，精度0.01mm。

⑤抗病虫害能力　评分标准：无病虫害得4分，受害轻微得3分，受害中等得2分，

受害较重得1分。要求所选优树的抗病虫害能力得分在3分以上。

⑥果实成熟一致性　果实成熟一致性用成熟果百分率表示，成熟比例80%以上得4分，60%~80%得3分，40%~60%得2分，40%以下得1分。

⑦果实含油率　用残余法测定果实含油率，随机选取每株候选优树的果实，除杂烘干后称质量1~2g，精度0.0001g，作为样品进行测定，重复3次。

优树综合评分法

根据各个性状的均值标准差极差确定每个性状的打分标准，对于无法定量的性状进行分级打分，制订毛梾选优综合评分体系。采用t检验法确定低于候选优树群体均值的显著下限值，即为优树入选最低分数值。

结果与分析：

2012年8—10月对山东省毛梾分布区进行种质资源调查及候选优树选择工作，调查地点涉及淄博、潍坊、济南、泰安、莱芜、烟台、威海、临沂8个地市13个县市区，初选候选优树45株。以选择油用毛梾为目标，根据毛梾的生物学特性选择了受年龄影响较小相对稳定的性状作为选优性状，包括单序果数、结果枝率、果实百粒干质量、果实含油率、种子百粒质量、冠高比、冠形指数、果实成熟一致性和抗病虫害能力9个性状。

对45株候选优树采用Kolmogorov-Smirnov方法进行检验（$D=0.154\ 76$，$P=0.008\ 57$），其总体得分值服从正态分布。最后，在候选优树得分中选择大于36分的候选优树作为入选优树，从45株候选优树中选出优树21株，入选率为46.7%。

(2)课程可用典故

厚朴的传说

相传，几百年以前，厚朴树本是天帝最宠爱的长子。

一次，天帝带着长子在考察疆域，了解民情，游山玩水时途经东乡。路过长岭岗时，英俊潇洒、情窦初开的太子，被东乡朴实的乡风民情，美丽的大自然风光所陶醉。当他正要随父皇起驾时，发现在翠竹掩映，挂满大红柿子的树旁的吊脚楼上，一群土家姑娘在纺纱、绣花，编织西蓝卡普。姑娘们开心的、毫无拘谨的、银铃般的笑声，洒脱自如且优雅的举止，颜如桃花满月般的面容深深吸引住了他。他看到，虽是在这荒山野岭，但姑娘们举手投足妩媚秀雅，身材窈窕，步履轻盈，款款细语，落落大方。太子蓦然感觉到，这白云深处的木屋吊脚楼，比自己居住的天宫更舒适自由，姑娘们比身边的仙女更多情美丽，他当即请示父皇要留下来。父皇一听，觉得这简直是天方夜谭，自己年事已高，几个皇子中数他最聪明，具有镇疆治国的鸿鹄大志和能力。这次带他出来巡游，原本是要开拓他的眼界，回去就要传位给他。再说皇帝的长子，百姓的幺儿，就算他是阿斗也不能把他留在这穷乡僻壤。但是太子的决心已定，怎么也不肯再回到皇宫。父皇气急了，一挥手就把儿子变成了一棵厚朴树放在了木屋旁的田里，经受山风苦雨的洗刷，遭受严寒贫瘠地考验，对这群野丫头可望而不可即。心想让他经受这样的磨难后，再接他回宫接任大位，他一定会从命的。

天上一天，地下一年。回宫的天帝吃不香睡不着，整日牵挂着儿子。于是派遣天兵天将到长岭岗接太子回宫。天兵天将看见太子化的大树经过人间烟火熏陶，已植根于深深的泥土里，长得郁郁葱葱，和山村木屋浑然一体。太子表示，坚决不回去，要留下与山姑土家人为伴。天兵天将和太子本是铁哥们，见太子深爱着这方土地，深爱着这木楼里的姑娘，不忍心强迫太子回宫，于是冒天下之大不韪，成全了太子的心愿让他留在了人间。临行时，天兵天将问太子有什么要帮助的，太子看了看身边的人们，对哥们说："他们虽然很贫穷，但很勤劳，你们有什么办法来帮助他们?"天兵天将说："我们是神仙，他们是凡人，就是有神丹妙药也不能直接送给他们，要经过一种转换，让他们经过勤劳才能获取。"太子一听觉得有理，连忙与天兵天将商量办法。最后太子决定，让天兵天将把天帝御赐的让他们在途中急用的仙丹留下来，经过他的身体后，再变换成另一种物质，让山民通过劳作才能获取，以帮助他们解除疾苦，达到幸福快乐地生活的目的。

就在太子满心高兴地接受仙丹的时候，天兵天将却拉住太子的手哭了。天兵天将说："在天宫，你贵为太子，但你从不把我们当下人看，而是把我们当哥们儿，亲如手足。今天你已经违反天条，遭受了凡尘之苦，但还可以随我们回到天上，享受荣华富贵，回到从前。如果你现在一接过仙丹，你就再也回不到天宫了，你就永远成为凡尘之物了。"

太子不解的连忙问："为什么?"

天兵天将说："因为你现在是身处凡尘，双脚已伸进泥土中，半神半人，仙丹一接触你的身体，你就永远也回不到你太子的原形了，并且再也回不到天宫了。"

太子一听急了，说："那我赶快把脚从泥土中拔出来，在空中接受。"

天兵天将们笑了，说："那正是我们前来的目的，一道回宫。"一个平时与太子特铁的天兵连忙补充道："你只要把脚挪动一下，不接仙丹，你就会随同我们立刻飞到天上。"

太子一听哭了。经再三权衡，太子最后还是决定长留人间！要用自己的一生为人类做实事，来解决人们的疾苦，让姑娘小伙们过上幸福美满的生活。因此，太子毫不犹豫地接过仙丹，一口吞进了肚子。随即，太子那挺拔的身体披上了一件柔软暖和深紫色的龙袍，供他遮风挡雨。

在后来漫长的岁月中，当看到大山里的人们受苦受难的时候，太子就用身上的这件龙袍普度众生。当人们遇到胸腹疼痛、翻胃、呕吐、寒温、泻痢等疾病的困扰时，只要从龙袍上取下一小块皮熬汤喝，病痛顿除。当人们婚丧嫁娶没有经费来源时，只要砍倒厚朴树，剥去树身上的龙袍到集市上去，就能换回大把的钱，解决他们的困难。而去了皮的厚朴树同时也是制作高档家具的最佳木料。

(3)课程可用事实和数据

森林资源数据库

http://www.data.ac.cn/zrzy/G04.asp

(4)课程可用视频

陕西大力发展经济林，绿化荒山富裕百姓

http://v.ku6.com/show/xq3A8rAreHjlK6w_.html

(5)备课参考书籍

A Problem-based Approach for Management Education. Hallinger P, Bridges EM. Springer-Verlag GmbH, 2007

（6）备课参考网站

北京市林下经济建设专题——首都园林绿化政务网

http：//www. bjyl. gov. cn/ztxx/bjslxjjjszt/

林下经济——中国林业

http：//linye. cntv. cn/lxjj/

参考文献

窦春潇 . 2011. 基于问题的学习(PBL)教育环境测量与评价[D]. 北京：中国医科大学 .

何克抗 . 2006. 教学系统设计[M]. 北京：高等教育出版社 .

李善文，吴德军，梁栋，等 . 2014. 毛株优树选择研究[J]. 北京林业大学学报，36(2)：81 –86.

刘晓艳 . 2002. 基于问题的学习模式(PBL)研究[D]. 南昌：江西师范大学 .

马真 . 2011. 美国 PBL 教学模式及在我国高校研究生教学中的应用研究[D]. 济南：山东师范大学 .

时历敏 . 2006. 基于问题学习的理论研究及其在卤素教学中的实践探索[D]. 上海：华东师范大学 .

徐微青 . 2008. 基于问题的学习在高中物理教学中的运用[D]. 杭州：浙江师范大学 .

周久桃 . 2007. 基于问题的学习研究[D]. 上海：上海师范大学 .

Albanese M A，Mitchell S. 1993. Problem-based learning：a review of literature on its outcomes and implementation issues[J]. Academic medicine.

Barrows H. S. 1985. How to Design a Problem-based Curriculum for the Preclinical Years [M] . New York：Springer.

Barrows H. S. 1980. Tamblyn R M. 1980. Problem-based learning ：an approach to medical education [M] . Springer Pub. Co.

Dewey J. 1916. Democracy and Education：An Introduction to the Philosophy of Education[J]. Text-book series.

Hallinger P，Bridges E M. 2007. A problem-based approach for management education：Preparing managers for action[M]. New York：Springer Science & Business Media.

Norman G R，Schmidt H G. 2000. Effectiveness of problem-based learning curricula：theory，practice and paper darts[J]. Medical education.

SCARDAMALIA，M，BEREITER C. 1991. Higher levels of agency for children in knowledge building：Achallenge for the design of new knowledge media[J]. The Journal of The Learning Sciences.

Schmidt H G. 1983. Problem-based learning：Rationale and description[J]. Medical education.

Walker A，Leary H. 2009. A Problem Based LearningMeta Analysis：Differences Across Problem Types，Implementation Types，Disciplines，and Assessment Levels[J]. Interdisciplinary Journal of Problem-based Learning.

项目 7
头脑风暴教学法应用

【任务载体】

四川省都江堰国家森林公园距成都市 84km，毗邻都江堰——青城山风景名胜区，是中国 20 个重点国家级森林公园之一。为进一步推动地方经济发展，提升服务水平，需开发新的、有价值的游赏游乐产品。请通过头脑风暴法集思广益，提出关于都江堰游赏游乐产品的创意。

【教学目标】

知识目标：掌握头脑风暴教学法的运用技巧，完成对都江堰国家森林公园游赏游乐产品的策划任务。

能力目标：提高学生创造性思维和解决问题的能力。

情感目标：提高学生环境保护意识。

【重点难点】

重点：头脑风暴教学法的含义、一般流程和注意事项。

难点：头脑风暴教学法的一般流程和注意事项。

任务7.1 头脑风暴教学法认知

头脑风暴这个概念是著名的广告公司BBDO的管理者奥斯本(Osborn)提出来的。1939年，奥斯本为了解决员工们缺乏创造力的问题，开始举办群体思考会议，并且发现这可以显著地提高员工们的想法的数量和质量。他最先在1948年出版的*Your Creative Power*一书中提出了组织群体来产生创意，认为当一个人参与到集体合作中时，他的联想能力会得到增强。具体来讲，当一个人提出某个设想后，这个设想会激发其他人的联想能力。正如F. 夏普所说："当人们卷入'头脑风暴'的洪流之后，一个人提出的设想就想水漂一样，会引起一系列的设想。更确切地说，就像放鞭炮一样，只要点燃一个爆竹，势必要引爆一连串的爆竹。"(奥斯本，1987)

头脑风暴法自提出之后受到了广泛的重视和应用，经过各国创造学研究者的实践和发展，在学校教育和职业培训中得到广泛应用。

7.1.1 含义

头脑风暴(brain storming)教学法又名智力激励法，简称BS法，是一种通过会议讨论方式，组织与会学生在自由愉快、畅所欲言的气氛中，提出点子、交换想法、激发灵感、产生创意、解决学习课题的教学方法。

"brain storming"原指精神病患者头脑中出现的思维紊乱现象，表现为大量的胡思乱想。奥斯本借用这个概念来比喻打破常规思维方式、让思维高度活跃而产生大量创造性设想的创造性思维法，形成了奥斯本智力激励法，即头脑风暴法(王刚，2012)。

(1)种类

头脑风暴法自诞生以后，得到了广泛的重视和发展，除了奥斯本的智力激励法之外，还出现了一些新的应用形式，包括还有默写式智力激励法(又叫635默写法)、卡片式智力激励法、三菱式智力激励法等(王刚，2012)。

①默写式智力激励法　默写式智力激励法、默写式头脑风暴法，是德国人赫立根据其本民族习惯沉思的性格和奥斯本智力激励法中有的人当众说出见解犹豫不决，有的人不善于口述，有的人见别人已发表与自己的设想相同的意见就不再发言，和有时候好几个人又争着发言反而使点子遗漏的缺点提出来的。与奥斯本智力激励法原则上相同，其不同点是参会者以传递的方式把设想记在卡上，不能说话，思维可以自由奔放。具体做法是：每次会议由6人参加，每人书面提出3个设想，要在5分钟内完成，所以又称"635"法。

②卡片式智力激励法　卡片式智力激励法也称卡片法。这种技法又可分为CBS法和NBS法两种。CBS法由日本创造开发研究所所长高桥诚根据奥斯本智力激励法改良而成。NBS法是日本广播电台开发的一种智力激励法，做法是每个参会者都将设想记录在各自的卡片上，对每个人提出的设想还可以进行质询和评价。

③三菱式智力激励法　在头脑风暴法实践运用过程中，日本三菱公司结合本公司实际

情况，针对奥斯本智力激励法“严禁批评、导致难以对设想进行评价和集中”加以改进而形成的MBS法(三菱式智力激励法)。MBS法其中一个重要步骤就是相互质询，进一步修订提案，以使设想得到评价和集中。

(2)特点

头脑风暴源于广告领域，其目的就是为了激发人们的创造性，产生更多更好的创意，因此，头脑风暴教学跟传统教学有显著的区别。

①教学形式上的区别　传统教学是经过精心安排和组织的，有明确的教学目标和教学内容，教师也必须对教学过程和教学方法进行设计。而头脑风暴式教学法虽然也有明确的目的(针对某一特定议题产生出各种想法)，但是其教学的形式比较松散，学生的学习结果也不是明确的。

②教师和学生的关系不同　在传统教学中，教师是教学过程的主导者，把知识按照预先安排好的内容和顺序传递给学生。在头脑风暴式教学法中，教师只是一个辅助者，负责头脑风暴前的准备活动，帮助维持头脑风暴过程顺利进行以及进行头脑风暴后的总结，而学生成为了知识的产生者，拥有学习过程中完全的话语权，其主体性得到了充分的发挥。

③教学目的不同　传统的教学，以知识的授受为主，也就是教师按照教学目标讲授知识，学生接受知识。而头脑风暴式教学法中，教学的目的是为了激发学生的创造力和想象力。

7.1.2　适用范围

头脑风暴法是一种激发学生想象力和创造力的方法，与传统的教学方法强调知识掌握和其他的教学方法强调解决问题的能力的提高有本质的区别。因此，并不是所有的教学内容都适合采用头脑风暴法。

一般而言，头脑风暴法适合于那些需要创意的，需要发散性思维的领域，而不适合那些需要严密逻辑和缜密思维的问题解决或者计划安排类型的任务。具体而言，在选择头脑风暴教学法的内容时应注意：

①要研究的问题应该是具体的，而不是一般性的。头脑风暴法强调的是从一个点出发，发散性地思考，得到多种方案。因此，要研究是主题应当是一个具体的问题，而不能是宽泛的，让人无从下手的概括性提问或者非常复杂的，包含了很多因素的问题。

②应该一次针对一个问题讨论，而不是多个问题。如果同时讨论多个问题，会影响思维的流畅性，并且可能出现跑题的现象。因此，应当注意在使用头脑风暴式教学法时，一次只能讨论一个问题。如果有的复杂问题包含了几个子问题，可以分几次来讨论。

③应该是探索性的问题。头脑风暴法是一种要求学生发挥创造性和想象力的方法，讨论的主题必须是开放性的，探索性的，而不是那些能够得出标准答案的问题。

7.1.3　一般流程

采用头脑风暴法教学，一般包括6个阶段(图7-1)。

(1)准备阶段

在进行头脑风暴前要做好准备工作。

①确定讨论的主题　用于头脑风暴的主题应当是特殊性的而不是一般性的问题。主题

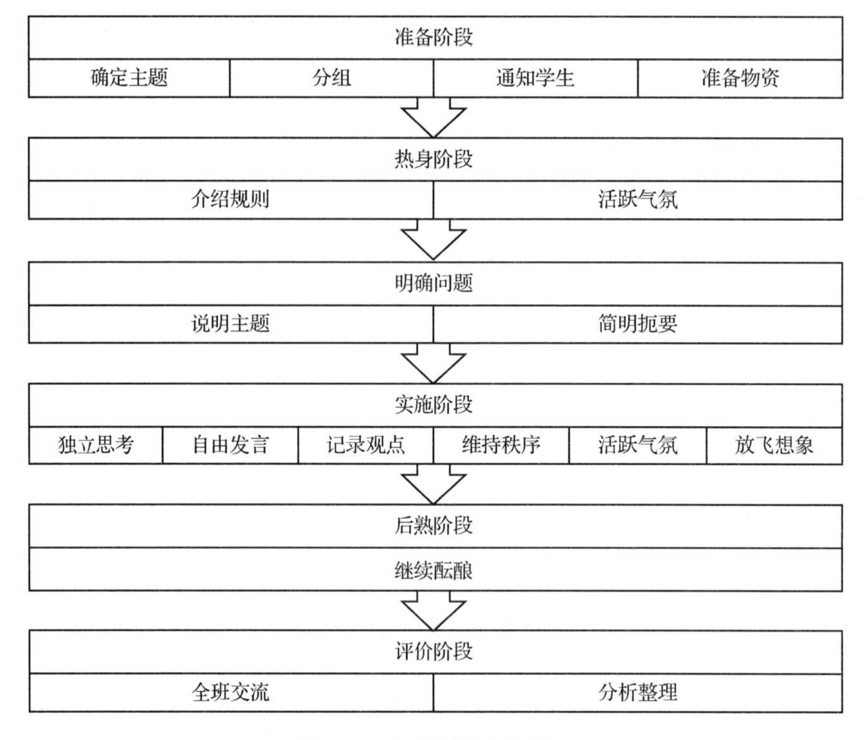

图 7-1　头脑风暴教学过程

不应过大或过小，将问题简化，或者将一个庞大的问题分成一些小问题，要注意一次只讨论一个问题。教学需要先对主题进行研究，主持人应事先对所议问题进行一定的研究，弄清问题的实质，找到问题的关键，设定所要达到的目标。教师要事先考虑一些关于讨论主题的设想，当在讨论过程中大家提不出什么设想时，教师可以抛出自己预先想好的设想来启发大家。但是，当成员们积极发言的时候，组长则应该保持沉默。组长也应帮助确定议题的方向，例如，通过分类等方式提供线索。组长还应该想办法让那些首次参加头脑风暴会议的成员尽快适应这种环境。如可以在会议开始的时候先提出一些简单的问题来热身。

②确定参加头脑风暴的成员　尽管有案例表明，就算人数比较多(40～100 人)，也能成功地运用头脑风暴法。但是根据实验，每个组最好包含 12 名成员。参加的人数太少不利于交流信息，激发思维；若人数太多，一方面，不容易掌握，另一方面，每个人发言的机会会相对减少，可能会影响头脑风暴的效果。每组安排 1 个组长、2 个记录员来记录成员们的想法。社会地位相同的人组织在一个小组。领导者的存在会引起一般成员的自卑感，不敢“自由地”提出设想。每一组安排几名女性有好处。男女相互想要超越，引起一种额外的好奇心，刺激人们提出大量设想。

③预先通知学生　教师应提前 5～10 天将进行头脑风暴的时间、地点、所要探讨的问题、可供参考的资料、需要达到的目标等通知学生，让学生有时间做好准备，酝酿各种解决问题的设想，以便在正式讨论过程中有话可说。

④布置场所，准备会议的物资　头脑风暴法跟讨论式教学法类似，采用圆形的座位安排方式，让学生们坐成一圈展开讨论是比较合适的。这样学生们可以看到其他人，对维持积极热烈的讨论氛围有帮助。同时应准备好头脑风暴会议需要使用的一些物品材料。最好

使用一块白板或者黑板来记录学生的想法。应该给每位学生准备纸笔，方便他们及时记录头脑中闪现的想法。也可以准备一些录音设备，把会议过程记录下来。

(2)热身阶段

为了保证头脑风暴会议能顺利地进行，营造一种轻松自然的气氛是非常重要的。教师应向学生们介绍头脑风暴的规则，为了让大家尽快适应规则，还可以挑一些有趣的话题或者简单的问题进行热身，以让大家尽快进入状态。同时，应当尤其注意那些首次参加头脑风暴会议的学生，让他们尽快适应环境。

(3)明确问题

会议开始时，教师应当简明扼要地介绍所要讨论的主题。在介绍的时候要简洁明了，不能太过具体。因为太过具体的说明会限制学生的思维，影响学生自由联想。

(4)实施阶段

在头脑风暴会议的实施阶段，最好先花几分钟时间让每位学生独立思考要讨论的主题。然后引导大家自由发言。教师可以让学生按照顺序(如座位顺序)依次发言。如果轮到的学生没有想法，可以先跳过。每位学生提出的想法会激发其他同学的联想，这种“连锁反应”不断进行下去，会涌现出大量的新想法。因此，在实施过程中，教师应鼓励学生在他人的想法的基础上进行再加工。教师在讨论过程中不应发表意见，但是应当关注讨论的情况，当讨论遇到冷场的时候，可以抛出自己预先准备好的一些想法来起到“抛砖引玉”的效果。

在头脑风暴会议中学生是活动的主体，拥有完全的话语权。应当鼓励学生积极思考，知无不言，言无不尽。教师应避免给出评价，同时其他学生也不应评价别人的想法，这样才能鼓励学生没有顾忌地发表自己的看法，而不需要担心自己的想法不够好而遭到别人的嘲笑。教师应当适当鼓励学生提出一些“荒唐”甚至是“莫名其妙”的想法，保证学生的思维能尽可能自由。当其他人发言时，如果学生有了一些想法，应使用纸笔记录下来，防止受他人发言的干扰而遗忘自己的想法。

记录员应当及时将学生的每个想法写在白板上，让所有学生都可以看见，方便他们从中受到新的启发。在每个想法旁边应当编上编号，方便教师掌握讨论所产生的想法的数量。

在一段时间的头脑风暴后，学生们对问题已经有了比较深入的理解，这个时候教师可以对之前产生的想法进行归纳和整理，从中找出一些比较好的想法，供下一步头脑风暴时参考。

(5)后熟阶段

头脑风暴会议结束后，学生的思维仍然处于活跃状态，尤其是在他们接收到了来自其他人的各种想法后，他们的大脑还在源源不断地产生新的想法。所以应当给学生一个酝酿期，让他们能够在讨论结束后还能提交自己的想法。教师可以在头脑风暴会议结束后的第二天继续接受学生提交的补充设想。

(6)评价阶段

通过头脑风暴会议，学生产生了大量的想法，必须在会议结束之后对这些想法进行分析整理，筛选出有价值的想法。可以通过专家评审的方式，也可以通过会议评审，让学生们再次聚集，对这些想法进行评价，最后确定几个最佳方案。

7.1.4 注意事项

采用头脑风暴法进行教学，应注意遵循头脑风暴法的基本原则，选择合适的议题，做好充分准备，合理确定人员并明确任务分工，调控风暴时间并激发群体灵感，做好掌控以确保高效运行。

(1)遵循4项基本原则

在头脑风暴会议产生创意阶段，以下的准则非常重要(Adams，1979)：

①在头脑风暴会议中，不要对各种想法进行批评，评价，判断或者辩护。头脑风暴的作用是在给定的时间内尽可能地围绕相关主题产生尽可能多的创意。对创意进行评价，判断和选择是随后的议程中需要完成的工作。

②要创造不受约束和自由联想的气氛。要求小组成员说出所有他们可以想到的方案，不管它们有多么的令人吃惊或者不切实际。对疯狂的或者不着边际的想法没有任何限制，所有的想法都应当被提出来。因为产生新的富有创造性的想法比对想法进行加工和选择要困难得多。

③数量比质量更重要。鼓励小组成员尽可能多地想出创意。产生的创意越多，能从中找到有用创意的可能性就越大。

④鼓励在现有创意的基础上创造新的创意。对现有的创意进行组合、完善，或者受现有创意启发产生新的创意都是创造性过程的一部分。组员可以建议对现有的创意进行组合、改进或者稍作变动。

(2)选择合适的讨论主题

如前面提到的，并不是所有的教学内容都适合采用头脑风暴教学法。头脑风暴教学法中所采用的问题应当是具体的、开放的，具有探索性的。

比较具体的议题才具有操作性，能引发学生的想象，也使教师比较易于掌控。教学议题必须要合乎学生的知识基础，是学生力所能及的学习内容，同时还要注意选题要能够引起学生兴趣，激发他们讨论的欲望。可以事先公开议题让学生选择或提前思考。如果题目比较复杂，可以将其细分成几个小问题，通过多次的学习来解决。总之，选题必须明确，不能模棱两可、似是而非，只有题意明确才能引导学生积极参与，刮起思维“风暴”。

(3)会前充分准备确保会议成功

在头脑风暴会议之前，教师应做好充分的准备。教师应提前对所要讨论的议题进行思考，理清线索，并想出一些设想，以便在学生不知道如何下手或者想法停滞的情况下引导学生。在会前也应准备好想要的材料，包括白板，纸笔，以及录音设备等。要提前布置会场，通常采用圆环形的座位排布方式。会议正式举行之前应告知学生要讨论的议题方便他们提前准备。

(4)合理确定人员明确任务分工

与会人员一般在12人左右，也可略有增减(5~15人)。在我国，普通的班级通常有40人左右或者多于40人。可以采用两种方式，一种是将学生按12人左右一组分组，在教室里形成多个讨论圈，同时开展头脑风暴；另一种办法是选出12个左右的学生形成一个圆圈坐在教室中间，剩余的学生围坐在这个圆圈外，当中心的学生进行头脑风暴会议的时候，周围的学生也将自己的想法记录在纸上，最后将所有学生的想法汇总讨论。

主持人、记录员分工必须明确，任务必须清晰。主持人的职能是阐明议题，宣布纪律，启发引导，掌握进程，如通报会议进展情况，归纳某些发言的核心内容，提出启发性问题，活跃会场气氛，或者让大家静下来认真思索片刻，再组织下一个发言高潮等。记录员应将与会者的所有设想都及时编号，简要记录，最好写在黑板等醒目处，让与会者能够看清。记录员也应随时参与讨论，切忌持旁观态度。

(5)调控风暴时间激发群体灵感

经验表明，创造性较强的设想一般在会议开始10～15分钟左右逐渐产生。会议的时间太短不利于学生充分发挥他们的想象；时间太长，学习者会觉得疲劳，注意力涣散，想法也会枯竭。美国创造学家帕内斯指出，会议时间最好安排在30～45分钟之间。如果需要更长时间，可以把议题分解成几个小问题分别进行专题讨论。MBS法(三菱式智力激励法)时间上比较长一些，有时可能需要3～4小时。

(6)主持掌控有度会议高效运行

教师应熟练掌握头脑风暴会议的操作技巧，熟悉四大原则，保证会议的顺利进行，维持灵感激发的力度和节奏。

主持人可根据头脑风暴法的原则，制订几条纪律，要求与会者遵守，如要集中注意力积极投入，不消极旁观；不要私下议论，以免影响他人的思考；发言要针对目标，开门见山，不要客套，也不必做过多的解释；与会者之间相互尊重，平等相待，切忌相互褒贬等，以使会议高效运行。

任务7.2　头脑风暴教学法操作

7.2.1　教学实例分析

某林业专业教师在教授“森林公园规划设计”课中的“游赏游乐产品策划”内容时，结合本地区国家森林公园实际情况，创设问题情境，运用头脑风暴教学法成功地组织学生完成了该公园的游赏游乐产品策划任务。

该教师分7个阶段完成了此次教学。

(1)第一阶段：准备阶段

提前一周确定议题为“都江堰国家森林公园游赏游乐产品策划”；将学生分成4个小组，确定主持人(组长即为主持人)、记录员和各组讨论的场地，并对相关人员进行培训；给学生提供都江堰国家森林公园的相关资料并要求自学，同时要求学生预习《森林公园规划设计》教材中关于“森林公园游赏游乐产品策划”的相关教学内容。

(2)第二阶段：热身阶段

首先，教师向全班学生强调头脑风暴法的基本原则和要求。

然后，提出一个简单的问题：“不知道有没有喜欢一些新奇的小商品或者小玩具的同学？我记得我像你们这么大的时候，就喜欢收集一些小玩意儿。我们先来轻松一下，同学们说说你们曾经见过的有趣的小商品，或者你们没见过但觉得很想要的小商品。”

接下来，让学生分组依次发言。

学生依次发言结束，再进行自由发言。

(3)第三阶段：明确问题

教师简明扼要地介绍所要讨论的主题：“都江堰国家森林公园的资料大家已经仔细看过了，我们这次课的内容是为都江堰国家森林公园策划一些游赏游乐的产品。”

(4)第四阶段：实施阶段

先用较短时间(几分钟)让每位学生独立思考要讨论的主题，然后按座位顺序依次发言。

记录员将每位学生的想法记录在黑板上，并编上序号。

教师巡视各个小组关注讨论的情况，当讨论遇到冷场的时候，可以抛出自己预先准备好的一些想法来起到“抛砖引玉”的效果。

在一段时间的头脑风暴后，学生们对问题已经有了比较深入的理解，这个时候组长可以组织同学对之前产生的想法进行归纳和整理，从中找出一些比较好的想法，供下一步头脑风暴时参考。

(5)第五阶段：后熟阶段

学生下第一节课之后继续思考，将想法记录下来，第二节课前交给组长。组长将所有的想法整理汇总。

(6)第六阶段：全班讨论阶段

各个小组长汇报本组的讨论结果，全班同学自由发表自己的看法和意见，还可以提出新的想法。教师记录各种意见，并适当评价。然后，教师挑选出学生们评价较高的几个产品。

(7)第七阶段：总结

教师总结同学们的学习情况，以正面意见和鼓励为主，学生对自己的表现也进行反思和评价。

7.2.2 教学过程设计

针对“都江堰国家森林公园游赏游乐产品策划”这一具体的教学内容，该任课教师设计了以下教案(表7-1，表7-2)。

表7-1 参考教案

课　　题	都江堰国家森林公园游赏游乐产品策划	
教学目标	知识目标	掌握头脑风暴教学法的运用技巧，完成对都江堰国家森林公园游赏游乐产品的策划任务
	能力目标	提高学生创造性思维和解决问题的能力
	情感目标	提高学生环境保护意识
教学重点	掌握头脑风暴教学法的运用技巧	
教学难点	提高学生创造性思维和解决问题的能力	
课　　时	2课时	
教学方式	讲授法、头脑风暴法	
教学手段	语言表达、课件演示	
教学用具	多媒体课件	

表 7-2　教学过程

教学内容	教师活动	学生活动	设计意图	方法手段
课程导入	图片展示：用多媒体教学展示都江堰国家森林公园的景色 情境导入：都江堰国家森林公园距成都市 84km，毗邻都江堰——青城山风景名胜区，是中国 20 个重点国家级森林公园之一。请大家为公园的游赏游乐产品开发出谋划策	思考	情境导入，激发学习兴趣	多媒体展示 讲授法
课程组织	1. 分组，介绍各组主持人和记录员 2. 安排 4 个多媒体教室作为小组讨论的场地	听从安排	分组合作，提高学生合作学习能力	讲授法
提出原则	教师巡视指导，对于主持人没有说到的地方可以加以补充	组长提出会议主题，重申大家需遵循的原则：自由思考、畅所欲言、延迟批判	强化小组讨论遵守的原则	讲授法
自由思考	教师巡视指导	组员思考 10 分钟	打开想象的翅膀	
自由发言 30 分钟	教师巡视指导，对头脑风暴会议的秩序和气氛进行维护。遇到冷场可以抛出一两个想法	组员依次发言，记录员将所有组员的设想编号，清楚的记录在黑板上，并参与讨论(第一节课)	打开想象的翅膀	讨论法
收集资料	教师巡视指导	四个记录员汇总记录(个数较多)	广泛收集产品名称	
整理资料	教师巡视指导	各组长再一次召集会议，要求大家用纸和笔默写第一节课提出的产品名称，并进行组内评价，确定小组上报结果(个数较少)	整理精简产品名称	讨论法
整理资料	组织全体学生集中到一个教室评价和质疑	各组推选汇报人汇报小组成员默写后的产品名称，并将结果写到黑板上，请其他组员和教师质疑	评价和质疑	讨论法
整理资料	将各小组提交的结果写在黑板上，教师评价，引导同学们筛选出满意的产品	各组成员评价	再次整理精简产品名称	讨论法
知识小结	教师总结	自我总结		归纳法

【强化练习】

(1)背景材料

林下经济，主要是指以林地资源和森林生态环境为依托发展起来的林下种植业、养殖业、采集业和森林旅游业，既包括林下产业，也包括林中产业，还包括林上产业。

林下经济是当前我国林业发展中备受重视的经济模式。它是充分利用林下土地资源和林荫优势，从事林下种植、养殖、游憩等立体复合生产经营，从而使农、林、牧各业实现资源共享、优势互补、循环相生、协调发展的生态经济模式。

林下经济资源涵盖森林群落中除建群种之外的非木材林产品资源。通常情况下，森林林下生物资源与建群植物之间的关系由自然演化形成，而非人为生硬凑合，因而是一种天然、协调、稳定的关系。林下经济通过利用森林自然生态系统中的林下植物资源、菌物资源或动物资源，适度调整其中的种间关系，获得比较理想的生态与经济效益。它使林地既是生态保护带又是综合经济带，能变林业资源优势为经济优势，使林地的长、中、短期效益有机结合，极大地增加林地附加值。

林下遍地是财富。发展林下经济对保护生态与改善环境、创新发展增效益、实现循环经济发展模式，促进经济转型低碳发展意义重大，但我国很多地方目前还处于起步阶段，林下经济的发展还存在许多困难和问题。以南方集体林区为例，我国南方集体林区包括南方十省区，有林地总面积为5314.4万hm^2，分布着我国37.12%的森林面积，保存着全国15.97%的森林蓄积，其林业用地面积的所有权90%归属集体，80%的活立木总蓄积为集体或林农个体经营。加之自然环境条件优越，水热条件好，林木种类多，林木生长快，而成为我国森林资源重要地区。根据调查以及相关各省林下经济基本情况报表资料，适合发展林下经济的集体林地面积约占集体林地总面积的27%，南方集体林区发展林下经济每公顷每年的产值平均为4.47万元，有较大的发展潜力。

通过调查与座谈，发现存在着诸多困难和问题，严重制约着我国南方集体林区林下经济的发展。例如，林下经济模式相对单一、基础设施条件差、产业化经营水平较低、规模总量不大、缺乏龙头带动、群众认识理解有偏差以及资金受限等。

(2)要求

由教师选定一个具有一定代表性的林区，通过充分查阅资料(教师也可以提供一些相关材料)、了解该林区林下经济发展现状的基础上，运用头脑风暴法为该林区林下经济发展出谋划策，应重点解决1~2个问题，具有实用性、可操作性。

【教学反思】详见项目5 P051。

【学习小结】详见项目5 P051。

【拓展阅读】

1. 课件范例

课件范例可参考本教材资源数据库中的相关PPT。

2. 备课资源

(1)课程可用案例

案例1　楚雄州南华县五街镇“林菌促繁”模式

(李娅，2013)

楚雄州林下资源种类较多，对野生药材、野生菌等林下资源利用产值均超过亿元，南华、姚安等县的一些山区利用林下资源取得了较好收益。南华县地处滇中高原腹地，国土面积2343km^2，辖10个乡(镇)、128个村(居)委会，林业用地面积16.67万hm^2，占国土面积的71%，森林覆盖率65.86%。丰富的森林资源，适宜的气候环境，都得益于国家实施天然林保护工程政策，使全县累计封山育菌面积从1998年的1.33万hm^{2}发展到2011年的8.33万hm^2。野生菌种类较多，达290多种，资源年蕴藏储量为1万多t，现已建成专业野生菌集散交易市场，逐步成为云南最大的野生菌、食用菌交易市场。野生菌平均单位面积产量由1998年的4.2~31.5kg/hm^{2}提高到2011年的58.5kg/hm^2。根据南华县林业局林业产业办公室数据统计，从整体发展趋势来看，2006—2011年间全县野生菌县内产值以及交易额逐年增加；近年县内野生菌产量一直稳定在3000t左右，集散交易量稳定在5000t左右。2011年全县野生菌集散交易量5456.7t(县内产量为3470t)，交易额28 359.7万元(产值19 841.025万元)，其中全县松茸交易量245.4t，交易额5783.3万元；牛肝菌交易量2316t，交易额5042.55万元；葱菌交易量641.7t，交易额3030.35万元；块菌55.9t，交易额1022.5万元；其他杂菌1721.5t，交易额65 532.5万元；干片交易量476.2t，交易额6948.5万元。

五街镇位于南华县西部，属高寒冷凉地区，海拔2430m，国土面积267.7km^2，辖14个村，人口17 520人。独特的土壤、杂木混交林以及较好的气候和植被条件为以松茸为主的野生食用菌的生长繁育提供了适宜的环境。松茸生长面积达1.6万hm^2，占林业用地面积的80%，森林覆盖率63%。全镇14个村的山林中均有松茸生长，较集中的有10个村62个村民小组，是云南省主要的松茸产区之一，松茸成为当地农民的重要经济收入来源。

2002年，云南省林业厅、国家濒管办驻昆办事处正式命名五街镇为“松茸之乡”，命名芹菜塘村委会为“松茸基地村”。2007年，中国食用菌协会又授予其“中国野生菌之乡”，中国烹饪协会授予其“中国野生菌美食县”，第五届世界菌根食用菌大会将其命名为“野生菌王国”。2008年农村经济总收入5653万元，农民人均经济收入达1900元，全镇野生食用菌产量稳定在400t左右，质量和产值明显提高，产值达1000万元。2011年，五街镇咪黑们村，以松茸为主的野生菌产量约25t，产值近500万元，其中松茸产量约15t，产值450万元，全村人均野生菌收入3420元。

案例2　宣威市“林下养殖”模式

（李娅，2013）

宣威市地处滇东高原亚热带北部地区，气候特点是：干湿季分明，冬春干旱多风、干冷同期，夏秋雨量集中、雨热同季，具有发展林下种养业的优越条件。全市土地总面积为60.53万hm^2，林业用地面积为30.89万hm^2；有林地面积24.8万hm^2，占林业用地的80.28%，适宜发展林下经济面积达到5.3万hm^2(含5666.67hm^{2}退耕地)；有核桃栽植地块3.67万hm^2，除部分地块套种矮棵作物、药材外，绝大部分处于自然状态，为林下经济发展提供了良好的空间优势。

2010年林业总收入为2.65亿元，其中林下经济年产值达5066万元。目前，林下养殖模式效益已经初现，正在大力推广的林下经济发展形式有林禽养殖、林桑养殖以及林畜养殖等。发展林下养殖52户，年总收入达520万元，其中养殖鸡、野鸡等禽类1.2万只，年产值达150万元，养殖梅花鹿、野猪等150头，年产值达20万元，养殖猪、牛、羊等年产值达350万元。发展蚕桑733.33hm^2，主要分布在阿都、文兴两个乡镇，年产值达2500万元。在全市32万户农户中，林下经济收入达1000元以下的农户为26.5万户，林下经济收入达1000～5000元的农户为5.1万户，林下经济收入在5000～10 000元的为8000户，林下经济收入在1万元以上的为137户。

(2)课程可用故事

打工妹林下养鸡年入20万

（宜宾新闻网，2014）

咕咕咕咕咕、喔喔喔喔喔……还没有见到尹祖强，此起彼伏的鸡叫声已在耳边响起。沿着乡间小路顺坡而上，就看到了她的养殖场。门口的守卫见到生人便吠个不停，霎时有种鸡犬相鸣的感觉。

打工期间，她用卧谈会的形式偷师，用小本将不同品种的鸡在孵化时需要不同的温度的参数记录下来，最终掌握了一套养殖技巧。在外出打工13年后，她选择了回乡创业。

江安县江安镇红岩村重兴组属于江安镇比较偏远的地区，距离江安县城约有40分钟车程。她饲养的贵妃鸡、土鸡、绿壳蛋鸡、野鸡4个品种，去年出栏一万多只，纯利润达到了20多万。截至2014年8月，她销售了一万多只鸡，收入和2013年一整年持平，预计2014年纯利润将达到三四十万。

13年打工经历

1998年，初中毕业在家赋闲大半年的尹祖强离开江安，跟着同乡外出打工，那年她17岁，和很多农村家庭外出打工的青年一样，是为了减轻家庭经济负担。第一站她选择了广东，进入电子厂一干就是五年。沿海城市的工资待遇比内地高很多，但是身在外地没有归属感的她，简单的想法是挣点钱回江安做小生意。

2003年，由于身体问题，她回家休息了两年，打工期间挣的钱已经所剩无几。2005年，她再次外出打工，这一次，她选择了福建。在福建，她进了制衣厂当工人，刚开始的几年里，尹祖强就像一个刚外出打工的青年一样，对于单调的生活没有太大的感觉，随着时间的推移，她慢慢发现一直打工的话，不知几时才能回乡做生意。

一次偶然的机会，听朋友说起福建的养殖业不错，她利用休息时间去看了一下，在对比市场价和饲养成本后，尹祖强发现，一只贵妃鸡的售价至少在100元以上，较高的利润让尹祖强的心久久不能平静。

自己的老家处于山坡上，比较适合林下养殖，家乡的地理优势和贵妃鸡较高的利润，让尹祖强心里开始盘算着如何去学习养殖技术，回乡创业。同时，在和父亲交流中，父亲告诉她，可以利用老家的地理优势来搞养殖业。也是父亲鼓励的话，让尹祖强萌发了学艺的念头。

卧谈会学艺

2010年左右，尹祖强开始到福建省厦门市一家较大的养鸡场当饲养员，她一边工作一边学习，还经常虚心地向经验丰富的员工学习养殖技术。当时，每个饲养员负责不同品种的鸡，尹祖强负责贵妃鸡的饲养，慢慢地她开始对如何饲养贵妃鸡有了一定的经验。但是，不同品种的鸡在孵化时对温度的要求不一样，稍不注意就可能引起小鸡呼吸道方面的疾病，从而影响成活率。

饲养员们白天的工作都比较忙，只有夜晚才能聚在一起聊天。每天晚上，和姐妹们聊天是尹祖强最高兴的事，有一天她突发奇想，让大家一起交流各自负责品种鸡的饲养心得。这个主意得到了大家的赞同，每天晚上在交流的时候，只要一谈到品种的个性差异，尹祖强就用小本默默的记录下来，然后加以琢磨。

“我们的卧谈会就是这样，聊明星、聊家常，也聊工作，”尹祖强说，“白天不懂的时候就请教老员工，晚上再和姐妹们做其他品种的交流。”那段时间，她的养殖技术有了很大进步，一直惦念着回乡创业的她，放弃了当地养殖场的高薪，于2013年回到了江安。

回乡挣了20万

回到江安后，尹祖强在老家流转了200亩林地，搞起了林下养鸡。当时，她选择了贵妃鸡、土鸡、绿壳蛋鸡、野鸡4个品种。她想，在福建学的技术，应该能在家乡成就一番事业。

建鸡舍、搬粮食、做拦网，都是尹祖强和爱人一起完成。这一次，他们投入了20万元。天有不测风云。在野鸡的饲养上，由于孵化鸡苗时，对温度的了解不足，他们投入的1000只鸡中，有500只没有成活，一下子损失了好几万元。

为了解决这个问题，尹祖强找来县上畜牧局的专家，为她解决这个技术难题。经过多次的实践，她也终于突破了这个难题，在技术上也开始全面起来。此后，她所饲养的鸡再没有因技术不过关而影响成活率。

野鸡好斗性较强，公鸡之间经常打架。有时候一些野鸡的头和眼睛都被啄坏，也会影响野鸡的数量。尹祖强说，为解决这个问题，她开始想办法，后通过朋友介绍，给野鸡戴上了眼镜，既能影响他们的视线，减少打斗的概率，也能保护野鸡的眼睛。

一边养殖一边学习的尹祖强在第一年就尝到了甜头，4个品种的鸡出栏量一万多只，挣了20多万。同时，她也开始带动乡亲一起致富。

带动乡亲致富

在尹祖强的影响下，她周边的村民开始向她购买鸡苗。一只鸡生长周期一般在6个月左右，尹祖强卖给村民的鸡苗在喂养成本上，1只鸡1个月可以节约一元钱，那么养1只鸡就可以节约成本六元，提高了村民的收入。

与尹祖强同组的尹通华没有干农活，在家带孙儿，在得知尹祖强的鸡苗饲养简单，且利润可观后，已经3次在她那里购买鸡苗。由于要带孙儿，每次购买的鸡苗都比较少，前后一共买了200只左右。他说，每次几十只的养，每天只需要喂食，有技术问题，尹祖强还会给他免费指导，这200只鸡，他已经挣了4000多元，比干农活强多了。

另外，在销售方面，尹祖强采取灵活的方式，鸡苗长大后，村民可以选择卖给她，也可以选择卖给其他鸡贩。他们目前的销路主要是以江安县城为主，辐射周边乡镇。

对于未来，尹祖强说，要努力把基地建成一个集养殖、销售、繁育、深加工为一体的现代化养殖基地。以养殖带动种植，立体化的种、养殖模式。通过这样的方式妥善处理鸡粪，在致富的路上，保持环境、空气不受污染。

2015年，尹祖强准备在现有基础上再增加300亩林地，争取年出栏达到10万只，那样的话，利润就可以达到200万元左右，还可以带动更多的村民致富。

(3)课程可用事实和数据

中国林下经济发展的空间分布特征研究

中国林下经济发展的空间分布特征研究．臧良震，张彩虹，郝佼辰．林业经济问题，2014

森林资源数据库

http：//www. data. ac. cn/zrzy/G04. asp

(4)课程可用视频

林下经济——林蛙养殖诀窍

http：//www. iqiyi. com/w_ 19rqrf9j8h. html

林下经济讲座

http：//v. youku. com/v_ show/id_ XMzM2OTc4MDUy. html

(5)备课参考书籍

创造性想象．奥斯本．广东人民出版社，1987

(6)备课参考网站

“常用的创造技法——头脑风暴法”教学设计案例

http：//jky. qzedu. cn/zhsj/tyzs/tnfb. htm

头脑风暴法全程操作指南

http：//www. doc88. com/p－7072010055232. html

头脑风暴法教学设计

http：//wenku. baidu. com/link？ url = wQ5Tin5 － pNijgEnpE4YXDraO5JFU6AGQP － PmL22p31PdaKKNwNPXR275bsa_ n8BZ4AHNaIy4MXSFdxCuYRlDkX5Id － Qc4OYV － Gk5G8wX1su

头脑风暴法解决问题(案例)

http：//yh. ntu. edu. cn/irm/chapter03/material/brainstorm. htm

SAT考场策略：学会头脑风暴法迅速完成考场写作

http：//edu. qq. com/a/20150423/019590. htm

参考文献

奥斯本．1987．创造性想象[M]．广州：广东人民出版社．

李娅，陈波．2013．云南省林下经济典型案例研究[J]．林业经济．

王刚，李晓东．2012．林业专业教学法[M]．北京：北京师范大学出版社．

Adams，J. L. 1979. Conceptual blockbusting：A guide to better ideas[M]. 2nd ed. New York：W. W. Norton.

Aiamy M，Haghani F. 2012. The Effect of Synectics & Brainstorming on 3 rd Grade Students' development of Creative Thinking on Science[J]. Procedia－Social and Behavioral Sciences.

DeRosa D M，Smith C L，Hantula D A. 2007. The medium matters：Mining the long－promised merit of group interaction in creative idea generation tasks in a meta－analysis of the electronic group brainstorming literature[J]. Computers in Human Behavior.

Dugosh K L，Paulus P B. 2005. Cognitive and social comparison processes in brainstorming[J]. Journal of experimental social psychology.

Kerr D S，Murthy U S. 2009. Beyond brainstorming：The effectiveness of computer－mediated communication for convergence and negotiation tasks[J]. International Journal of Accounting Information Systems.

Rietzschel E F, Nijstad B A, Stroebe W. 2006. Productivity is not enough: A comparison of interactive and nominal brainstorming groups on idea generation and selection[J]. Journal of Experimental Social Psychology.

Rizi C E, Najafipour M, Dehghan S. 2013. The Effect of the Using the Brainstorming Method on the Academic Achievement of Students in Grade Five in Tehran Elementary Schools[J]. Procedia – Social and Behavioral Sciences.

Zainol A S, Azahari M H H, Sanusi Z M, et al. 2012. Improving Satisfaction: The Importance of Ownership of the Topic under the Group Brainstorming Technique[J]. Procedia – Social and Behavioral Sciences.

Zainol A S, Yusof W Z M, Mastor K A, et al. 2012. Using group brainstorming in industrial design context: Factors inhibit and exhibit[J]. Procedia – Social and Behavioral Sciences.

项目8 案例教学法应用

【任务载体】

都江堰市森林覆盖率59.27%，城市森林覆盖率40.4%，生态环境优越。常年负氧离子含量保持在3000～5000个/cm^3，被誉为“天然氧吧”。都江堰、青城山以独特的自然和人文资源，每年吸引了大量游客，同时也吸引众多企业和商家前来投资。2015年万达集团与成都签约，将在都江堰投入约550亿元建设一座万达文化旅游城。作为林业专业学生，请参考“广州市城市林业总体规划”，为都江堰林业发展出谋划策，制订一份都江堰市城市林业发展规划。

【教学目标】

知识目标：了解案例教学法概述等基础知识，掌握案例教学应用的核心技能。

能力目标：能用案例教学法进行合理的教学设计，提高学生解决问题的能力和创新能力。

情感目标：提高学生对教学的热爱之情。

【重点难点】

重点：运用案例教学法进行教学设计，解决实际问题。

难点：提高学生创新能力和解决问题的能力。

任务 8.1　案例教学法认知

8.1.1　含义

案例教学法就是以真实的案例为基础，引导学生对案例提供的材料和问题进行讨论和分析，从而提高学生分析问题和解决问题的能力的一种教学方法。

案例教学法起源于 19 世纪 70 年代，由美国哈佛商学院(Harvard Business School)所倡导，当时是采取一种很独特的案例形式的教学，这些案例都是来自于商业管理的真实情境或事件，通过此种方式，有助于促使学生主动参与课堂讨论，实施之后，颇具绩效。1979 年，工商行政代表团访问美国后将此法引入国内，目前，该教学法在 MBA、法律、中医、财务会计等专业中广泛应用。

案例是案例教学法的基础，在认识森林、培养森林、经营森林、保护森林和利用森林的过程中，有大量真实的案例，这为我们在林业专业教学中运用案例教学法提供了丰富的教学资源。目前，在林业专业教学中，案例教学法被频繁使用。

8.1.2　适用范围

案例教学法非常适合于开发分析、综合评估等方面的教学内容。在林业专业课中，案例教学法应用广泛，如“森林培育学”中的生态公益林经营实例、地形图的室内应用案例；“森林计测学”中的伐倒木材积测算、树干解析等内容都可以用案例教学法。

8.1.3　一般流程

案例教学法的一般流程如图 8-1 所示：

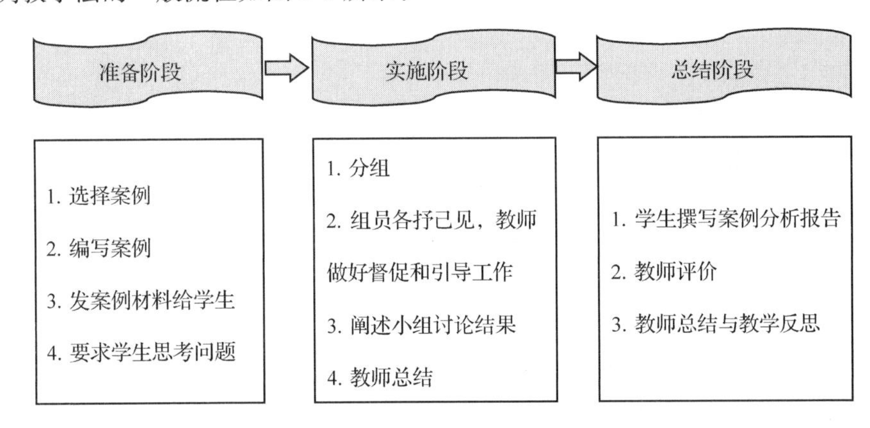

图 8-1　案例教学法运用实施的一般流程

该教学法应用于林业专业教学中的具体步骤如下：

(1)准备阶段：选择并撰写林学案例

首先，选择案例，应根据教学目标和教学内容来选择真实的、典型的、贴近生活的案例。

其次，编写案例，即对案例进行加工修饰，使其生动形象，能吸引学生的兴趣。

最后，教师在案例教学前一周将准备好的案例材料发给学生，材料包括编写好的案例，还应包括需要学生思考和讨论的问题，要求学生阅读案例材料，搜集必要的信息并积极思索，初步形成关于案例中问题的原因分析和解决方案。

(2)实施阶段：组织案例讨论

讨论案例是案例教学过程的中心环节，教师应设法调动学生的主动性，引导学生紧密围绕案例展开讨论。方式应是灵活多样的，具体的形式有以下几种：

其一，穿插式。教师在讲解林业专业基本原理过程中，可以使用各种案例作为理论的一部分穿插其中，使学生通过案例理解基本的理论知识。

其二，讨论式。可以是全班一起讨论，也可以划分成小组讨论。教师可以在某一章或某一问题系统讲授后，提出一个案例，让学生以小组为单位进行分析讨论，在整个讨论过程中，教师应督促每个学生积极参与、各抒己见。小组讨论结束后，争取形成统一的组内意见。然后，小组可指派组长对案例进行分析，阐述本组的观点。最后由教师进行总结。

其三，组织专题辩论。选择一些综合性的案例，如对某一区域的规划案例，将学生分成正反两组，以辩论会的形式进行案例教学。

其四，组织专题讲座或报告。教师或院所可以邀请一些校内外专家围绕林学开展一些专题讲座，这样可开拓学生视野、活跃思维。

在教学实践中，还可用现代化的教学手段呈现真实的案例，如用录像的形式展现林业生产的过程，使学生感到形象逼真，从而大大提高教学效果。

(3)总结阶段：撰写案例分析报告

教师引导学生对案例进行分析、讨论之后，可要求学生撰写案例分析报告，报告可以每人独立完成，也可分组完成，然后教师要对案例报告给出恰如其分的评价，针对案例中的主要问题做出强调，使学生加深对知识点的把握，对学生讨论中不够深入、不够确切的地方，做重点讲解。

教师对学生提供的案例报告要明确以下要求：

第一，认真总结。要求学生对讨论中出现的各种观点进行简要回顾，对其中重要的观点重点分析，这样可以锻炼学生把握观点、概括说明的能力。

第二，努力创新。鼓励学生超出讨论的局限，从更高的层次、更新的角度进行概括说明。

第三，力求精练。无论是总结还是分析，都要抓住要点，简洁、明快、一目了然。

8.1.4 注意事项

(1)案例应具有典型性和真实性

案例应具有典型性，具有举一反三、触类旁通的作用。

案例应来源于实践，绝不可由教师主观臆测，虚构而作。真实的案例才能让学生有身临其境之感，学生才会认真对待案例中的人、事、物。如果被学生发现案例是虚假的，那学生很难全身心地投入其中，锻炼能力就无从谈起。

(2)案例要客观生动且多样化

案例不能仅是一堆实例、数据的罗列，教师可运用文学手段对材料进行加工，在客观真实的基础上，使其生动、具体、形象，吸引学生兴趣。

案例应该只有情况没有结果，让学生自己去分析处理。如果案例一眼就可望穿或只有一好一坏两种结局，这样的案例就不会引起争论。案例的结果越复杂，越多样性，越有价值。

(3)案例的选择要紧扣教学内容

案例分析的目的是使学生加深对所学理论知识的理解和运用理论知识解决实际问题的能力，因此，选择的案例一定要紧扣教学内容。教师要根据林业专业相关课程的教学目标和要求，以及学生的知识储备，选择并准备恰当的课堂教学案例。

(4)案例教学对教室的要求

案例教学的班级不宜过大，30~40人左右为宜，教师和学生最好能在教室内自由移动，以便交流沟通。

教室的形状最好是四方形或半圆形，讲台最好摆放在中心位置，课桌围绕讲台呈发散状分布，注意分组排列。

(5)案例教学前学生需具备一定的基础知识

教师在具体实施案例教学法之前，务必使学生理解并掌握案例中的基本原理和基本方法，务必让学生了解并掌握实践中的行为技能，只有具备了一定的林学理论知识和技能，才能使案例教学得以开展，实现预期的教学目标。

任务8.2 案例教学法操作

8.2.1 教学实例分析

某林业专业教师在教授“森林资源经营管理”课中的“林业产业规划”时，结合本地区城市林业实际情况，创设问题情境，运用案例教学法成功地组织学生完成都江堰市城市林业发展规划任务。该教师分三阶段完成了此次教学。

(1)第一阶段：准备阶段

首先，根据教学内容和学生实际，选择真实的教学案例——广州市城市林业总体规划；其次，编写案例，即对“广州市城市林业总体规划”进行文字方面的加工修饰，使其简洁、生动形象，并采用列条式或连续提问式的形式概括地描述此案例应讨论的问题；最后，提前一周将学生分成4个小组，确定组长，并将准备好的案例及应讨论的问题材料发给学生，要求学生根据材料自学“林业产业规划”的相关知识，查阅都江堰城市林业发展的背景知识，思考相关问题(案例详见附件1，背景材料见附件2)。

(2)第二阶段：实施阶段

首先，教师简要介绍都江堰林业发展的背景资料，介绍广州市城市林业的总体规划，要求学生分小组讨论案例材料，思考列出的问题，共同制订“都江堰市城市林业发展规划”；其次，组内成员独立思考后在组内自由交流，期间，组长做好记录和统筹工作，教师做好引导和督查工作；最后，各小组指派代表对案例进行分析，教师进行评价。

(3)第三阶段：交流总结阶段

首先，各组推荐代表陈述本组制订的“都江堰市城市林业发展规划”方案的思路，其他组成员和教师质疑；其次，教师评价并引导学生修正规划思路；最后，要求以小组为单位撰写“都江堰市城市林业发展规划”方案。

附件1：广州市城市林业总体规划

附件2：都江堰市背景资料

附件1：

广州市城市林业总体规划

广州城市林业发展规划提出“建设岭南绿色名城，打造南粤生态家园”的建设理念，针对林业的现状、发展趋势和社会对林业的多种需求，确定了发展目标：主要针对“山、城、田、海”的生态景观格局，构建城区、山区、岗地、平原一体的森林生态网络体系；确立了“一城三地五极七带多点”的建设框架(图8-2)。

“一城”是指广州城区的绿化建设，主要是建生态风景林。分为3个区：城市中心区，主要是指广州的传统中心城区，绿化建设从过去比较注重视觉效果转移到既注重视觉效果又注重人的身心健康的轨道上来；东部扩展区，主要是指广州城市东扩战略涉及的黄埔区和增城部分城镇，主要发展生态风景林；南部发展区，主要是指广州城市珠江水道以南和番禺区之间的芳村、海珠区等快速发展的城区，以芳村、海珠区现有的花卉基地、果园为基础，大力发展采摘、休闲为主的农林复合观光产业。

“三地”是指中北部山丘地、中南部丘岗地和南部砂田地的林业建设，主要以森林生态为主。中北部山丘地森林保护区，包括从化、增城、花都、白云等区市以及天河、黄埔部分地区范围内的森林公园、自然保护区、水源涵养林等森林资源。中南部丘岗地处于海珠区和沙湾水道之间，城市发展速度快，是生态环境重点保护和建设地带。主要在城市功能区之间设置生态隔离带，以海珠区果树保护区、番禺北部农业生态保护区为主体，把这一地带建设成为广州的“南肺”。南部砂田地，是指番禺区沙湾水道以南的部分，主要以砂田滩地为主。把本地区建设成为发展广州观光生态农业、滨海湿地生态旅游业的地区，为南沙开发区发展提供良好的生态环境。

“五极”是指花都、从化、增城、番禺、南沙5个区市的绿化建设。在提高城区绿地质量的基础上，与城市绿地系统规划相结合，重点加强城区周边地带的丘岗地森林恢复与改造，完善农田、道路、水系防护林建设。

“七带”主要是以“山城田海，水脉相连”的自然特征为基础，重点在生态敏感地带构筑7条主干“区域生态走廊”，即北部山前缓冲带、流溪河生态保护带、西部污染控制带、东部湿地恢复带、中部城区隔离带、南部水体净化带和沿海生态屏障带。区域生态廊道的规划建设不局限于单的林或水的单概念，而是以林为主，包括林地、农田、果园、水体、园林绿地等多种要素在内的复合生态廊道。

“多点”就是指市域范围内石滩、太平、沙湾、狮岭、江高、新塘、鳌头、石楼、炭步、太和等已建和规划建设的15个中心镇的绿化建设。通过加强这些地方的造林绿化建设，更好地发挥森林改善城镇生态环境的作用，满足人们休闲旅游、文化等多种需求，把广州农村地区建设成为广大市民向往的具有田园风光、环境优美的现代化新型城区，以利于实现整个市域协调发展和全面建设小康社会。

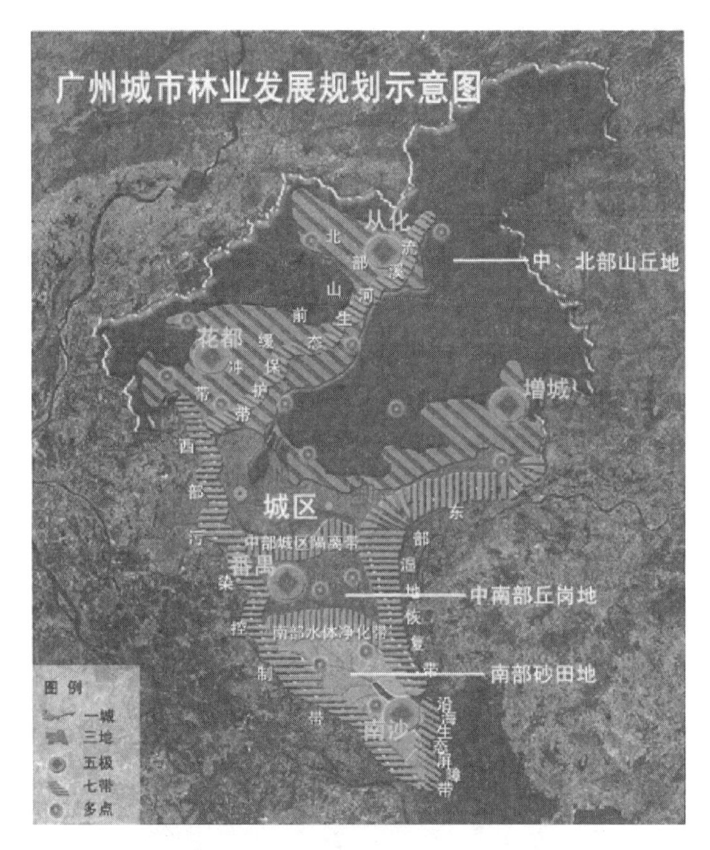

图8-2 广州市城市林业发展规划示意

阅读这个案例后，请思考以下几个问题：

(1)在此案例中，运用了那些规划原则？

(2)案例中值得学习的地方是什么？

(3)此规划还有待改善的方面是什么？

详细信息见广州市林业发展中长期规划070117(广州修改版)。

附件2：

都江堰市背景材料

都江堰市地处四川省成都市城西，距成都市48km，是中国国家历史文化名城之一，以著名的都江堰水利工程而得名。

都江堰市位于成都平原西北边缘，地处岷江出山口。在地质构造体系上，属华夏构造体系，跨成都平原和龙门山地区两个不同自然地理区，地貌单元属岷江冲积扇一级阶地。地势西北高，东南低，高山、中山、低山、丘陵和平原呈阶梯分布，素有“六山一水三分田”之说，山地、平原、水域面积大体为6∶3∶1。都江堰市属四川盆地中亚热带湿润气候区。四季分明，夏无酷暑，冬无严寒，雨量充沛，空气清新，气候宜人。

都江堰市森林覆盖和平原绿化率达70%以上，生态环境优越，被誉为成都平原的绿色屏障。境内蕴藏的石灰石、菱铁矿、白云石、石英砂以及脉金、砂金等品位高，具有较高的开发价值。境内药用动植物资源品种达1000余种，植物药蕴藏量3000多万公斤，尤其以川芎、泽泻、红梅、银杏、“三木”(黄柏、杜仲、厚朴)等最为著名，在全国占有相当大的市场份额。

都江堰城市设计以可持续发展的战略思想和资源保护为指导原则，以“山”“水”“天”“林”“堰”“城”的核心要素串联城市设计对策，形成“显山”“亮水”“秀城”“融山”4个部分的设计内容(图8-3~图8-6)。

城市林业设计不单是设计市民居住的地方，更重要的事是为居民创造一个美好生活的地方，以文化为着眼点，更多地以人文的角度去考量。

图8-3　显山：控制观山景观与视线通廊，营造临山绿化景观界面，行成错落有致的城市轮廓

图8-4　亮水：“以河为脉，以河为界。”想成城市组团发展格局

图 8-5 秀城：保护和提升古城特色，形成具有独特都江堰风情的国际性精品旅游服务中心

图 8-6 融城：以城乡统筹的思想进行整体生态绿化建设

8.2.2 教学过程设计

针对“制订一份都江堰市城市林业发展规划”这一具体的教学内容，任课教师设计了以下教案(表 8-1，表 8-2)。

表 8-1 参考教案

课　　题	制订一份都江堰市城市林业发展规划	
教学目标	知识目标	了解城市林业规划的基础知识，掌握林业规划的核心技能
	能力目标	掌握案例教学法的运用技巧，完成都江堰市城市林业发展规划，提高学生的主观能动性和创新能力
	情感目标	提高学生对林业的热爱之情
教学重点	运用城市林业规划基础知识，解决实际问题	
教学难点	提高学生创造能力和解决问题的能力	
课　　时	4 课时	
教学方式	案例教学法	
教学手段	讨论材料、课件演示	
教学用具	多媒体课件	

表 8-2 教学过程

教学内容	教师活动	学生活动	设计意图	方法手段
课程导入	图片展示：用多媒体教学展示都江堰市林业美景 情境导入：都江堰城市森林覆盖率40.4%，被誉为“天然氧吧”，请根据一周前发给大家的材料，为都江堰市城市林业发展出谋划策	思考	情境导入，激发学习兴趣	课件演示 讲授法
背景资料介绍	介绍都江堰林业发展的背景资料和广州市城市林业的总体规划	思考	熟悉背景资料	讲授法 案例教学法
呈现案例	清楚地描述案例	思考	熟悉案例	讲授法 案例教学法
思考案例问题	提出问题，引导学生讨论案例	思考讨论	以问题为导向，引导学生思考	讲授法 讨论法 案例教学法
讨论前的准备	1. 分组，介绍各组主持人 2. 要求各组讨论案例，思考列出的问题，拟定“都江堰市城市林业发展规划”要点和思路 3. 安排4个多媒体教室作为小组讨论的场地	按要求行事	分组合作，提高学生合作学习能力	讲授法 案例教学法
分组讨论	教师巡视指导	1. 组内成员独立思考后在组内自由交流 2. 组长记录 3. 对案例问题形成相对一致的答案，拟定出“都江堰市城市林业发展规划”要点和思路	合作交流	讨论法 案例教学法
分析总结	1. 全体师生回到上课的教室，教师进行评价，引导学生完善规划方案 2. 教师归纳总结，引导学生将感性知识上升到理性知识，形成系统的知识体系	1. 组长代表小组对案例进行分析，回答案例后提出的问题 2. 组长陈述本组制订“都江堰市城市林业发展规划”方案的思路 3. 其他组成员评议	交流总结	讨论法 案例教学法
布置作业	教师要求各组撰写“都江堰市城市林业发展规划”方案	按要求保质保量完成作业	将口头表达上升为文字表达	讲授法
知识小结	教师总结	自我总结	师生总结反思	归纳法

【强化练习】

(1)背景材料

我国是一个多山地国家，70%以上是山地，56%的人口生活在山区，全国2100多个县市中有1500多个在山区。林地是山区群众经营和依托的主要生产资料，是国家生态的保障，也是农民增收和林区发展的出路。林下经济自21世纪初开始在我国兴起，随着林下经济活动成就的取得，林下经济得到社会的普遍重视。在各地政府、主管部门、科研人员和农林业从业者等多方力量的推动下，林下经济在全国范围内得以迅速发展，成为与传统林业和现代农业并存的林业发展形式。可以说，林下经济已经成为当代林业发展的主流形式之一。

当前，林下经济发展迅速，主要模式有以下几种：

①林禽模式　在速生林下种植牧草或保留自然生长的杂草，在周边地区围栏，养殖柴鸡、鹅等家禽，树木为家禽遮阴，是家禽的天然“氧吧”，通风降温，便于防疫，十分有利于家禽的生长，而放牧的家禽吃草吃虫不啃树皮，粪便肥林地，与林木形成良性生物循环链。在林地建立禽舍省时省料省遮阳网，投资少；远离村庄，没有污染，环境好；禽粪给树施肥营养多；林地生产的禽产品市场好、价格高，属于绿色无公害禽产品。

②林畜模式　林地养畜有两种模式。一是放牧，即林间种植牧草可发展奶牛、肉用羊、肉兔等养殖业。速生杨树的叶子、种植的牧草及树下可食用的杂草都可用来饲喂牛、羊、兔等。林地养殖解决了农区养羊、养牛的无运动场的矛盾，有利于家畜的生长、繁育；同时为畜群提供了优越的生活环境，有利于防疫。二是舍饲饲养家畜，如林地养殖肉猪，由于林地有树冠遮阴，夏季温度比外界气温平均低2～3℃，比普通封闭畜舍平均低4～8℃，更适宜家畜的生长。

③林菜模式　林木与蔬菜间作种植，是一种经济效益较高的模式。林下可种植菠菜、辣椒、甘蓝、洋葱、大蒜等蔬菜，一般每亩①年收入可达700～1200元。

④林草模式　该模式特点是在退耕还林的速生林下种植牧草或保留自然生长的杂草，树木的生长对牧草的影响不大，饲草收割后，饲喂畜禽。一般说来，1亩林地能够收获牧草600kg，可得300元左右的经济收入。

⑤林菌模式　在速生林下间作种植食用菌，是解决大面积闲置林下土地的最有效手段。食用菌生性喜阴，林地内通风、凉爽，为食用菌生长提供了适宜的环境条件，可降低生产成本，简化栽培程序，提高产量，为食用菌产业的发展提供了广阔的生产空间，而食用菌采摘后的废料又是树木生长的有机肥料，一举两得。

⑥林药模式　林间空地适合间种金银花、白芍、板蓝根等药材，对这些药材实行半野化栽培，管理起来相对简单。据调查，林下种植中药材每亩年收入可达500～700元。

⑦林油模式　林下种植大豆、花生等油料作物也是一个好路子。油料作物属于浅根作物，不与林木争肥争水，覆盖地表可防止水土流失，可改良土壤，秸秆还田又可增加土壤有机质含量。

⑧林粮模式　这种模式适用于1～2年树龄的速生林，此时树木小，遮光少，对农作物的影响小，林下可种棉花、小麦、绿豆、大豆、甘薯等农作物。

(2)案例材料

万亩林下中药材种植加工及休闲旅游基地项目

一、项目建设背景

黄河三角洲是国家确定的发展高效生态经济的重点区域，这里拥有华北地区最大的平原人工刺槐林。刺槐根系发达，多横向扩展，吸附地面表层，锁住风沙，挡住寒流，涵养

① 1亩≈666.67m^2

水源，改善了黄河三角洲的生态环境，被誉为“绿色长城”。每年五月，万亩刺槐林郁郁葱葱，花香四溢，蜂蝶漫舞，变成了绿的湖泊、花的海洋，江南塞北的放蜂人纷纷汇聚于此。游人远离喧闹的城市，走进万亩刺槐林，饱览着那极富层次的大森林，禁不住舒展双臂，呼吸着富含负离子的清爽空气，顿时感受到生命的旺盛活力，让人心旷神怡。“槐林浴氧”成为吸引人们回归自然、休闲度假的美好体验。

万亩刺槐林在生态保护方面功效显著，但综合利用不足，生态旅游开发滞后，整体效益未得到充分发挥。在创建中国优秀旅游城市之后，东营市大力发展生态旅游的最佳时机已经到来。河口区按照旅游产业发展规划，依托优势资源，着力建设神仙沟和滨海长廊两条精品旅游线路，打造以“山东湿地度假天堂”为品牌的黄河三角洲生态休闲度假目的地，承接黄河入海口大景区游客北延。

综合开发利用万亩刺槐林，就是要发挥空间优势，发展林下特色经济。林下经济是充分利用现有的林下土地资源和林荫优势，从事林下种植、养殖、旅游等立体复合生产经营，从而形成农、林、牧、游各业资源共享、优势互补、循环相生、协调发展的生态产业模式。林下经济有林药模式、林菌模式、林菜模式、林草模式、林粮模式、林油模式、林禽模式、林牧模式、林蝉模式等，适合本地实际的是林药模式、林菌模式、林禽模式、林牧模式、林蝉模式。利用林下空旷闲地资源，结合某些中药材品种的生长特性，推广利用林地种植中药材，养殖适合品种的畜禽，培养无公害中草药和畜、禽、蛋、保健品，做到“保护—开发—再保护—再开发”的良性循环，建设具有规模和示范效应的立体循环经济基地，进而更好地保护槐林，提高土地利用率，推进产业发展，增加综合效益。

发展休闲观光旅游，主要是进行保护性开发，因地制宜地建设环境影响小、生态特色鲜明、产业关联度高、方便游客参与体验的项目和设施，不会大兴土木，破坏自然生态。就是要让游客看原生态，看大自然，返璞归真，形成融生态教育、科考、观光、休闲、猎奇等多种功能为一体的综合性旅游区。

万亩刺槐林以及周边的果园、河流、黄河入海口、黄河三角洲湿地、国家级自然保护区、东营海港、胜利油田等特色生态、景观资源，是开展科普教育和素质拓展的优选之地，也是休闲度假、生态旅游的良好去处，成为吸引东营城市民和外地游客休闲的重要目的地。

该项目可以建成以东营市民休闲活动为主，环渤海地区大中城市市民生态回归游为辅，融休闲度假、主题教育和拓展体验为一体的大型综合项目，兼备青少年活动基地功能和社会化旅游度假接待服务功能，并以此为基地向周边开展工业文化游、石油文化游、乡村文化游、黄河文化游、海洋文化游、湿地文化游、生态保护游、革命历史教育游、国防军事教育游、观鸟活动等，形成具有丰富活动主题和独特生态环境的休闲度假基地。采取市场化运作、专业化经营，走以旅游促产业，以发展兴旅游的良性发展之路。

二、项目策划主题

生态休闲 · 绿色享受 · 循环经济。

三、项目功能定位

总体功能定位为林下循环经济基地、绿色休闲度假中心和森林拓展娱乐世界，打造“天然氧吧”“绿色食品”的品牌和“槐林浴氧”“天人合一”的意境。

四、开发产品体系

融入自然的生态环境体系；震撼的视觉及感觉景观体系；丰富的独特性项目产品体

系；多样化的服务功能和设施体系。

五、项目建设内容

该项目位于滨海路东侧，林科所对面的万亩混交林中，处于河口区3个主要城镇的中心点和东港高速公路附近。周边有大片野生槐林、黄河故道和大量农田果园，资源丰富、环境优美、交通便利。规划面积10 000亩。由滨州北辰环保科技有限公司投资建设，并积极争取济军生产基地和市区农业、林业、旅游部门支持。项目内容包括林下中药种植和畜禽养殖、中草药保健品加工、农业文化体验区、素质拓展训练中心、军事游戏区、露营基地等，整体规划，分期、分区实施，市场化运作，专业化经营。

第一，林下中药材种植、畜禽养殖。在考虑林地种植品种时，选择耐瘠薄、耐干旱、耐荒草，以收获茎、叶、花、果等地上部分为主，种植需多年后才能收获或种后不必连年翻耕，地面绿色植被保持时间长的中药材，如柴胡、金银花、地参、黄芩、桔梗、甘草、白花粉、何首乌等。同时可在郁闭的林下种植双孢菇、鸡腿菇、平菇、香菇等食用菌，在郁闭的树行间浅埋孵化好的蝉卵枝条，养殖金蝉18～24个月即可收获，亩收益可达数千元。充分利用林下昆虫、小动物及杂草多的特点，在林下放养或圈养肉鸡、柴鸡、肉鸭等，在一般情况下，每亩可投放60～100只。在林下放养或圈养肉羊、肉兔，每亩可分别投放肉羊15只、兔50只。按照统一的管理技术标准组织生产，在林下经济模式、药材种类选择、种植养殖布局、栽培管理技术、收获加工方式、包装储运销售等方面，按市场要求运作，组建专业公司和专业队伍进行科学生产管理。

第二，中草药保健品加工。根据种植养殖规模及效益情况，建设中药保健品、绿色食品加工项目。

第三，素质拓展训练中心。利用槐林、水面、芦苇荡等自然环境和人工环境，建设专业训练场地，并向周边环境延伸。拓展训练的课程主要由场地、林间和水上3类课程组成。场地课程是在专门的训练场地上，利用各种训练设施，如空中断桥、穿越电网 、信任背摔、巨人天梯、高架绳网、攀岩墙等，开展各种团队组合课程及攀岩、跳越等心理训练活动；野外课程包括：远足露营、攀岩速降、野外定向、户外生存等；水上课程包括：游泳、扎筏、漂流等。

第四，军事游戏区。依托自然环境并进行综合改造建设，形成集野战生存、军事对抗、军事科普、军事拓展训练为一体的大型军事游乐场地。要做到场景丰富、题材新颖、配套完善、设备先进、管理规范，适合开展各种野外拓展、野外生存训练、军事游戏等。以军事化训练及趣味性情景教育相结合的模式进行培养训练，聘请资深的心理教育专家全程辅导，建设大型正规的军事训练基地，聘用受过正规培训的现役教官，制订科学的管理制度，旨在让体验者在健康、积极的环境中培养良好的身心素质、行为规范和生活习惯，在军营中体验快乐。

营地占地面积要在100亩以上，有沙包、索桥、瞭望塔等各种战场掩体，3种不同地形的战场：高地争夺战、抢滩阻击战、丛林搜索战。野战游戏是人与人之间模仿真实战斗的军事运动。使用M4全自动步枪或微型冲锋枪在战场内相互开展战斗，子弹在击中人体后会自动破碎而留下红色记号，打在服装上或不慎沾在皮肤上，用水即可清洗。以分辨是否中弹，以此决胜负。使参加者既可体会和领略到“真枪实弹”“战场厮杀”的感受，但又是绝对安全可靠。它可以锻炼参加者的体能和应变能力，适合4～60岁的所有人士参与。

野战时需充分利用智慧和地形地貌，协同作战，迂回穿插，攻其不备，尽量减少己方“伤亡”，歼灭敌人，同是也要有忘我“牺牲”精神。彩弹野战其乐无穷，可以让人回到大自然中，增进友谊、增强体质和集体凝聚力。

军事游戏区本着国防科普、体育锻炼的原则，聘请部队退役军人为教官，为玩家指导战术和动作，并为玩家提供战争游戏知识的咨询服务，组建自己的专业WARGAME战队，为青少年夏令营和各单位团体特设军事拓展训练，训练时间长短自定。能令参加者充分认识到团队合作精神的重要性，在一定程度上提高他们的预测、决策、创新、应变、沟通、协调、组织、管理等能力和工作责任心，打造最完美的团队。

第五，农业文化体验区。以开展农业文明、农业文化教育为主题，建设若干个农业主题场所，并可以在基地的周边区域利用当地芦苇湿地、果园、水产养殖场、畜牧养殖基地连锁建立一些农业特色的主题园区，如建立观光农园。观光农园是指按照公园的经营思路，把农业生产场所、农产品消费场所和休闲旅游场所相结合的公园。观光农园以公司法人的方式经营，可与周边的拥有资源的农户或单位进行合作，统一形象、统一模式，按投入进行分成。开放合作的农业园地，让游览者体验农业生产过程，可以动手采摘果实，购买产品。园内可以学童农园、自然生态教室、农业博物园等开放式形式灵活设置教育农园，建立花卉、蔬菜种植温室，建立展览室。

(3)要求

①在了解背景材料的基础上，查阅林下经济的相关资料。

②精读案例材料，从中至少提出4个值得思考的问题。

③作为一个准教师，请基于案例材料，运用案例教学法，设计一份详细的参考教案。

【教学反思】详见项目5 P051。

【学习小结】详见项目5 P051。

【拓展阅读】

1. 课件范例

课件范例可参考本教材数字化资源数据库中的相关PPT。

2. 备课资源

(1)课程可用案例

案例1 “房前屋后”的林木如何界定

基本案情：2002年春，居住在某村村边的李某将自己房屋四周杨树、泡桐等围村林树木砍伐。县林业局接到举报后派执法人员到现场调查，经清点，李某滥伐树木76棵。县林业局根据李某违法的事实，依法作出林业行政处罚决定，责令补种380棵林木，并按滥伐林木价值3倍处以罚款5600元。李某以采伐自己房前屋后的林木不需林业主管部门审批为由，不服林业局处罚诉至县人民法院。

处理意见：法院经过调查审理，维持林业局对李某作出的处罚决定。

案件评析：林业局的处理及法院的判决均是正确的。

根据《中华人民共和国森林法》(以下简称《森林法》)第32条的规定，采伐林木必须申请采伐许可证，按许可证的规定进行采伐；农村居民采伐自留地和房前屋后个人所有的零星林木除外。这里所指房前屋后的范围怎么界定？房前前至多远、屋后后至何处？是本案定性的关键。

2000年9月5日，国家林业局在答复内蒙古林业厅的意见中对《森林法》第32条规定的“房前屋后个人所有的零星林木”中的“房前屋后”的具体范围进行了解释：“房前屋后”的具体范围一般是指农村居民宅基地的范围；“零星林木”是相对成片林木而言，一般是指农村居民宅基地范围内的零星分布的林木，对于不在宅基地内的“零星林木”不在“除外”之列。

本案所涉及的林木，是李某所在村庄的围村林，所伐林木不在李某宅基地范围之内，并且李某共采伐林木76棵，不应认定为“零星林木”。

综上所述，李某所伐林木，不属于《森林法》第32条“农村居民房前屋后个人所有的零星林木”，因此采伐时，必须按照《森林法》和《中华人民共和国森林法实施条例》的规定，申请林木采伐许可证，凭证进行采伐。否则，无证采伐便构成滥伐，应由林业主管部门依法予以处理。

观点概括：“房前屋后”的范围一般是指农村居民宅基地的范围；依法不需办理林木采伐许可证的“零星林木”，一般是指农村居民宅基地范围内的零星分布的林木。

案例2 在幼林地内放牧致使林木毁坏的构成违法

基本案情：2006年6月，村民马某在放牧时将羊群赶入一片沙枣林内，造成106株沙枣幼树被毁，受损林木价值420元，该沙枣林归村民李某所有。经调查，2年前，李某与村集体签订一份承包造林合同，在沙漠边缘营造了这片沙枣林，被马某放牧毁坏时尚属于幼林。

处理意见：在案件处理过程中，县林业局存在两种不同意见：

第一种意见认为，马某在沙化土地上放牧，造成植被破坏，应当依据《中华人民共和国防沙治沙法》(以下简称《防沙治沙法》)第38条的规定，追究其法律责任。

第二种意见认为，马某在幼林地内放牧，致使李某的林木受到毁坏，应依据《森林法》第44条第2款的规定，追究其法律责任。

县林业局采纳了第二种意见，对马某作出如下处理：①责令停止违法行为；②补种毁坏株数2倍的树木。

案件评析：县林业局的处理是正确的。

首先，李某承包的林地不属于沙化土地封禁保护区，马某的放牧行为不适用《防沙治沙法》的规定。《防沙治沙法》第22条第1款规定，在沙化土地封禁保护区范围内，禁止一切破坏植被的活动。同时，《防沙治沙法》第38条规定，违反本法第22条第1款的规定，在沙化土地封禁保护区范围内从事破坏植被活动的，由县级以上林业、农(牧)业主管部门按照各自的职责，责令停止违法行为；有违法所得的，没收其违法所得；构成犯罪的，依法追究刑事责任。但是，《防沙治沙法》中规定的沙化土地封禁保护区，是指由全国或者省、自治区、直辖市防沙治沙规划确定的、暂不具备治理条件或者因保护生态环境不宜开发利用而实行封禁保护的连片沙化土地。本案中，李某承包的林地位于沙漠边缘，已营造了成片沙枣林，并非实行封禁保护的沙化土地，因而并不适用《防沙治沙法》第38条的规定追究其法律责任。

其次，马某在他人营造的幼林中放牧，属于在幼林地内放牧毁林的行为。所谓在幼林地内放牧毁林行为，是指违反《森林法》的规定，在幼林地内放牧，致使林木受到毁坏的行为。该行为一般具有以下特点：①行为人主观上以放牧为目的；②客观上实施了在幼林地内放牧、致使林木受到毁坏的行为；③违法情节较轻，尚不够追究刑事责任。《森林法》第23条第2款明确规定，禁止在幼林地和特种用途林内砍柴、放牧。《森林法》第44条第2款则进一步规定，违反本法规定，在幼林地和特种用途林内砍柴、放牧致使森林、林木受到毁坏的，依法赔偿损失；由林业主管部门责令停止违法行为，补种毁坏株数1倍以上3倍以下的树木。本案中，李某的沙枣林尚属于幼林，马某故意将羊群赶入林内，主观上以放牧为目的，客观上致使106株沙枣树被毁，造成林木损失420元，已构成在幼林地内放牧毁林行为。

因此，县林业局采纳第二种意见，依据《森林法》第44条第2款的规定，对马某作出的处理是正确的。

观点概括：违反《森林法》的规定，在幼林地内放牧毁林的，由林业主管部门责令停止违法行为，补种毁坏株数1倍以上3倍以下的树木。

(2)课程可用典故

茶花典故

古时，有个勤劳、善良的妇女，名叫达布。她虽孤独一人，却早出晚归地劳动，有吃有穿，生活过得很舒心。

达布年纪越来越大，却越来越喜爱花草，院内院外，她种了不少花草。一有空，就给花草浇水、锄草、捉虫。红、白、黄、紫，无所不有；春、夏、秋、冬，都有花开。争奇斗艳，万紫千红，清香扑鼻，沁人肺腑。

但达布十分喜爱的花，却没有一丛，总想找一株她最喜爱的花，栽在她的院里。她四处寻找，山山岭岭都看过了，她最喜爱的花呀，仍然没有找到。

有一天，达布到魁阁龙潭，去背水浇花，走到龙潭边，见一株九蕊十八瓣的花，映在水面上，色彩极为鲜艳，就看呆了。看了一阵，她抬头看四周，也没有发现一株在水面上的那种花，就灌满了水，背着回家了。

达布看见水面上显映出的那株花后，出门想起那种花，进门又想起那种花，睁眼想起那种花，闭眼也想起那种花！想呀想的，不几天，就生了病，不吃不喝，整天躺在床上。她生了什么病？她也不知道。很多医生来给她治病，也没有把她的病治好。她的病呀，一天比一天重啦！

不知病了几天，达布快要死了。危急时，一个美丽的姑娘，跨进门槛，来到达布床边，甜蜜蜜地叫她一声阿妈，说来给她治病。达布睁眼一看，见姑娘头上插着的花，胸前挂着花，和她在水面上见到的那种一模一样，不吃一丸药，病就好啦！达布倏地翻起身，咚地跳下床，一眼都不眨，望着姑娘。姑娘带笑的脸，也同她见到的那种花一般。达布问姑娘戴的是什么花，她说是山茶花；问她有没有花秧，她就送了达布一株。

姑娘走后，达布拿着锄头，就将茶花种在院心里，达布天天给茶花浇水，月月给茶花施肥，季季给茶花锄草，象抚养奶娃那般细心、周到。不几年，茶花树就长大了，开花了。那株茶树，树姿虬劲优美，绿叶四季不凋；那一朵一朵的花，大如牡丹，灿如云霞，风姿绰约，耀眼生辉！更为奇怪的是，那株茶花盛开时节，周围村寨的人，用金盆打水，能看见茶花的倒影，去龙潭边背水，也能在水面看见茶花的倩影。

不知过了多少年，达布死了。据说，送茶花给达布的那个姑娘，是天上的茶花仙女！为了纪念茶花仙女，也为了纪念达布，就在种茶花的地方盖了一座庙，取名叫茶花庙。清末年间，茶花庙毁坏了，但关于茶花的传说，至今仍然传颂着！

(3)课程可用事实和数据

中国森林覆盖率 20.36% 人工林面积保持世界首位

http：//www. forestry. gov. cn/portal/main/s/1006/content－108006. html

全国森林面积 1.95 亿 hm^2 森林资源进入快速发展期

http：//www. forestry. gov. cn/portal/main/s/1006/content－108006. html

(4)课程可用视频

丽水林业网

http：//www. lsly. gov. cn/list－82. html

(5)备课参考书籍

案例教学指南．郑金洲．华东师范大学出版社，2000

(6)备课参考网站

中国教学案例网

http：//www. cctc. net. cn/soft/index. asp

致富经

http：//cctv. cntv. cn/lm/zhifujing/

北京大东流苗圃

http：//ddlsl. forestry. gov. cn/

南方国家级林木种苗示范基地

http：//nfzm. huamu. cn/index. html

参考文献

吴清烈．2011．电子商务专业教学法［M］．北京：外语教学与研究出版社．

案例教学法

［EB/OL］．http：//baike. baidu. com/link？ url ＝ HBibLrOSKqWyp － QdOhO2BF5p0Zij3qtD2Tf6Kej7I2lUi UrX4MnBpPVuGrf3xN_ ZJs9AqPA0Aa_ F1lORxDkMSq#5，2015 年 7 月 26 日．

广州市林业发展中长期规划

［EB/OL］．http：//wenku. baidu. com/link？ url ＝ CWitqamiswuvKUcbxSNmzlvwzqbpvS3ZdAygSSXzr HMX_ tzD02WmX6X814XgO8FejbMKannonFGhx－vjpT4twlCn83hjvak8BcBH5ypr9lC，2015 年 8 月 6 日．

都江堰城市设计案例分析

［EB/OL］ http：//wenku. baidu. com/link？ url ＝ 05Llx0Qxc037Vk7lkLQLk4swqHjJe7MjxeN1 JMQ_ V5wlebbL9SOELwzwSV1mcBQwtolUct5Ye4L0zlO－NLCyfM28tTDqgrsOSZPPCn5iDUe，2015 年 8 月 6 日．

万亩林下中药材种植加工及休闲旅游基地项目

[EB/OL]. http：//www. sdhekou. gov. cn/html/2009 - 09/09091310261861548. html，2015 年 8 月 16 日 .
国家林业局政法司编《林业行政执法案例评析》
[EB/OL] http：//wenku. baidu. com/link？ url = 33Wl796bHuYAv3R2RLyavlI3Jpd6D9f7EVqhrnNjjlj _ gMXilb6hn2Rcz6v5JbGG1UhQYqo5ucqqZlVVcO4YCHi1AIOnaeZWUS_ c03bpKsu，2015 年 7 月 28 日 .
茶花典故
[EB/OL] . http：//wenku. baidu. com/link？ url = FEw __ lkFVOWy78BAJHMOjqoYQDvPG3bm3SEG q4oAtJR2afhfdkjava9o - B77QrsR5h8CAE1Yw7BYsxle2h99KuZvvC7ck_ CxaSDd5m1LomC，2015 年 7 月 28 日 .

调查教学法应用

【任务载体】

四川农业大学的教学实习林场，位于四川省都江堰市灵岩山，紧邻著名旅游景点二王庙、都江堰水利工程和古堰景区，是都江堰市开放的自然景区，满山被高大的乔木所覆盖，四季葱绿，空气清新，负氧离子含量高，是学校重要的教学科研基地和都江堰市重要的旅游风景林、都江堰城市的“肺”。因此，保护好这片宝贵的生态资源，成为学校重要的工作任务，其中防盗、防病、防灾是日常重要的工作内容。

那么这些乔木现在遭遇了哪些病虫害的侵袭？又该如何防治呢？作为林业专业学生，请实地调研并给出具体的解决办法。

【教学目标】

知识目标：了解调查教学法概述等基础知识，掌握调查教学法应用的核心技能。

能力目标：能用调查教学法进行合理的教学设计，提高学生理论与实践相结合的能力。

情感目标：提高学生对教学的热爱之情。

【重点难点】

重点：合理运用调查教学法进行教学设计，提升教学效果。

难点：结合教学内容，创造性的运用调查教学法进行教学。

任务9.1 调查教学法认知

9.1.1 含义

调查教学法是由林业专业教师和学生共同计划，由学生独立实施的一种“贴近现实”的活动，包括搜集信息、积累经验、获取知识和训练能力。

对调查教学法含义的理解有以下两点值得特别注意。

(1)调查教学法不等同于单纯的调研

调查教学法以调查研究活动为依托，但与其他社会活动中一般调查研究有某些本质的区别。

第一，调研目的不同。在其他社会活动中，一般调研的目的是获取制订的信息，为某种决策提供基础依据。对调查教学法而言，调研只是完成制订专业教学内容的手段，不是教学活动的目的。

第二，调研方式不同。在其他社会活动中，调研的运用方式是为某种决策做准备，常在决策预备阶段进行。对调查教学法而言，其运用方式是作为专业教学活动的一个中心环节，几乎贯穿教学活动始终。

第三，调研的最终成果不同。在其他社会活动中，调研的最终成果是编制出调研报告。对调查教学法而言，运用调研追求的结果是学生理解林业专业及其课程特定的教学内容、掌握信息搜集的方法、得到经验的积累和能力的训练，教师完成既定的教学任务。

(2)作为教法的调研活动由师生共同完成

在运用调查教学法时，除调查对象是教师根据专业和课程教学目标确定的外，制订调研计划、实施调研活动、实现调研目的、获取活动结果等都是由专业师生合作来完成的。这种情况有点像传统讲授教学法中的教师和自由发现教学法中的学生的结合。但在调查教学法的使用过程中，师生角色发生了根本变化——林业专业教师作辅导，学生是中心。

9.1.2 适用范围

中职林业专业教学中所应用的调查教学法，是基于行动导向教学法的基本理论，依托于调查的方法来组织教学内容，旨在让学生更加深入地了解林业行业的现状，了解所学专业知识如何在实践中应用，及其与社会实践的关系。因此，调查教学法主要适用于中职林业专业高年级学生。在林业专业课中，调查教学法应用非常广泛，如“森林保护学”中的典型植物病虫害的观察和识别，“森林经理学”中的小班调查、林业生产条件调查、枯损量调查、森林景观(旅游)资源调查，“森林培育学”中的林木种子产量调查、苗木产量质量调查，“森林计测学”中的全国森林抽样调查等内容都可以用调查教学法。

9.1.3　一般流程

调查教学法的一般流程如图9-1所示：

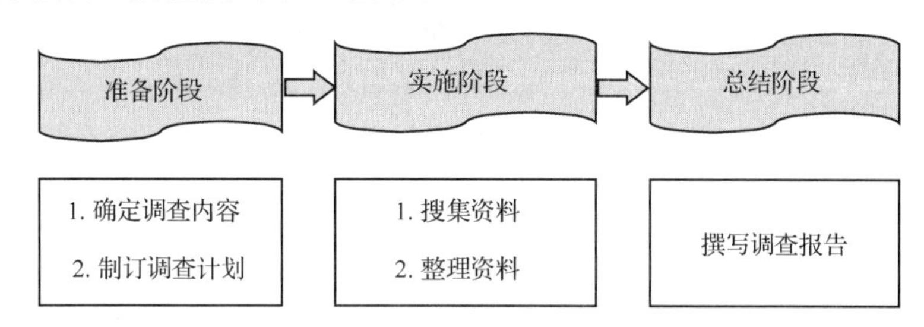

图9-1　调查教学法运用实施的一般流程

该教学法应用于林业专业教学中的具体步骤如下：

(1)准备阶段

在调查前，首先，要明确调查方向，确定调查内容。所谓明确问题就是把调查的东西由模糊变为清晰，并具可操作性的过程。明确问题常用的方法是逐步界定范围，研究者从一个模糊的意向范围入手，不断地加以限定，直至认为范围已经明确为止。其次，要拟订调查计划。一个好的调查计划是成功的良好开端，是调查研究工作能否顺利进行的重要保证。调查计划一般包括以下内容：

①调查目标。即调查内容以及此次调查的主要目的和意义。

②调查对象、范围、手段和方法。即用哪一种手段和方法进行调查或综合运用哪几种方法和手段进行调查，调查的方法根据所要搜集资料的种类而定。

③调查步骤和时间安排。即调查将分几步进行，每一步的具体内容和时间安排以及完成的时间。

④调查的组织领导及人员分工，调查材料的汇总方式。

由于人们的认识是有限的，情况也常处在动态之中，初步制订的调查计划是否适合不断变化的客观情况，只有在调查活动的实践中加以检验。在制订计划的过程中，为了使计划制订更加切合实际，可以先进行探索性调查。

(2)实施阶段

在调查过程中，首先，要收集材料。即在调查过程中采用问卷调查、访谈、测验等手段全面搜集资料。为保证所获材料的可信度，在收集调查材料时应注意以下几点：

①尽可保持材料的客观性。在调查过程中，调查者应实事求是地收集材料，不能带着观点去找材料，也不能任意取舍材料。

②调查人员采用访谈或问卷等手段调查时，必须采用统一的标准、统一的表格做记录，以免影响材料的信度和效度。

③收集材料时注意不能把事实和意见混在一起，“事实”具有客观性，而“意见”往往带有主观性。

④尽可能采用多种手段或途径，从不同角度和侧面，不同层次和环境中广泛地收集材料。

其次，要整理材料。即对直接采集到的原始材料进行整理分析，使之系统化和条理化，以便弄清材料之间的相互关系。整理材料的步骤主要有检查、汇总、摘要、分析4步：

①检查　在对材料进行统计分析前，必须对材料的完整性、一致性、可靠性进行检查。完整性，即检查材料是否齐全，如发现有遗漏应进行重访和补充；一致性，即检查材料的标准、记录方式等是否一致；可靠性，即检查材料的来源是否可靠，如发现材料有矛盾或有可疑之处，则需重新调查或删除无效的材料。

②汇总　把分散的、零乱的原始材料归类汇总，使之简洁，便于比较分析和研究。

③摘要　在整理材料的过程中，以摘要的形式记录丰富而生动的原始材料，使之简明，易于统计。

④分析　对调查材料的分析研究，应将定性研究和定量研究相结合，以求更精确、更深刻、更具体地掌握特征及其变化的规律。

(3)总结阶段

调查研究中的最后一步就是总结，即撰写调查报告。调查报告的形式有描述性报告、解释性报告和建议性报告。一般包括以下几个方面：

①研究的意义及价值。

②调查的对象、工具、方法及实施过程的简要说明。

③调查结果及分析。

④研究结论及应对策略。

9.1.4　注意事项

苏丽娟(2014)认为调查教学法必须符合以下教学原则：

(1)直接经验和间接经验相结合的原则

林学是一门实践性较强的学科，不仅要使学生从教材中主动习得相关知识，还要通过对直接事物的感官体验来引导学生深入理解。

(2)尊重学生的自由全面发展与严格要求学生相结合的原则

过分的自由也会导致众多问题，因此，教师在教学过程中要做好“掌舵者”的角色，向学生提出明确的学习任务。

(3)充分利用地方资源但不能脱离教材的原则

在调查教学中，可以充分利用地方性资源促进学生各方面发展，但又要保证这种教学不是出于满足学生外出游玩的需要，而是要以教材内容为基础进行教学。

(4)教学时间与学校课程安排相协调的原则

调查教学往往要花费较多的时间，因此，调查教学法的实施要充分发挥学生课余时间的作用，如课前收集相关资料，但在调查过程中，必须以学校、学生为考虑的根本，可与其他学科的教师协调，尽量不占用学生其他时间。

(5)选择教学基地要以就近为原则

基于学生的安全、学习的时间等考虑，应优先选择学校附近的教学资源。

(6)以学生为主体，教师为主导的原则

调查教学法要求学生自主考察、探究，但也要求教师具有强有力的组织管理能力，引导学生进行有序的学习。

任务9.2　调查教学法操作

9.2.1　教学实例分析

四川农业大学林业专业教师在教授“森林保护学”课程中的“植物病虫害的观察和识别”内容时，结合本地区植物分布情况，利用学校自身拥有的教学实习林场的有利条件，运用调查教学法成功地组织学生较好地完成了“灵岩山教学实习林场植物病虫害识别与防治”的教学任务。该教师分3阶段完成了此次教学。

(1)第一阶段：准备阶段

第一，确定教学内容。本次教学内容为“森林保护学”课程中的“植物病虫害的观察和识别”。

第二，选择教学方法。由于“植物病虫害的观察和识别”内容的实践性很强，同学们通过调查实践，可以在亲身调查和直观观察识别过程中更快、更好地掌握各类病害和虫害的病症、症状表现并加强记忆。因而，确定选用调查教学法。

第三，选择教学场所。为了使教学内容贴近实际，也为了教学更方便，更好地利用学校教学条件和更好地保证对交通、安全、人员管理等方面的有效组织和实施，确定学校的教学实习林场作为本次调查法教学的场地。

第四，会同实验人员一道准备调查工具及相关资料，并做好与学校教学实习林场的沟通和交通、食宿等后勤联络(由于距离学校十分近，交通条件好，因而只考虑每日中午学生自带午餐)。

第五，布置调查任务。与实习林场协调好后，教师书面通知学生进行调查的时间、地点与目的，强调本次调查的意义，激发学生的兴趣(表9-1)。

第六，要求学生自行分组并提前预习，根据任务书的要求制订具体的调查计划，并在全班展示、讨论和修改，教师参与讨论修改的全过程。

(2)第二阶段：实施阶段

首先，实施调查任务。到达实习林场，各小组按计划开展调查工作，收集资料，记录调查结果。

其次，在调查过程中整理信息。在每一项阶段性的调查任务结束时，各子任务的负责人应初步整理收集到的资料，并由小组长进行审查，确定所需资料是否都收集到位，是否都有效，并妥善保存。

最后，适当调整调查计划。小组长与各子任务的负责人在阶段性的汇总与检查记录结果后，可根据情况决定是继续按计划调查还是适当调整计划。

表9-1 植物病虫害调查任务书

植物病虫害调查任务书

调查地点：四川农业大学灵岩山教学实习林场
参加对象：林学职教本科专业二年级学生
参加形式：以小组形式完成调查，每组由7～8人组成，自由组合，设组长1名。
时间安排：校内准备1星期；实习林场调查1天；调查报告撰写半天；成果汇报半天。
调查准备要求：通过查阅资料，提前预习本地常见植物病害类型，通过查阅病虫害图谱等了解其表现特征，并掌握这些病虫害产生的主要原因与防治措施。了解灵岩山教学实习林场的基本情况，思考植物园病虫害调查应包括哪些内容，制订调查计划初稿，包括调查目标、对象与范围，调查手段和方法，调查步骤和时间安排，调查组织与分工等，用于课堂讨论(考察前将安排半天时间审查各组的调查计划)。
调查成果要求：调查成果应是完整和深入的，并需与预定调查主题有高度的一致性，且调查成果应通过观察、访谈等多种形式获得，并以调查报告和多媒体汇报交流的方式呈现。
调查过程的要求：安全、纪律；积极、主动；交流、协作。

(3)第三阶段：总结阶段

首先，各小组对搜集的材料进行讨论、整合。调查结束后，教师应及时集中安排时间用于各小组对搜集到的信息进行整理分析，总结出四川农业大学灵岩山教学实习林场存在的主要植物病虫害类型，分析原因并提出解决措施，完成调查报告。

其次，各小组梳理调查报告，制作汇报PPT，向全班展示汇报和讨论学习。期间，小组之间要互相评议，教师要充分听取学生的意见，肯定学生在调查过程中的表现，并就各组在调查中的步骤及方法等方面进行点评，给出考核成绩。

最后，各小组修改、提交调查报告，并将调查结果和建议反馈给实习林场。

9.2.2 教学过程设计

针对“四川农业大学灵岩山教学实习林场植物病虫害调查”这一具体的教学内容，任课教师设计了以下教案(表9-2，表9-3)。

表9-2 参考教案

课　　题	四川农业大学灵岩山教学实习林场植物病虫害调查	
教学目标	知识目标	掌握主要植物病虫害的类型、表现特征及其防治措施
	能力目标	掌握本地区主要植物病虫害的表现特征，提高学生理论与实践相结合的能力和判断能力
	情感目标	培养学生植物保护的使命感，提高学生对大自然的热爱之情
教学重点	运用植物病虫害基础知识，解决林场的实际问题	
教学难点	提高学生解决问题的能力	
课　　时	8课时	
教学方式	调查教学法	
教学手段	调查材料、课件演示	
教学用具	多媒体课件	

表 9-3 教学过程

教学内容	教师活动	学生活动	设计意图	方法手段
课程导入	图片展示：用多媒体课件展示灵岩山实习林场植物图片 情境导入：我校的灵岩山实习林场紧邻都江堰景区，植被种类丰富，有紫檀等珍稀树种，请根据已学的植物病虫害知识和一周前发给大家的灵岩山相关材料，制订调查计划，为灵岩山植被的病虫害防护出谋划策	思考	情境导入，激发学习兴趣	课件演示 讲授法 情境教学法
分组	引导学生根据个性、成绩、能力等情况，自由组合，将学生分为7～8人的工作小组	选出小组负责人(组长)	为调查做准备	
确定调查内容	根据教学内容，确定调查内容和地点	思考	为调查做准备	讲授法
布置调查任务	下发调查任务书	以小组为单位，运用头脑风暴法对任务书及调查提出建议	明确任务	头脑风暴法
制订调查计划	对问卷设计、访谈技巧、记录技巧及调查中的注意事项进行辅导，为学生答疑	小组制订调查计划	促进调查的顺利进行	调查教学法
讨论修改调查计划	引导学生展示、讨论和修改调查计划	各小组陈述本组调查计划，根据教师和其他小组意见讨论并修改计划，做到分工明确，责任到人	完善调查计划	调查教学法
实地调研	协调、答疑	实施调查计划，如访谈林场管理人员、记录病虫害种类等信息；组长初审搜集到的资料，根据具体情况及时调整计划	在调查中掌握知识并运用知识	调查教学法
整理资料	辅导	检查、汇总材料	发现问题	
分析资料	辅导	分析材料	分析问题	
形成调查报告	辅导	撰写调查报告	解决问题	归纳法
展示汇报	评价及答疑	各组制作 PPT，展示汇报调查过程及结果	总结交流	课件演示
讨论修改	点评	小组评议	交流学习	讨论教学法
反馈	将学生调查结果和建议反馈给林场，听取林场管理人员对本次调查的建议并反馈给学生	提交修改后的调查报告	反馈	归纳法

【强化练习】

(1)背景材料

①调查内容 ××苗圃苗木产量质量调查。

②调查目的 运用“森林培育学”苗木出圃与质量检验的相关知识，通过正确的抽样方法和调查方法得到相对准确的苗木产量与质量数据，便于做出苗木出圃计划和生产计划。

③调查要求 选用科学的抽样方法和统计方法，认真地测量苗木质量指标。具体要求如下：

第一，产量以90%的可靠性，精度达到90%。

第二，质量(地径与苗高)以90% 的可靠性，精度达到90%。

第三，计算出Ⅰ、Ⅱ、Ⅲ级苗木的百分率、废苗率和总产苗量株数/hm^2。

第四，苗木调查时间应在苗木硬化期进行，落叶树种必须在落叶前调查完。

④调查步骤 准备工作：苗木调查前，准备好调查工具，如游离卡尺、钢卷尺、皮尺、计算器及调查表格等。

工作步骤：

第一，划分调查区的范围。

第二，选定抽样方法。

第三，确定样地的种类、规格及数量。

第四，测量施业面积(毛面积)及净面积。

第五，样地布点。

第六，调查样地内的苗木数量与质量。

第七，统计苗木产量和质量精度。

第八，计算苗木产量和质量。

第九，苗木质量分级。

(2)要求

在了解背景材料的基础上，结合书本相关知识，选定一个周边最适宜做调查的苗圃，运用调查教学法，设计一份详细的参考教案。

【教学反思】详见项目5 P051。

【学习小结】详见项目5 P051。

【拓展阅读】

1. 课件范例

课件范例可参考本教材数字化资源数据库中的相关PPT。

2. 备课资源

(1)课程可用典故

与森林文化有关的历史典故

北欧神话中幻想有宇宙树，美索不达米亚平原的苏美尔人也把宇宙看作从海洋中生长出的巨大无比的树木；《冰洲远古文集》认为“树木的根系深达地狱，绿色的树冠伸入天堂，因此，树木把天堂、人间和地狱联结在一起”；《圣经》记载，人类始祖亚当、夏娃受蛇的唆使，偷吃了伊甸园中善恶树之果而犯了原罪，故而人一出生便有了罪。

昆仑神木：昆仑神木是蕴藏无限精气的传说木材，断根也能独自生长，是天工造化神奇的产物。传说昆仑神木即使只有一段，离开了泥土、水源和阳光，它仍然不会干枯，虽然不再生长了，却始终保持着原貌，如果把尸体存放在昆仑神木中，可以万年不朽。古籍中说这树和昆仑山的年代一样久远，当年秦始皇也想找昆仑神树做棺椁。

洪洞大槐树：位于山西洪洞县西北，相传为明代洪武三年山西移民聚集地，虽古槐已朽，又植新槐，但歌谣“问我祖先来何处，山西洪洞大槐树 ”，传流至今。洪洞大槐树便非同一般古槐了。

“问我家乡在何处？山西洪洞大槐树；祖先故居叫什么？大槐树下老鸹窝。”一问一答道出了明朝一段移民史。明朝建立后，由于原来近二十年的战争践踏，社会经济遭到严重破坏。江淮以北大部分地区，城郭为墟，尸骨遍野，田地荒芜，遗民逃亡。特别是河南、河北和山东等地战争创伤相当严重。面对这种经济凋敝的惨状，明太祖朱元璋采纳了郑州知府苏琦的建议，在立国之初就实行“移民屯田，开垦荒地”的政策。从洪武到永乐年间，明朝前期从山西向外移民共八次，这八次移民都与洪洞老槐树有着不解之缘。明政府在老槐树旁的广济寺“设局驻员”，从山西外迁的农民不管家在何处，都必先集中于此，登记造册，领取凭证和路费，然后编队遣送，散居到黄河流域下流和淮河流域各地。毕竟是穷家难舍故土难离，临走时大家撮一把洪洞土，捡几片槐树叶，三步回头望，五步转身看，当广济寺在视野中逐渐消失后，惟有那株苍劲挺拔高耸入云的老槐树还绰约在目。围绕着这株老槐树的许多有趣事遂被代代相传。

杭州市树香樟的故事：相传在很久以前，杭州本地的人家有在孩子出生的那天延续着种树的习惯。若生的男孩子，便在院子里种一棵石榴，并酿一坛好酒埋在树下，等到他长大成人，蟾宫折桂之时，挖出雪藏的酒来，与亲朋共享，以表庆祝。若生的是女孩，则在院中种一株香樟树，也酿酒埋下。种下一株树木，也便种上了一种祝福。待院子里的香樟探出了墙头，便证明这家的女儿已然到了婚嫁的芳龄，于是就会有媒婆上门提亲。如果双方满意，那男孩子就用锋利斧头，砍下香樟做成三个柜子，放上杭州有名的蚕丝被和丝绸做的衣服，就组成了杭州女子出嫁的嫁妆。据说放在柜子的衣物不会被虫蛀，并且还有淡淡的清香。不仅如此，香樟树还是女儿是否出嫁的标志。如果哪家公子想娶哪家千金，派媒人去说媒。媒婆一看姑娘家门前种着高高的香樟树，说明有希望。如果姑娘家门前只有香樟树被砍剩的树桩子，说明姑娘已名花有主了。媒婆会告诉小伙子没希望了。有了这样的习俗，市树，理所当然非香樟莫属了。这样的习俗今天当然已不存在，而那些年长日久的香樟树，却还是被当地人戏称为嫁不出去的老姑娘。

圣诞树的故事：在西方，不论是否是基督徒，过圣诞节时都要准备一棵圣诞树，以增加节日的欢乐气氛。圣诞树一般是用杉柏之类的常绿树做成，象征生命长存。树上装饰着各种灯烛、彩花、红黄彩球、玩具、圣诞钟、心型姜饼、星星，挂上各种圣诞礼物。圣诞之夜，人们围着圣诞树唱歌跳舞，尽情欢乐。说有一位农民在一个风雪交加的圣诞夜里接待了一个饥寒交迫的小孩，让他吃了一顿丰盛的圣诞晚餐，这个孩子告别时折了一根杉树枝插在地上并祝福说："年年此日，礼物满枝，留此美丽的杉村，报答你的好意。"小孩走后，农民发现那树枝竟变成了一棵小树，他才明白自己接待的原来是一位上帝的使者。这个故事就是圣诞树的来源。

关于圣诞树，还有一个故事。

以前德国的亚尔萨斯，是出产圣诞树的地方。根据传说，有一位隐修圣人，他的名字叫弗乐伦亭，住在亚尔萨斯的一个树林当中，他非常喜欢小孩子。有一年的圣诞节，他希望附近的小孩子，都能在一起快乐的玩，但是他很贫穷，没有钱买孩子们喜爱的玩具和糖果，因此，他为这件事很伤脑筋。

一天早上，弗乐伦亭在树林中散步的时候，忽然看见一棵小杉树，树上堆满了雪，枝上挂着许多小冰条，经过太阳一照射，闪闪发光，非常的漂亮。他就把那棵树砍了回来，种在盆里面。又在树林中，捡一些野果子，再和上面粉，做成一些十字架，或星星形状的小饼，挂在树枝上面。又用一些小蜡烛，插在树枝上，结果把那棵树装扮得五光十色，非常的美观。到了圣诞夜晚，弗乐伦亭打起钟来，孩子们听到了，都跑到他的茅屋里去。大家围着那棵树，手舞足蹈的唱着圣诞歌曲，然后弗乐伦亭把糕饼分给孩子们吃，大家过了一个快乐的圣诞节。从这以后，这个习俗流传起来。

(2)备课参考书籍

市场营销专业教学法．郎群秀．中国人民大学出版社，2011

(3)备课参考网站

林业技术专业教学资源库

http：//ly. gtzc. net. cn/

森林调查技术多媒体课件

http：//ly. gtzc. net. cn/jpkc/Z. php？ cId =485&sort =617

参考文献

刘继伟．2011．会计专业教学法[M]．北京：中国财政经济出版社．

苏丽娟．2014．对中学历史课程中考察和调查教学法的探索[J]．中学课程辅导(教师通讯)．

王刚，李晓东．2012．林业专业教学法[M]．北京：北京师范大学出版社．

与森林文化有关的历史典故[EB/OL]．http：//www．docin．com/p－1590019106．html.

项目 10
实验教学法应用

【任务载体】

成都植物园是四川省第一所人工植物园，位于成都市北郊天回镇，距城区 10km，占地约 $52hm^2$，绿地率达 94%。该园共设 8 个专类植物区和 10 多个植物专类园，荟萃了四川省全省主要科属植物和中外珍稀树种 200 余种。现有木本栽培植物 1000 余种，园艺栽培品种 800 多个，其中银杉等国家一、二、三级保护植物 67 种。

请通过查阅植物图鉴及植物检索表判断树木的科、属、种，并编制植物分类检索表。

【教学目标】

知识目标：了解实验教学法概述等基础知识，掌握实验教学法应用的核心技能。

能力目标：能用实验教学法进行合理的教学设计，提高学生解决实际问题的能力。

情感目标：培养学生热爱专业、热爱学生的情感。

【重点难点】

重点：运用实验教学法进行教学设计，解决教学中的实际问题。

难点：灵活、创造性的运用实验教学法。

任务10.1 实验教学法认知

10.1.1 含义

实验教学法是林业专业学生在教师的指导下，通过实验活动共同完成专业教学任务的一种教学方法。

伽利略是实验方法论的创始人，被称为“经验科学之父”。自从伽利略开创了以实验事实为根据并具有严密逻辑体系的近代科学以来，运用实验的方法就成为人们获取新知识、传授前人经验的重要手段之一。

其实，运用实验的方法探索知识自古有之。早在我国6000年前的原始社会，就有“神农尝百草之滋味，水泉之甘苦，令民知所避就，一日而遇七十毒”的传说故事。可见，人类最初的知识很多是通过实验的方法来探索得到的。

10.1.2 适用范围

实验教学法适合于实践、验证、探索某方面知识的教学内容。

实验教学法在中职林业专业教学中应用广泛，很多课程都是课堂教学与实验教学穿插进行，如“森林培育学”“森林生态学”“森林土壤学”“树木学”“森林计测学”等课程，少数课程本身全部由实验教学构成，如森林调查系列实验、分析测试系列实验等。

在林业专业课程具体内容的教学过程中，实验教学法应用也非常广泛。例如，“森林培育学”中的扦插育苗技术、嫁接育苗技术、组培，“森林计测学”中的罗盘仪、水准仪等仪器的使用，“树木学”中的树木识别与鉴定等内容都可以用实验教学法。

10.1.3 一般流程

实验教学法的一般流程如图10-1所示：

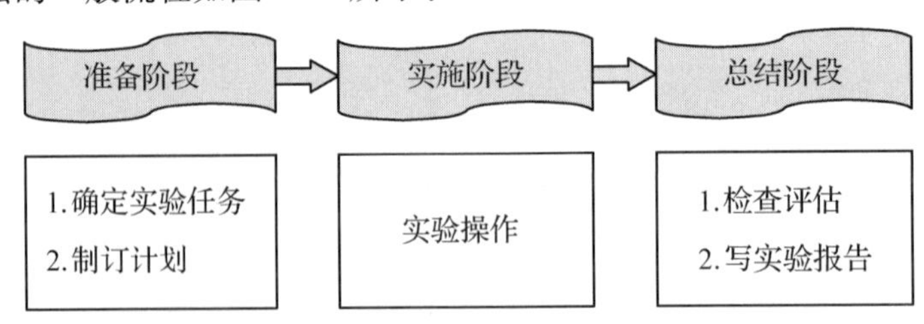

图10-1 案例教学法运用实施的一般流程

该教学法应用于林业专业教学中的具体步骤主要包括3个阶段：

(1)准备阶段

首先，由教师提出一个或多个实验任务设想，和同学们一起讨论，最终确定实验的目标和任务。

然后，由学生制订实验工作计划，确定工作步骤和程序，教师帮助其优化计划。

(2)实施阶段

由学生确定各组分工及小组成员合作的形式后，按照已确立的步骤和程序工作。

(3)总结阶段

实验结束后，有3项工作任务：

首先，要求学生撰写实验报告，对实验进行总结。

其次，鼓励学生进行个人评价和小组评价。

最后，由教师对实验过程和实验报告进行检查评分。

10.1.4　注意事项

(1)保证实验安全

教师事前做充分准备，进行先行实验，对仪器设备、实验材料要仔细检查，以保证实验的效果和安全。

(2)精讲多练

实验教学主要是学生在做中学，做中练。

在实验前，教师要将准备好的实验指导书发给学生预习。

在实验过程中，教师要精讲实验内容，给学生足够的空间和时间，让学生多练。

(3)采用多元考核方式

实验成绩的考核应包括理论与实践、思维与技能、技术与作风等多方面，一个客观的评价必须反映学生在整个实验教学过程中的表现。因此，实验教学应采用多元化的考核方式，如将个人评价、小组评价、教师评价相结合，过程评价与结果评价相结合。

任务10.2　实验教学法操作

10.2.1　教学实例分析

某林业专业教师在教授"树木学"课程中的"树种识别与鉴定"教学内容时，充分利用本地区树木资源，带领学生走进成都植物园，运用实验教学法成功地组织学生完成树木识别与鉴定任务。该教师分3阶段完成了此次教学。

(1)第一阶段：准备阶段

第一，确定教学内容。本次教学内容为"树种识别与鉴定"。

第二，确定教学方法。由于本教学内容主要是通过标本采集、标本制作，实现树种识别与鉴定。因而，选择实验教学法。

第三，确定教学场地。因成都植物园树种相对较多，涉及较多科、属及树种，便于教学，且交通、食宿便利，还有着多年合作经验。由此，选择成都植物园作为教学场所。

第四，教师与成都植物园沟通协调好相关事宜之后，提出到成都植物园树木识别与鉴定的任务(表10-1)。同时，做好外出教学的相关准备工作，包括准备相关资料、材料和器具，也包括安排食宿、交通等。

第五，向学生说明本次实验的目的与意义，开展好动员工作。

第六，做好分组。要求学生每5人自愿组合为一个小组并选出组长。

第七，各组制订工作计划，确定工作步骤和程序，并给出具体的分工，教师要对各组的工作计划具体把关。

表10-1 成都植物园树木识别与鉴定任务书

成都植物园树木识别与鉴定任务书
参加对象：林学职教本科专业二年级学生
实验地点：成都植物园
参加形式：以小组形式完成调查，每组由5人组成，自由组合，设组长1名。
时间安排：校内准备1星期；成都植物园实验1天；实验报告撰写半天；成果汇报半天。
实验准备要求：通过查阅资料，提前预习本地常见树木分类，通过复习理论知识与实物对照，掌握描述植物形态特征的各种基本术语，能编制和使用植物分类检索表和查阅植物图鉴，在规定的时间内，分组采集30种常见树木标本(每种树木标本包括枝叶、花果等多份材料)，利用教师提供的地方植物图鉴与植物检索表进行鉴定，并当场与植物园里的树木标识牌进行核对。各组制订实验工作计划，包括工作步骤、具体分工、时间安排等，用于课堂讨论(考察前将安排半天时间审查各组的工作计划)。
实验成果要求：提交实验报告并展示采集到的30种树木标本，进行标本的再识别。
调查过程的要求：安全、纪律；积极、主动；交流、协作 。

(2)第二阶段：实施阶段

各小组按照制订的工作计划、操作步骤、人员分工进行标本采集和识别，并对标本进行常规处理。在实施过程中，教师务必强调安全注意事项并要求每位学生参与到实验任务中。

(3)第三阶段：总结阶段

首先，实验课上，各小组展示自己采集的30种树木标本，小组之间互相检查，也就是进行标本的再识别。

其次，教师安排组间讨论，依次请小组代表发言，指出他们认为鉴定有误的标本，然后，教师对学生判断有误或有争议的标本进行最后判断，并说明依据。

再次，进行判断能力测试，即教师将预先采集的树木植物标本和实验室已有的标本，共30份，要求学生在规定的时间内进行鉴定，教师对鉴定结果进行考核和点评。

最后，要求每个小组提交实验报告，并利用自己小组采集的30种植物标本编制检索表，教师进行评价。

10.2.2 教学过程设计

针对“成都植物园树木识别与鉴定”这一具体的实验教学内容，某林业专业任课教师设计了以下教案(表10-2，表10-3)。

表 10-2　参考教案

课　　题	成都植物园树木识别与鉴定	
教学目标	知识目标	掌握描述树木形态特征的基本术语，会运用植物图鉴及植物检索表识别鉴定树木
	能力目标	掌握本地区主要树木的特征并能准确判断，提高学生理论与实践相结合的能力和判断能力
	情感目标	培养学生热爱树木、热爱自然、热爱专业的情感
教学重点	掌握植物标本的识别方法，掌握检索表的应用与编制方法	
教学难点	认识和解剖植物标本	
课　　时	12 课时	
教学方式	实验教学法	
教学手段	实地教学、课件演示	
教学用具	多媒体课件	

表 10-3　教学过程

教学内容	教师活动	学生活动	设计意图	方法手段
课程导入	图片展示：用多媒体教学展示成都植物园图片 情境导入：这些树木你都认识吗？对于不认识的树木，如何运用所学知识判断树木的科、属、种？	思考后回答问题	问题导入，激发思考	课件演示问题教学法
下达任务	下达“成都植物园树木识别与鉴定任务书”，指出本次实验的目的及意义，告知学生实验要求	明确本次实验的目的、意义及要求	确定实验任务	讲授法
分组	要求学生每 5 人自愿组合为一个小组并选出组长	自愿组成小组	组成团队	
下发相关材料	下发为学生准备的相关材料，如实验指导书、植物分类检索表、植物图鉴、评分表、标本采集记录表、空白标签等资料	小组合作学习相关资料，讨论相关问题，对不能解决的疑惑及时请教老师	实验前的准备	讨论法
培养基本技能	准备充足的实物或其他直观教具，安排学生进行树木形态术语的练习	分组练习，能准确描述树木形态特征	强化练习，为实验做准备	练习法
制订计划	要求各组制订工作计划，并对计划的合理性、可行性严格把关	确定工作步骤及具体分工，有疑惑请教老师	计划与决策	讨论法
实验操作	巡视指导、注意学生安全	各小组根据计划进行标本采集、鉴定与核实，并对标本进行常规处理，描述植物形态特征并做记录	实际操作	实验教学法

(续)

教学内容	教师活动	学生活动	设计意图	方法手段
标本展示	检查指导	各小组展示自己采集的并注明了科、属、种的30种树木标本，小组之间互相检查识别	进行标本的再识别	展示法 讨论法
小组讨论	教师组织鉴定，并说明依据，再次总结出当地常见树木的主要特征	依次请小组代表发言，指出他们认为有误的标本并说明理由	教师鉴定有争议的标本	讨论法
判断能力测试	教师将预先采集的树木植物标本，加上实验室现有的标本共计30份，要求学生在限定的时间内进行鉴定，教师当场进行考核和点评	注意实验室纪律，积极准备判断能力测试	通过测试强化学生对知识的掌握	检测法
撰写实验报告	指导	以小组为单位，撰写实验报告，并利用自己小组采集的30种植物标本编制检索表	总结	实习作业法
成绩评定	完成成绩的综合评定，包括学生自评、组内互评、组间互评、教师评价、判断测试、实验报告成绩	组内互评、组间互评	评价	
总结	总结本节知识要点，提出问题	思考问题，回答问题，总结归纳	总结提高	设问法

【强化练习】

(1)背景材料

光照培养箱使用说明：

①型号　GZP－300C。

②主要性能和用途　适用于微生物、植物的生长和组织培养，种子的发芽、育苗，昆虫、小动物的饲养，某些电子产品的保存和试验，其他用途的光照恒温试验。特点是微电脑全自动控制，控制板一体化，触摸开关可任意设定各个实验段运行时间、温度、光照可显示实验周期(天数)，设定时间、设定温度和剩余时间、实际温度和光照级别。并具有周期转换功能。

③操作方法

第一，插上电源，电源指示灯亮，打开电源开关至“ON”，系统开机。此时设定显示屏25.0℃，时间为00：00，段号显示为01段。

第二，按设定键，分、时和温度设定开始闪烁，段号显示第01段，通过进退键设定第01段的时间和温度，通过Ⅰ／Ⅱ键设置本段有无Ⅰ组或Ⅰ组和Ⅱ组光照，确认无误后，按确认键进入第二阶段参数设置。重复以上步骤就能使B型机设定最多为02段参数，再按设定键结束参数设定。

第三，按检查键，参数从第01段到02段以一定时间间隔一直循环显示，检查所设每段参数，无误后按确认键。

第四，按校时键“时”或“分”闪烁，通过前进、后退键校正当前北京时间，再按校时键进入工作状态。

第五，如需每天循环运行同样的设定参数，按循环键至循环灯亮。

④注意事项 实现全部白天或黑夜的方法：在设定过程中通过Ⅰ/Ⅱ键至Ⅰ/Ⅱ指示灯亮或灯灭即可。运行中设定参数的检查：按检查、确认键，显示屏从第01段参数到第二段参数以一定时间间隔一直循环显示。检查完毕应再按该键即回到现在时段工作状态，并检查循环指示灯是否符合要求即可。

(2)要求

种子萌发系列实验是森林培育实验中的一个重要内容，在了解背景材料的基础上，结合书本相关知识，选定某一类质量较高的种子，在控制水分等条件的基础上，探讨温度、光照对这类种子的影响机理。针对以上实验，请运用实验教学法，设计一份详细的参考教案。

【教学反思】详见项目5 P051。

【学习小结】详见项目5 P051。

【拓展阅读】

1. 课件范例

课件范例可参考本教材数字化资源数据库中的相关PPT。

2. 备课资源

(1)课程可用典故

白居易与花木

唐代诗人白居易爱树如宝。他被贬任忠州刺史，年年都种植花木，并赋诗咏道：“持钱买花树，城东坡上栽。但有买花者，不限桃李梅。”他在《春葺新居》诗中又说：“江州司马日，忠州刺史时。栽松遍后院，种柳荫前墀。”

楚霸王与桂树

楚霸王自幼爱树。相传有一次，他在一个村庄里看到一个老人持斧要砍桂树。楚霸王忙问缘由，老人说：“我家院子四四方方像‘口’字。这棵树长在院中，就成了‘困’字，不是很不吉利吗?”楚霸王听后，灵机一动回答说：“照你这么说，院中倒树留人，便成‘囚’字，如此更不吉利。”老人觉得楚霸王言之有理，于是放弃了砍树的念头。

诸葛亮与桑树

为建立蜀国立下汗马功劳的诸葛亮，在病危时给后主刘禅的遗书上写道：“臣家有桑八百株，子孙衣食，自可足用。”他把自己栽种的八百株桑树作为子女生活费的来源，为子女生活作长久安排。一代名相，两袖清风，死后留给子孙的唯有自己栽种的桑树，令人不胜感慨。

董奉与杏林

三国时东吴名医董奉医术高明，乐善好施。董奉隐居庐山期间，为贫苦百姓看病，从来不取分文，只要求病人病愈后按病情轻重，在他住所前后种杏树，重病者栽五株，轻病者栽一株。几年光阴，他的房前屋后竟有十万余株杏树。每当杏熟，董奉用来换谷米救济贫民，人们称这片杏林为“董仙杏林”，后人遂以“誉满杏林”称颂医家。

隋炀帝与杨柳

古代传奇小说《开河记》记述，隋炀帝登基后，下令开凿通济渠，虞世基建议在堤岸种柳，隋炀帝认为这个建议不错，就下令在新开的大运河两岸种柳，并亲自栽植，御书赐柳树姓杨，享受与帝王同姓之殊荣，从此柳树便有了“杨柳”之美称。

王安石与竹桃柳

宋代改革家、诗人王安石对种竹、植桃、栽柳极感兴趣，赋有诗句：“乘兴吾庐知未厌，故移修竹似延雏。”“舍南舍北皆种桃，东风一吹数尺高。”“移柳当门何啻王，穿松作径适成三。”可见他对树木的热爱程度。

朱元璋与柿树

据《燕京时餐记》载，明代开国皇帝朱元璋少年家贫，经常挨饿。有一天，已经两天没饭吃的朱元璋走到一个村庄，看到一棵柿树正熟，就摘下了一些果子美餐一顿。后来，他当了皇帝，忘不了柿树的功劳，还念念不忘植树造林，于是下令有五亩至十亩地的人，要种柿、核、桃、枣；还下令安徽凤阳、滁县等地百姓每户种两株柿树，不种者要罚。从此，安徽等地广种柿树。

左宗棠与左公柳

清末名将左宗棠任陕甘总督期间，下令军队在河西走廊的六百多里沿途种柳二十六万株，人称“左公柳”，至今仍为西北人民所称道。清人杨昌溪曾写诗赞道：“大将筹边尚未还，湖湘子弟满天山。新栽杨柳三千里，引得春风度玉关。”

(2)备课参考书籍

科学实验教学与研究．蔡铁权，臧文彧．华东师范大学出版社，2008

实验教学与仪器．教育部基础教育课程教材发展中心．长沙理工大学，1984

(3)备课参考网站

林学实验教学示范中心

http：//fetc. njfu. edu. cn/

参考文献

光照培养箱使用说明[EB/OL].

http：//fetc. njfu. edu. cn/pub/jspcms/p1_c2_l2552_r1576. htm.

种子发芽能力的测定程序需要经过哪几个步骤? [EB/OL].
http: //wenku. baidu. com/link? url = 2rw3PcOlWnh8dK0IBh6ZD5Oo _ GOkZn9KcWkHqst6s NaPwbkSgM-CM9va-rK7JQQo_ok5xQ42_2GTiMB0PUnzIaN3FTYj2ymx24A_g7b-v4cq.
古代诗人名家爱树典故[EB/OL].
http: //www. liuxue86. com/a/973959. html.

项目 11
项目教学法应用

【任务载体】

“森林资源经营管理”研究森林区规划、调查、评价、森林生长与收获、经营决策与控制调控等理论。其中，森林资源调查是学习的重点内容，且这些教学内容适宜采用项目教学法进行教学。

都江堰市于5·12地震前开展过森林资源林木种类调查，随着都江堰市地震后重建和植被修复，近年来，林地现状发生了较大变化。为了满足都江堰市林业发展规划、发展现代林业、建设生态文明、更新森林资源管理信息系统和编制森林采伐限额等必需的森林资源现状信息，为指导和规范都江堰市森林科学经营提供依据，有必要开展新一轮森林资源林木种类调查工作。

【教学目标】

知识目标：掌握实习林区的森林分布和生长特点；了解森林区划方法；掌握小班调查的内容和方法；熟悉森林资源管理信息系统。

能力目标：完成森林资源统计分析，掌握森林资源统计分析方法；具备更新森林资源管理信息系统、编制森林采伐限额和管理森林资源的能力。

情感目标：培养学生环保意识，提高学生对森林碳汇、森林生态系统服务功能的关注度。

【重点难点】

重点：掌握项目教学法的运用技巧。

难点：提高学生创造思维和解决问题的能力。

任务 11.1　项目教学法认知

项目教学法萌芽于欧洲的劳动教育思想，最早的雏形是18世纪欧洲的工读教育和19世纪美国的合作教育，经过发展到20世纪中后期逐渐趋于完善，并成为一种重要的理论思潮(郑金洲，2006)。项目教育模式是为社会培养实践型人才为直接目的一种人才培养模式。项目教学法就是在助学者的指导下，将一个与学习内容相关的完整的项目呈现给学习者，学习者通过信息的收集、方案的设计、项目的实施及最终的评价，独立完成项目任务。学生通过该项目的进行，了解并把握整个过程及每一个环节中的基本要求。

项目教学法强调学生的自主性学习，要求学生积极主动参与，培养学生的创造性、积极性等，有利于加强对学生自学能力、创新能力的培养。

11.1.1　含义

林业专业项目教学法是林业专业师生共同完成项目，共同取得进步的教学方法。跨专业课程又称为项目教学法，它是通过“项目”的形式进行教学。为了使学生在解决问题中习惯于一个完整的方式，所设置的“项目”包含多门课程的知识。项目教学法就是在专业老师的指导下，将一个相对独立的项目交由学生自己处理，信息的收集、方案的设计、项目的实施及最终的评价，都由学生自己负责，学生通过该项目的进行，了解并把握整个过程及每一个环节中的基本要求。

林业是一项技术性操作性很强的事业，林业工作中存在大量实实在在的项目，如森林资源调查，这给我们专业师生在教学过程中提供了相当的条件也大量地被采用。

11.1.1.1　教学对象

在中职林业专业教学中，项目教学法是以完成项目、职业体验和解决问题为主的多维互动式教学。要求学生掌握必要的理论知识和专业技能，突出知识学习服务于职业能力建构。整个教学过程以完成项目任务为主线，通过教学项目负载理论知识，体现职业岗位群的能力要求，有机融合专业理论知识与专业实践技能。

11.1.1.2　教学内容

项目教学法的教学内容必须以典型项目为载体，要求教学内容必须来源于实践，或者基于实践项目。教学内容可以创设有利于学生充分发挥潜能的宽松环境和真实的职业情境，使学生置身于真实的或模拟的职业世界中，鼓励他们积极主动地探索和尝试。

教师应根据教学内容合理设计项目任务。项目教学法的前提是认真分析教学内容，设计合适的项目是实施项目教学的关键。项目应紧扣教学大纲和教学目标，能突破课程的重点和难点，项目通常来自现实生活的问题，或需要解决的某项任务，要根据当前林业行业政策及本地区林业生产的实际情况，引进真实项目，要能改善学生分析问题和解决问题的能力，提高学生的操作技能，项目设计可由教师完成，或由学员参与设计，从而增加了学习的自主性，提高他们的学习兴趣，如“林业‘3S’信息技术”“森林病虫害控制技术”“林业生态管理”等课程就是很好的项目教学内容。

11.1.1.3 教学媒体

首先，项目教学法适合室内或野外作业；其次，需要准备活动小黑板和卡片、道林纸、笔等记录工具；最后，要准备相关的文书、文件资料，如果有照片、幻灯片、录音录像等音像资料则需准备播放器材。

11.1.1.4 与传统教学法的区别

(1)教学方法内容的区别

传统教学法是指教师通过系统、细致地讲解，使学生掌握大量知识的教学方法，形式比较单一，一般都是老师站在讲台上讲，学生在下面被动地接受，这种教学方式教师自由度比较大，而学生只有拼命地、努力地听的份，基于这一点，传统教学法也常常被戏称为填鸭式教学。

项目教学法是将一个相对独立的项目，交由学生自己处理。从信息的收集，方案的设计，项目的实施到最终的评价，都由学生自己负责。学生通过该项目的进行，了解并把握整个过程及每一环节中的基本要求。

(2)教学方法的区别

传统教学方法，注重教师讲授，学生听课，信息传递是单向的。

项目教学法不但重视知识的传授，而且更重视知识的应用。项目教学法把学生作为教学中心，强调学生在教学中的主观能动作用，注意调动学生的学习自觉性和主动性，教师和学生之间的活动是互动式的。

(3)教学形式的区别

传统教学法中整个教学过程是围绕教师展开的、以教师为中心的授课方式，客观上限制了学生潜能的充分发挥。

项目教学法是教师指导、学生活动。在整个教学过程是围绕着学生展开的，其创造性可以得到较充分的发挥。

(4)教学内容的区别

传统的教学方法，教师给学生讲授的是理论知识，学生偶尔也参加实验或者实践活动，它将教学视为一个漏斗，把所有的学习内容都灌输到学生的脑子里。为了让学生们记住这些内容，反复学习和反复练习是最好的，也是最普遍的做法。因而，学生主要是通过记忆的方式掌握知识。

项目教学法教学，教师也要讲授专业理论知识，而学生获取理论知识是在教师的帮助和指导下在自己的探索活动中获得的，这样更激发学生的学习动机。因为在学习过程中，如果学生对所学的内容不感兴趣，就难以取得好的结果。所以学生通过记忆方式把握理论知识，又通过手和脑的实践，这样大大地提高了学习的效率。

(5)教学目标的区别

传统的教学方法注重认知目标的实现，强调学生通过感觉、知觉、思维、想象、注意和记忆等方式进行学习，在个别学生身上，往往更注重记忆的方式。

采用项目教学法教学，认知目标的实现依然是十分重要的，但已不是唯一的目标。因为认知目标、情感目标、行为操作目标都是重要的学习目标。它们之间既是互相独立的，彼此之间又保持着重要的联系，他们是一个有机的整体。

(6)交流传递方式的区别

在传统的教学方法中，由于是教师讲、学生听，信息传递的过程往往是单方面的，虽然有些教师也采用了一些互动形式，但对学生来说仍是被动的。教师在台前授课，下面听课的学生是听还是没有听；是认真地听，还是不认真地听，教师往往也很难判断。在一般的情况下，教师往往是看表面现象，凭自己的经验作判断。

项目教学法，信息传递是双向的。教师是讲课和指导，学生是听课和活动。教师可根据学生活动的成功与否获知其接受教师信息的多少和深浅。教师还可以对那些掌握信息较少和较浅的同学采取措施，帮助他们补充信息，直至他们获得完成工作任务所需要的信息。

(7)激励手段的区别

在传统的教学方法中，通过考试、测验、作业等形式打分，以分数为主要的激励手段，这是一种外在的激励手段。外在的激励只能维持一阵子，不可能持久。

项目教学法，激励的手段完全是内在的，是专业学生在完成一项工作之后发自内心的喜悦，是专业学生从不会到会，从不理解到理解的心理感受的充分体现。另外，项目实施成功与否的评判是看项目实施的过程，而不是去注重项目的最终结果。

(8)学生参与程度

在传统的教学方法中，学生参与的程度与其自觉和努力的程度成正比。枯燥乏味的听、记、背、默，常常使一些学生逐步失去对学习的兴趣，容易使他们从一开始的“我要学”逐步衰变成为之后的“要我学”。

项目教学法，学生的参与程度得到大大地提高，这不仅表现在教师的授课过程中借助于媒体，如影视、音像、或电脑媒体，营造学习的氛围，选择适当的学习载体使教学内容更加活泼和更加明确；还表现在学生必须独立地完成一项又一项的工作任务，这些工作任务被设计成得由浅到深，使学生提高了学习的兴趣。

在项目教学法的具体实践中，教师的作用不再是一部百科全书或一个供学生利用的资料库，而成为了一名向导和顾问。他帮助学生在独立研究的道路上迅速前进，引导学生如何在实践中发现新知识，掌握新内容。学生作为学习的主体，通过独立完成项目把理论与实践有机地结合起来，不仅提高了理论水平和实操技能，而且又在教师有目的地引导下，培养了合作、解决问题等综合能力。同时，教师在观察学生、帮助学生的过程中，开阔了视野，提高了专业水平。可以说，项目教学法是师生共同完成项目，共同取得进步的教学方法。在林业专业教学中，项目教学法有其独特的优势，应更进一步总结提高，大力试用推广。

11.1.2　适用范围

项目教学法适用对象广泛，既适用于中职林业专业学生的课堂学习、实验实践、项目探究等活动中，也可以运用在教师教研、科研活动中，提供认知冲突。由于该方法能促进高水平思维的发生和归纳总结能力的提升，因而特别适用于思维活跃、具象思维能力较强、抽象思维能力不足、学习需要引导帮助的中职学生。

作为一种林业专业教学法，项目教学法及其相关技法群的适用范围也是较为广阔的，如园区规划设计的教学，树种选择、树种及林种配置、各种林业现代技术应用的教学等，都可灵活选题，自由运用。

在项目教学中，学习过程成为一个人人参与的创造实践的活动，注重的不是最终的结果，而是完成项目的过程。学生在项目实践过程中，理解和把握课程要求的知识和技能，体验创新的艰辛与乐趣，培养分析问题和解决问题的思想和方法。

以林学课程教学为例，可以通过一定的项目让学生完成如林业调查和规划设计的教学，树种选择、树种及林种配置、各种林业现代技术应用的教学等任务流程，从中学习和掌握书本知识和实践知识。还可以进一步组织不同专业与工种，甚至不同职业领域的学生参加项目教学小组，通过实际操作，训练其在实际工作中与不同专业、不同部门的同事协调、合作的能力。“林业生态学”“植物学”“树木学”“植物组织培养”“森林害虫防治”“森林资源经营管理学”等课程内容以及专业调研及实验实习等活动，都可以将其中涉及的知识点设计成可操作的项目，使用项目教学法或与其他教学方法结合使用。

11.1.3 一般流程

项目教学实施流程可以分为以下5个步骤(图11-1)。

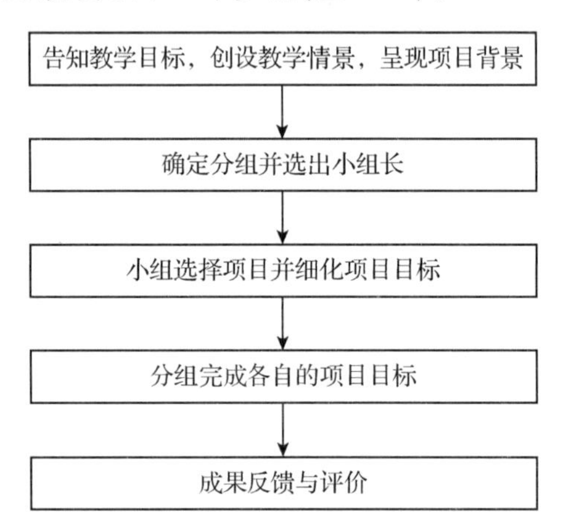

图11-1 项目教学法实施流程

(1)告知教学目标，创设教学情景，呈现项目背景

任课老师在项目实践前向本专业同学强调项目实践的重要性，提高学生的重视度与参与的积极性。

(2)确定分组并选出小组长

分组可分为实施小组、评价小组，指导老师任评价小组的组长。

(3)小组选择项目并细化项目目标

以“园林植物栽培养护”课程为例，小组选择“校园园林植物的养护”，细化为草坪养护、树木养护、花卉养护，并分配到各任务小组，任务要落实在每个同学身上。

(4)分组完成各自的项目目标

例如，对园林植物种类和生长情况进行调查，各任务组同学根据自己负责的项目目标，对园林植物种类和生长情况进行调查，做出调查表。其中，完成具体的项目还要经过几个步骤：

①学生搜索资料并草拟详细计划书。学生进一步搜索资料，经过各任务组协调讨论制

订出总的详细方案计划，并形成校园植物养护详细计划书。

②论证详细计划书的可行性。详细计划书制订后通过对校内植物的调查，通过在网上查找相关资料，与指导教师交流等方式论证其可行性。

③确定最终的详细计划书。通过上述环节，经过评价小组及指导老师确定为最终的详细计划书。

④实施计划并写详细实施日志。按照最终确定的详细计划书实施计划进行养护操作，这是继详细计划书制订后的又一重要环节。实施小组和评价小组人员均要到场，并共同来解决实施过程中没有预料到的可变因素所产生的问题。实施小组和评价小组均要写出自己的详细实施日志或实施报告。

(5)成果反馈与评价

最后的评价根据实施小组人员操作的积极性、配合的合理性、制订的详细计划书、实施日志还有最终实施的效果等来进行评价。实施的过程以及最终的效果是评价的重点。

11.1.4 注意事项

项目课程开发是在项目课程理论指导下的实践行为，是开发过程的纲领和方向。在开展项目教学法时，应注意以下事项：

(1)项目开展的实践性

项目课程开发必须坚持职业能力本位。考虑两个方面。

其一，在教学设施建设时，要充分考虑职业环境对教学过程、教学结果的支撑作用，营造具有真实职业情境特点的教学环境。

其二，在课程教学实施时，要充分考虑工作过程特点和教学过程特点两者的有机结合，以工作过程为基础组织教学过程，突出“任务中心”和“情境中心”。

(2)所选项目需要具备林业问题的典型性

所选的项目可以是虚拟的，但最好是来源于真实的项目，而且是体现工作过程系统化的项目。也就是说，项目应该是“真问题”和“真课题”，具有直观性、技术性和应用性特征。

(3)项目的选择可以围绕林学学科主题，通过项目将理论知识与实践操作有机结合，将知识学习与能力养成有机融合

解决项目或任务的程序和方法不是唯一的，能引导学生从多个方向去解决问题，用多种方法来解决同一个问题，防止形成定向思维，力求解决问题的方法和结果是多样化的，以利于培养学生多角度、多层面地分析、判断和解决问题的迁移能力。

任务 11.2　项目教学法操作

11.2.1　教学实例分析

项目名称：都江堰市森林资源林木种类调查

项目背景及项目意义：①查清都江堰市森林资源现状，为都江堰市科学经营和管理森林、制订林业发展规划、更新森林资源管理信息系统、编制森林采伐限额和森林资源管理提供基础资料，为都江堰市森林生态效益补偿、指导和规范森林科学经营提供依据。调查成果也是都江堰市森林碳汇、森林生态系统服务功能评价的基础依据之一。②查清都江堰森林、林地和林木资源的种类、数量、质量及其分布，综合评价都江堰市森林资源现状特征与森林经营管理绩效，提出对森林资源培育、保护与利用的意见。

11.2.2　教学过程设计

针对“都江堰森林资源林木种类调查”这一具体的项目，某林业专业任课教师设计了以下教案(表 11-1，表 11-2)。

表 11-1　参考教案

<table>
<tr><td>课　　题</td><td colspan="2">都江堰森林资源林木种类调查</td></tr>
<tr><td rowspan="3">教学目标</td><td>知识目标</td><td>1. 掌握实习林区的森林分布和生长特点
2. 了解森林区划方法
3. 掌握小班调查的内容和方法
4. 森林资源管理信息系统</td></tr>
<tr><td>能力目标</td><td>1. 完成森林资源统计分析，掌握森林资源统计分析方法
2. 具备更新森林资源管理信息系统、编制森林采伐限额和森林资源管理的能力</td></tr>
<tr><td>情感目标</td><td>培养学生环保意识，提高学生对森林碳汇、森林生态系统服务功能的关注度</td></tr>
<tr><td>教学重点</td><td colspan="2">掌握项目教学法的运用技巧</td></tr>
<tr><td>教学难点</td><td colspan="2">提高学生创造性思维和解决问题的能力</td></tr>
<tr><td>课　　时</td><td colspan="2">4 课时</td></tr>
<tr><td>教学方式</td><td colspan="2">演示法、讲授法、项目教学法</td></tr>
<tr><td>教学手段</td><td colspan="2">语言表达、林场实践</td></tr>
<tr><td>教学用具</td><td colspan="2">罗盘仪、钢围尺、测高器、记录表、指南针、笔等</td></tr>
</table>

表 11-2　教学过程

项目内容安排	第一部分：森林区划 第二部分：小班调查 第三部分：森林资源统计	课时	4

教学重点难点

①核对和确定调查范围的境界线、各级行政区划界线(市、乡、村)以及森林经营单位管理区界线、保护区界线，转绘集体林权制度改革的林地范围界线

②在调查范围内以村为单位进行林班区划(复查的尽可能用前期林班)、小班区划，并落实森林分类区划和林种区划结果

③以林地落界图和集体林权制度改革成果、土地利用规划、林地落界成果等进行林地区划；以林地保护利用规划和国家级、省级公益林补偿实施方案及修编成果图落实公益林范围

④调查各类林地的面积和权属

⑤调查各类森林蓄积量、散生木和四旁树蓄积量，以及林木权属

⑥调查各类森林的起源

⑦调查与森林资源有关的生态因素，包括植被、土壤、地形地势等

⑧调查和收集与森林资源有关的自然地理环境因子(包括地理位置、气候、水文和自然灾害等)和社会经济情况

⑨调查前一年的森林消耗量，测算调查年的各类活立木的年净生长量

教学准备

①每个同学必须阅读项目指导书，自学森林经营管理学相关章节和森林计测学有关内容

②各个项目环节必须亲自动手操作

③作业和项目报告按要求独立完成，教师必要时抽查并以某种方式(口试、笔试)考核，评定实习成绩

教学内容及步骤

1. 小班调查

(1)小班主要调查因子允许误差

小班主要调查因子允许误差表　　%

调查因子	小班面积	树种组成	平均树高	平均胸径	平均年龄	郁闭度	断面积	蓄积	株数
公益林允许误差	5	20	15	15	30	15	15	25	15
商品林允许误差	5	15	10	10	20	15	15	20	10

(2)总体蓄积量抽样控制精度

①抽样精度达不到规定要求时，重新计算样地数量，增加的样地重新加密布点和调查，直到活立木蓄积抽样精度达到规定的要求，抽样估计值方能作为小班调查的控制数

②抽样精度达到要求时，将各小班蓄积量汇总值与总体蓄积量抽样估计值进行比较(以抽样估计值为准)：

a. 当两者差值不超过 ±1 倍标准误时，即认为小班调查汇总的总体蓄积量符合对比精度要求，并以小班调查累计的蓄积量作为规划设计调查的资源数据

b. 当两者差值超过 ±1 倍标准误时、但不超过 ±3 倍标准误时，要对差异进行检查分析，找出影响小班蓄积量调查精度的因素，并根据影响因素对各小班蓄积量进行修正，直至两种总蓄积量的差值在 ±1 倍的标准误范围以内，才能对修正后的小班调查蓄积量进行累计，作为规划设计调查的资源数据

c. 当两者差值超过 ±3 倍的标准误时，小班蓄积量调查应全部返工，重新调查

2. 总体蓄积量抽样控制

根据《操作细则》要求和都江堰市森林资源分布情况，采用分层抽样方法控制总体蓄积量。总体样地数的确定：

①分层方案的确定。经对旧有都江堰市森林资源规划设计调查成果资料分析，采用地类蓄积预分层，将全市共分为 2 个层，即乔木林层(不含未达检尺幼林)和其他层。其中：乔木林层(不含未达检尺幼林)的权重为 0.279，层方差为 992.204，层平均值为 46.497；其他层的权重为 0.721，层方差为 0.952，层平均值为 0.118

②按可靠性 95% 时，$t=2$，$E=0.15$，采用近似公式 $n=\dfrac{t^2\sum_{h=1}^{l}W_h\delta_h^2}{E^2\,\overline{Y}^2}$ 计算，需布设 289 个样地

③加 15% 的安全系数，即 289 + 289 × 0.15 = 332 个样地

（续）

教学内容及步骤	④布设样地。根据确定的全市总体样地数，在1∶25 000地形图公里网格交叉点上随机起点，按2hm×2hm的点间距系统布设438个样地 3. 样地调查 (1)调查方法 样地采用角规控制检尺的方法进行调查 (2)样地定位 在三维状态下，可直接用GPS确定样地中心点位，并记录GPS坐标。否则采取引线定位确定样地点位。对不涉及散生木和四旁树且地形明显并能准确判定样地位置的非林地样地，可目视定位 (3)样地测设 样地中心点确定后，在中心点埋设木桩或石标，并用油性笔书写样地号，采用角规控制检尺调查方法进行样地测设 角规缺口统一为1($K=1$)，对样点上胸径≥5cm的林木的胸高位置进行角规控制检尺，对检尺样木标注胸高位置并进行编号。分树种计数相切、相割的样木株数和断面积 采用皮尺丈量测点至样木之间距离，坡度5°起改平，采用布围尺量测林木胸径 (4)样木相切、相割、相离的确定 用$D=200L\cos\alpha\sin(\beta/2)$进行判断，当$Di=D$时为相切，当$Di>D$时为相割，当$Di<D$时为相离($D$为林木临界胸径；$L$为斜距；$\alpha$为倾斜角；$\beta$为角规定角) (5)各树种平均胸径的确定 $\overline{D}=\sqrt{G/\sum_{i=1}^{n}(G_i/D_i^2)}$($G$为某树种总断面积，$G_i$为样地某树种某样木的断面积，$D_i$为某树种单株胸径) (6)树种平均树高的确定 在控检样木内树高测量须选择平均胸径和接近平均胸径、生长正常的林木进行测定，优势树种至少测2株，次要树种至少测1株 (7)样地平均胸径、平均树高的确定 样地平均胸径、平均树高采用优势树种的平均胸径、平均树高 (8)样地每公顷蓄积量计算 根据各树种平均树高、平均胸径和起源，用形高公式计算形高值，形高值与各树种每公顷断面积相乘得各树种每公顷蓄积量，各树种每公顷蓄积量之和为样地每公顷蓄积量 (9)特殊样地的处理 ①由于地形条件限制，如样地全部落入坡度≥41°的急坡、险坡、悬崖峭壁上和有滑坡发育可能危及生命安全的样地，允许目测。较远的样地，无法目测到具体株树、树高的样地，目测样地蓄积量；可目测到具体株树、树高的样地，记载树种、断面、树高，以求算每公顷蓄积 ②实测样地内由于地形因子的影响，个别样木无法实测的，可用角规控制并结合目测中心点至该样木的距离和胸径，确定该样木的株数断面 ③样地全部落入人迹罕至的无人区、保护区内的原始林区或因常有野生动物伤人事件发生，且安全难以保障的地段，做目测样地调查 ④目测样地要在事前报项目组备案。目测样地参加精度计算 (10)总体蓄积量估算值 按分层抽样公式计算各层精度和层蓄积量估算值，再根据各层面积权重计算总体精度和总体蓄积量估算值 4. 调查内容 ①专业调查：根据都江堰市林业专业调查资料、前期林木种类调查结果和《都江堰森林立地分类及其应用》，结合补充调查，编制都江堰市立地类型表(内容包括立地类型名称、立地类型号、地形地势、土壤条件、森林植被、主要下木种类、主要草本种类等)、森林经营措施类型表(内容包括类型号、类型名称、类型特征、经营措施) ②消耗量调查：消耗量调查采用多阶类型抽样方法。根据都江堰市实际，各乡(镇)消耗量差异较大，且人均蓄积量与消耗量不成比例，人均蓄积量大的乡(镇)消耗量反而小，故抽样方法不按人均蓄积抽取样本，而是根据实际消耗量的多、中、少将各乡(镇)划分为三个消耗类型，每个类型抽取一个有代表性的乡(镇)作为调查乡(镇)。在每个调查乡(镇)内按实际消耗量分为多、中、少三类，每个类型选择一个有代表性的村(办事处)作为调查村，在每个调查村内随机抽取经济条件中等的十户农户作调查。全市还需

（续）

<table>
<tr>
<td>教学
内容
及
步骤</td>
<td>抽取城镇居民二十户，机关企事业单位食堂十个，饮食服务行业十家，旅馆、招待所十家调查森林资源消耗量
5. 小班区划
(1)小班区划
小班区划采用1∶25 000比例尺的卫星影像图对坡勾绘，地形图作为外业调查辅助用图。按照小班区划条件，结合2006年调查成果图和林权制度改革成果材料，深入现地进行区划调查。林权制度改革后，部分林地使用权、林木所有权已确权到个人或流转到个人，有林权证明范围内的林地和林权证明范围之外的林地要分开区划调查。在ArcView软件支持下，在计算机上完成小班区划，并在数据库界面下完成小班属性数据的输入
小班编号：对林班内的小班从北向南、从西向东按顺序编排小班号
(2)小班区划原则
①小班区划应充分利用上期调查成果和小班经营档案，尽量沿用林地保护利用规划落界的小班界线，以提高小班调查精度和效率，保持调查的连续性
②对林地保护利用规划落界区划不合理，或因经营活动等原因造成界线发生变动的小班，应根据小班区划条件重新划分
(3)小班区划面积规定
①小班最小面积：人工林(包括竹林)、经济林小班，最小面积为1∶25 000影像图上不小于4mm^{2}且实地≥0.067hm^2。其他地类小班最小区划面积为1hm^2
对于林班内不能满足最小小班面积的零星小块乔木林地，依据所在小班的地类作为散生木或四旁树调查填记在小班卡片相应栏
②小班最大面积：商品林小班最大面积一般不超过30hm^2，生态公益林小班最大面积一般不超过50hm^2。特种用途林还可适当放宽最大小班面积上限
③非林地小班不受面积的限制
6. 关于项目地区森林资源统计
调查簿以林班为单位，它反映了一个林班的资源统计。而实习地区(包括若干个林班)、林场、林业局、一个县及地区、一个省(市)的森林资源统计，都是以调查簿为基础逐级汇总统计出来的。系统表格样式国家有统一规定，统计表内容多少则因地而异，但至少要统计下列内容：
各类土地面积统计表
各类森林、林木面积蓄积统计表
用材林近成熟林组成树种蓄积统计表
人工林及四旁树统计表
用材林近成过熟林组成树种分径级组株树蓄积统计表
各优势树种的龄级、地位级、疏密度(郁闭度)和蓄积量表(简称大龄级表)
以上统计表尽量在现场完成，如完不成可利用课外时间</td>
</tr>
</table>

【强化练习】

项目名称：桂花林场种子园规划设计方案

项目概况：桂花林场种子园位于鄂南崇阳县北角，东经113°44′~114°10′，北纬29°29′~29°39′。

交通条件：种子园离蒲圻至崇阳县公路干线约1km。

劳动力供应状况：山下有林场职工居民点。

运输状况：桂花林场，全场有六个工厂，一个汽车队。

自然条件：桂花林场位于鄂南崇阳县北角，东经113°44′~114°10′，北纬29°29′~29°39′。年平均气温15.5℃，无霜期265天，降水量1636mm，蒸发量1069mm，相对湿度79%，日照时数1694.6小时，属杉木边缘产区，全场总面积14.2亩，林业用地9.6万亩，全场六个工厂，两个加工场，一个汽车队，子弟学校一所，共有职工430人，种子园位于董家冲苗圃场，为一坡地，坡向西北，下坡，土壤平均厚度1.5m，页岩坡积物形成黄棕壤，pH 6.0~6.5，周围200m范围内无杉木。离蒲圻至崇阳县公路干线约1000m，山下有林场职工居民点，约有3亩晒场。

项目任务：种子园生产任务是根据造林任务及外拨种子的数量决定的，拟建立一个在种子生产正常后每年能提供20 000亩造林用苗的种子园。要求在充分查阅资料的基础上，运用项目教学法为种子园区的规划出谋划策，最后以小组为单位形成一份规划设计方案。

【教学反思】详见项目5 P051。

【学习小结】详见项目5 P051。

【拓展阅读】

1. 课件范例

课件范例可参考本教材数字化资源数据库中的相关PPT。

2. 备课资源

(1)课程可用案例

案例1 卧龙保护区

卧龙自然保护区位于四川省阿坝藏族、羌族自治州汶川县西南部，邛崃山脉东南坡，距四川省会成都130km，交通便利。

卧龙自然保护区是国家级第三大自然保护区。四川省面积最大、自然条件最复杂、珍稀动植物最多的自然保护区。保护区横跨卧龙、耿达两乡，东西长52km、南北宽62km，总面积约70万hm^2。主要保护西南高山林区自然生态系统及大熊猫等珍稀动物。卧龙自然保护区森林覆盖面积达11.8万km，约占保护区总面积的56.7%，灌丛草甸覆盖面积约3.04万km，复杂多变的自然条件造成了植物种类与群落的多样性。卧龙自然保护区的植物区系起源古老，具有较多的特有种属和子遗植物。

案例2 海螺沟原始森林

海螺沟原始森林位于海螺沟景区内，是海螺沟五绝之一，其面积达约70km^2，是我国古老与原始生物物种保存最多的地区之一。各种野生观赏植物争奇斗艳，将海螺沟装点成五彩缤纷的世界。同时海螺沟也是世界众多珍稀动物的栖息地。海螺沟原始森林独特的地理条件，使沟内高差达6000m左右，基于此，在沟内形成了明显的多层次的气候琏、杆被琏和地壤带，将2500多种从亚热带至寒带的野生植物集中在一个风景区内。海螺沟原始森林独特的地理条件，使沟内高差达6000m左右，基于此，在沟内形成了明显的多层次的气候琏、杆被琏和地壤带，将2500多种从亚热带至寒带的野生植物集中在一个风景区内。沿着环游山路徐徐前行，游人可以清楚地感觉到身旁植物景观的无穷变幻。从山谷的棕榈树、清翠的竹林；到原始森林的参天古木、万花烂漫的大片野生杜鹃；直至高海拔的色彩缤纷的草本野花和地衣类植被；令人目不暇接。

(2)课程可用视频

开展森林规划调查的作用及其意义

http：//www. tudou. com/programs/view/EARU4g8LI2s/

(3)备课参考书籍

项目教学法的实践探索. 贺平. 中国职业技术教育，2006

“项目教学法”——中德职教师资进修项目收获之一. 吴全全. 中国职业技术教育，2006

(4)备课参考网站

项目教学法网络资源

http：//www. 360doc. com/content/14/0421/16/16900280_ 370882786. Shtml

参考文献

郑金洲. 2006. 教学方法应用指导[M]. 上海：华东师范大学出版社.

胡庆芳. 2014. 优化课堂教学：方法与实践[M]. 北京：中国人民大学出版社.

朱丽. 2014. 如何运用教学方法[M]. 上海：华东师范大学出版社.

项目 12 实习作业教学法应用

【任务载体】

作为林业专业的学生，采集、制作及保存动植物标本是从事野外林业研究的基本技术。

“森林保护学”中典型昆虫结构的观察和识别要求学生具备和掌握采集、制作以及保存昆虫标本的能力。由于自然界的各种昆虫生活方式和环境各异，其活动能力和行为千差万别，有的昆虫形态也常模拟环境，因而必须有丰富的生物学和相关的采集知识，才能采得完好的所需标本。采集和制作大量标本后，还必须有科学的保管方法，使标本经久不坏。

【教学目标】

知识目标：了解实习作业教学法的定义、作用和特点；掌握实习作业教学法的使用步骤、运用技巧；能够使用实习作业教学法设计教案和实施教学。

能力目标：提高学生分析问题、解决问题的能力；提高学生的交流能力以及合作意识。

情感目标：培养学生热爱自然保护环境的意识。

【重点难点】

重点：实习作业教学法的作用、特点、使用步骤和运用技巧。

难点：实习作业教学法的使用步骤和运用技巧。

任务 12.1　实习作业教学法认知

12.1.1　含义

实习作业法是指林业专业教师组织、带领并指导学生，参与一系列实践活动，目的在于掌握林业专业知识和实践技能，验证课堂的理论知识。实习作业法有很多分类，其分类标准不同，具体的名称也不同。我们根据林业专业主要课程实习的具体情况和实习地点，将实习作业法分为课堂实习、校内外林场(林区)和动植物园实习等。

通常实习是以理论知识为基础，并在理论的指导下进行的。运用实习作业法，实习开始，教师提出明确的目的和要求，并根据实习的场所和工作情况做好组织工作；实习进行中对学生进行具体的指导；实习结束时对实习活动进行评定和小结，事后评阅实习作业报告。

素质教育的核心是创新思维和实践能力的培养。林业职业教育的职业性和为林业生产服务的直接性决定了林业职业教育的实践性特征，即教育教学过程注重与林业生产劳动相结合，注重实践教育，强化林业专业技能训练，培养林业职业能力。

林业专业是一门实际操作性很强的学科，实现人才培养目标的一个主要途径就是要加强实践教学。实习作业法可提高学生对林业专业的认识，培养学习的兴趣，增强学生的实践能力。

实习作业法是以建构主义为理论依托，将“情境教学法”融于课堂，在课堂中积极创设模拟情景，通过以学生为主体，教师为主导的双边教学活动，增强学生主动活动过程，用以激发和保持学生积极的学习心向，从而促进学生有效学习的一种新型的教学模式。它是一个在教师有目的、有计划的指导下，在模拟情境或真实环境中，通过学生自主学习，实践参与，主动掌握知识，完善发展职业素养与实践能力的一种有效学习过程。

12.1.2　适用范围

在林业专业教学中，实习作业法是一种常用的方法，“林业生态学”“造林学”“林木育种学”“森林经营学”“森林害虫防治”“森林管理学”等课程中的很多内容都可以采用实习作业法。林业专业教师在采用实习作业法时可以与演示法等其他教学方法结合使用，而其中某些教学内容必须通过实习作业法才能锻炼学生们的实践能力。

例如，典型植物病原物的观察和识别、典型植物病害的观察和识别、典型昆虫结构的观察和识别等主要教学内容都可运用实习作业法，让学生在野外林业调查实习的过程中进行体验，从而习得新知识，获得新经验。

12.1.3 一般流程

实习作业法一般所采用的基本流程分4步(图12-1)：

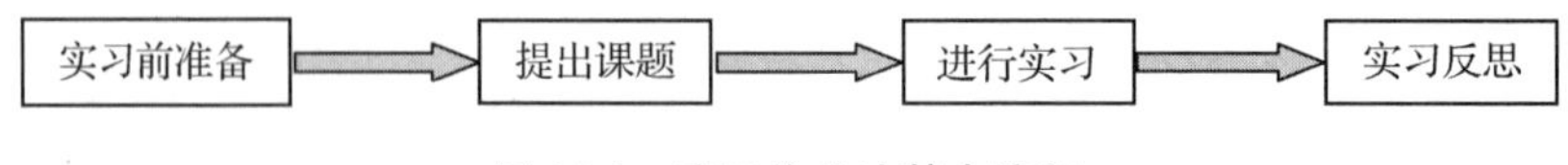

图12-1 实习作业法基本流程

12.1.3.1 实习前准备

实习前准备包含教师准备工作和学生准备工作。教师的准备工作包含根据大纲规定和教材系统确定实习的目的和内容，拟出实习需要的材料和仪器。大部分的实习作业通常安排在课程即将结束时进行，用以帮助学生巩固知识和获得相应的实践技能和技巧，因此，实验内容基本按照教材的系统并尽可能和讲过的知识有机结合。例如，“森林保护学”中学习制作昆虫标本的目的是巩固课本上所学的一些理论知识，从感性上认识和了解不同植物上昆虫危害症状、形态识别、基本习性等；熟悉各类昆虫的生活环境，掌握标本采集的常用方法；掌握各种干标本的针插部位和展翅、整姿的要求及方法，玻片标本的制作方法以及液浸标本浸液的配制等，并能综合运用所学知识和技术，鉴定常见的昆虫种类。

12.1.3.2 提出课题

教师需要在实习开始之前将实习内容、实习目标和要求明确地告知学生。并且确定实习所针对的课题内容。例如，老师在带领学生进行昆虫的采集和制作实习之前，要提出所研究昆虫的特征和分类，标本采集的方法和手段，所采用的实验设备，研究昆虫的实习目标等。只有掌握了恰当的方法和手段，才能对昆虫的研究起到非常好的辅助作用。

12.1.3.3 实习作业的进行

在实习进行的过程中，主要分为几个步骤：

①让学生回忆学过的有关知识。

②检查学生对实习目的和内容是否已彻底了解。

③讲解实习。

引言是从提问开始的，如在进行“昆虫标本的制作”的实习作业时，教师可以提问：干制昆虫标本所采用的制作工具是什么？有时也可以要求学生讲出实习的内容和实习所需的仪器设备。然后教师把完成这些实习作业必须知道的事情简明扼要地告诉他们。在讲解实习过程时，应着重指出怎样去做，为什么必须这样做，不这样做的后果是什么，启发学生自己分析。在惊醒引导性谈话时，严格要求学生注意力集中，不要被实验室或者户外实习场地的事物吸引。当然，教师的讲解要简明，否则会影响实习作业的进行以及在一定程度上降低学生兴趣。

12.1.3.4 实习反思

实习完成后，需要学生完成相应的实习作业和任务，由教师进行批阅并指导学生进行修改。

12.1.4 注意事项

在采用实习作业法进行教学的时候，需要注意以下几点问题：

①实习作业法要在学生对理论知识熟识的基础上开展。因此，每次实习作业开展之前必须对实习内容进行充分预习，要求学生了解目的、原理和方法，做到心中有数，思路清晰。

②校外进行实习作业法时，一定要求学生认真、及时做好记录，对实习过程、所观察到的教学对象进行详细记载，当不能得到结果而需要连续观察时，记下每次观察的现象和结果。防止学生遗忘实习过程中的有效学习内容。

③开展实习作业法之前，教师要创设合适的教学情境，并告知学生学习目标，用以激发学生的学习动力。指导教师要向学生讲清楚实习目的和要求，帮助学生端正实习中的学习态度。

④综合实习是学生学习和运用知识的重要环节，每个同学都必须认真参与。在实习过程中，学生应发挥主观能动性，要多问、多看、多记、多动手、多思考，以达到理论与实践相结合，增强动手能力的效果。

⑤教师应安排一定强度的实习作业，目的是为了让学生及时总结实习过程，学习新知识。每天外业回来每个学生必需积极对当天外业调查的资料和采集的标本及时整理、压制，并处理好样品。实习完毕需交实习报告，格式依照各部分指导教师的安排要求，要求实事求是，简明准确。

任务12.2　实习作业教学法操作

12.2.1　教学实例分析

某林业专业教师在教授“森林保护学”课程中的“昆虫标本的采集与制作”内容时，涉及到校外林场实习，该教师分四阶段完成了此次教学。

12.2.1.1　实习前准备

教师应在实习前准备实习所需要的工具，或者指导学生准备工具。昆虫标本的采集所需要的工具有：捕虫网(捕网、扫网和水网)、吸虫管、毒瓶、采集袋、诱虫灯、大小镊子和标签等。并且通过理论课堂告知学生实习目标。

12.2.1.2　提出课题

教师需要在实习开始之前将采集方法演示给学生。其中应包含观察虫情、顺势兜捕、翻封网口、取虫入袋。还包括昆虫采集时间和地点，因为昆虫种类繁多，一年中发生情况各不同，在选好采集场所后，还要针对欲采集的昆虫发生季节和时间进行采集。标本采回后，不可随意搁置，以免丢失、损坏。需制成各种不同的标本，以便长期保存、观察和研究。所以，相关的标本制作知识也应该传授给学生。

12.2.1.3　实习作业的进行

在确定学生理论知识完备之后，就可以开展实习作业法进行教学。要求学生完成以下实习作业：昆虫标本的采集(包含学习使用采集工具、掌握采集方法、选定采集时间和地点)、昆虫标本的制作(掌握干制标本的制作工具使用方法、干制标本的制作方法、浸渍标本的制作方法、玻片标本的制作方法、标本标签的书写方法等)。

12.2.1.4　实习反思

实习完成后，需要学生完成相应的实习作业和任务，由教师进行批阅并指导学生进行修改。

12.2.2　教学过程设计

该林业专业教师在“森林保护学”课程中的“昆虫标本的采集与制作”内容的教学过程设计详见表12-1和表12-2。

表12-1　参考教案

课　题		总项目：昆虫标本的采集、制作 任务1　昆虫标本的采集 任务2　昆虫标本的制作
教学目标	知识目标	1. 认识和了解不同植物上昆虫危害症状、形态识别、基本习性等 2. 熟悉各类昆虫的生活环境 3. 掌握各种干标本的针插部位和展翅、整姿的要求及方法 4. 掌握玻片标本的制作方法以及液浸标本浸液的配制等
	能力目标	1. 掌握制作昆虫标本的方法 2. 掌握昆虫标本的采集方法 3. 运用所学知识和技术，鉴定常见的昆虫种类
	情感目标	培养学生的动手能力和野外作业的能力
任务与案例		1. 认识采集工具 2. 昆虫标本的采集 3. 干制标本的制作方法 4. 浸渍标本的制作方法
教学重点、难点及解决方法		重点：1. 认识采集工具 2. 昆虫标本的采集 3. 干制标本的制作方法 4. 浸渍标本的制作方法 难点：昆虫展翅版的使用、浸渍溶液的制作 解决方法：通过实习走作业法和探究法，结合教师正确的引导，使学生在自主状态下积极得投入学习
课　时		4课时
教学准备		1. 学生课前预习本次课相关内容，教师提供完成任务的资料 2. 配备放大镜、体视显微镜、诱虫灯、生物显微镜、捕虫网、毒瓶、吸虫管、采集袋、昆虫针、三级台、展翅板、镊子、还软器、黏虫胶、标本瓶、标本盒、标签、挑针、福尔马林、酒精、冰醋酸、甘油、指形管或小瓶、采集盒、三角纸包、小刀等

表 12-2　教学过程

教学过程	教学内容
单元教学设计	学习方式：实习作业法和演示法配合使用，在学生完成理论课堂的基础知识的学习之后，带领学生前往附近林场进行具体的操作和学习。
任务 1	任务 1　认识采集工具 【任务资料 1】采集天牛、象甲吉丁虫标本时应采用什么采集工具？
任务指导	1. 捕虫网 通常可分为捕网、扫网和水网 3 种。 (1)捕网 主要用于捕捉空中飞动的昆虫，如蝶类、蛾类、蜻蜓类等。网由网袋和网柄组成。网袋宜用薄柔的细纱，颜色以白色或淡色为好，如罗纱或蚊帐纱，也可用尼龙纱巾改制，目的是减少挥网时的阻力，利于昆虫入网并便于透视网内。 (2)扫网 主要用来捕捉栖息在低矮植物上或行株距间、临近地面或地上、善于飞跳的小型昆虫。制作方法和捕网大致相同，但网袋的铅丝比捕网的略粗些；网柄可根据需要适当短些。此外，在网的底部要开一小口，使用前在开口外用橡胶圈扎一只透明玻璃管(或塑料管)，扫入网内的是昆虫即被甩入管，虫量满足时取下小管，盖上透气管塞，再另换一只空管，继续扫捕。 (3)水网 捕捞水栖昆虫的一种工具。为减少水的阻力，网袋应选用透水性较强的材料，如马尾纱或金属纱等；从而操作方便，并不致折断网柄。水网的形式很多，一般可根据捕捞对象设计制作。 2. 吸虫管 吸虫管用来采集蚜虫、蓟马、红蜘蛛等微小昆虫。主要利用吸气形成的气流将虫子带入容器。在吸气管的瓶内开口处应包一层细纱，避免将小虫吸进嘴里。 3. 毒瓶 采到昆虫后，有的需及时放入毒瓶内致死。常用的毒瓶一般选用内质量较好的磨砂广口瓶，瓶口严禁，毒气不致外溢，瓶盖不易脱落，使用安全。还可利用罐头玻璃瓶加配塑料盖来制作毒瓶，也很经济实用。 专业采集用的毒瓶，其毒剂常使用氰化钾，毒力特别强，昆虫入瓶后可迅速致死。由于此种毒剂属于剧毒，在制作、使用以及保管方面要特别注意安全。 一般采昆虫用的毒瓶，毒剂多种多样，如，用脱脂棉蘸上适量乙醚或醋酸乙烷做毒剂，放在瓶底，上面盖一块硬纸板或薄塑料板，板上穿些小孔，使用起来也有毒效。 毒瓶外面须加标记，注意安全，精心保管。此外，使用毒瓶时，不可将大型和小型、较软和较硬的昆虫混放在一个毒瓶里，以防互相践踏碰撞，伤及虫体；鳞翅目昆虫更应单独入瓶处理。毒瓶一般不用来杀死软体的幼虫。 毒瓶要注意清洁、防潮、瓶内放一层吸水纸或白纸，经常更换。平时需塞紧瓶塞，这样既避免氰酸气对人的毒害，又可延长使用期限。毒瓶破碎时，务必妥善处理。 4. 采集袋 出外采集要带许多玻璃用具(如指形管、毒瓶等)和工具(如镊子、剪子、刀子等)，以及记录本、采集盒等。为了携带方便，采集袋具体形式可根据要求自行设计。 5. 诱虫灯 诱虫灯专门用来采集夜间活动的昆虫。诱虫灯下设一漏斗，漏斗口装有毒瓶，可以及时毒杀诱来的虫子。毒瓶中除采用氰化钾作为毒剂外，也可用敌敌畏。此外，还可以安装具有不同大小网孔隔板的集虫箱来代替毒瓶，以便把不同大小的昆虫分开来，避免相互撞坏。 6. 三角纸袋 三角纸袋又名昆虫包，主要用来装存鳞翅目昆虫标本。采集前制备出一定数量、大小不一的纸袋，使用时依虫体大小分别放入各袋，每袋可装一个或几个同种标本。纸袋轻巧，不致损伤中体，且携用方便。纸袋用坚韧的白色光面纸，裁成 3∶2 的长方形纸片，大、小多备几种，用来包装暂时保存的标本。 7. 其他用品 有些小工具需要配备，如大小镊子、小剪刀、手持小放大镜、软毛笔、铅笔、记录本及小标签等。如果有夜间作业，还需置备成套诱虫灯具(如黑光灯)、手电筒等。

（续）

教学过程	教学内容
实习作业布置	识别各种采集工具，掌握基本工具使用方法。
任务2	任务2　采集方法 【任务资料2】采集昆虫的流程和方法是什么？
任务指导	昆虫种类繁多，习性各异，应根据不同虫种的生活习性，分别采用不同的措施进行捕捉。 1. 捕虫网捕虫法 操作要点如下： (1)观察虫情 无论是定点专项采集或是随机采集，初到采集现场，不可操之过急，先要冷静观察虫情。尤其是在虫量不多的情况下，更应仔细观察动静，摸清昆虫飞动的规律，包括飞动的高度、速度、方向，结合当时的风向等因素，再立意做好准备，开始挥网捕捉。 (2)顺势兜捕 摸清虫情后，待其再次飞临，可用目测方法判断其飞临方向、高度和速度以及风向、风速等瞬间具体条件，手握网柄、瞄准方位，待其进入有效距离后，顺势举网。所谓顺势兜捕，就是在静观不动情况下，根据昆虫飞临方向，或迎面或旁侧及时调整最佳方位，出其不意，一举入网。如果一网失误，不必尾追，而是以逸待劳，一网不入，再等二网。 (3)翻封网口 一旦虫入网，要立即翻转网袋，把网底甩向网口，封住网口后，入网的昆虫才不致逃逸。挥网捕虫和翻封网口是连续、快速的两个动作，是用捕网捕虫的一项基本操作。 (4)取虫入袋 入网的昆虫需立即取出。取虫时先慢慢收缩网袋，减少它在网内挣扎活动的范围，然后待其稍停，趁势隔着网袋轻捏虫胸，使它静止，再用小镊子伸进网内，夹其翅基取出，放入毒瓶致死后再转移到三角纸袋内。 栖息于草丛或灌木丛中的昆虫，只能用扫网捕捉。采集者边走边扫，如在扫网下面的开口处，套一个塑料管，便可直接将虫集于管中，减少一个个地取虫的麻烦，节约了时间。 2. 微小型昆虫刷取法 有些在寄主植物上不太活动的微小型昆虫，如蚜虫等，用昆虫网很难扫入，用振落法也不奏效，此时即用普通软笔直接刷入瓶、管内，刷取时要选择虫体密集的小群落，一笔即可刷取很多。要注意用笔尖轻轻掸刷，不可大笔刮刷、伤及虫体。 3. 搜索采集法 有些虫体较小或栖息地点较为隐蔽的昆虫，如蝼蛄、叩头虫的幼虫生活在土里；天牛、象甲吉丁虫、小蠹虫、茎蜂玉米螟等幼虫，钻蛀在植物的茎秆中；卷叶蛾和螟蛾生活在卷叶中；蓑蛾幼虫躲在由枝条和树叶造成的长口袋中，需要根据它们存在的某些迹象进行仔细观察搜索才能采到，如食痕、蛀孔、虫粪、鸣声等都是可供追查的线索。此外，石块下面常有肉食性甲虫；雨后积水的树洞和盆缸里常有蚊子的孑孓。搜索采集要注意安全，谨防被藏匿在树洞里、石块下、草丛中的蛇、蝎之类伤害。 一些同翅目昆虫和蚂蚁共栖，见到植物上有很多蚂蚁，就可能找到蚜虫、木虱等昆虫。沫蝉的幼虫能分泌白色泡沫，自己躲在里面，这就给我们指示了采集的目标。还可从植物害状来找寻昆虫，如害状新鲜，可能害虫尚未远离。例如，植物的叶子发黄或有黄斑，多半是受刺吸口器昆虫，如蓟马、红蜘蛛、叶蝉、飞虱等为害；发现植株、树干下有新鲜虫粪，是咀嚼式昆虫在为害，可能找到鳞翅目昆虫及叶蜂幼虫等。 4. 振落法 许多种昆虫，当它们停留在枝梢、树叶上的时候，往往不易被发现，特别是那些具有“拟态”的昆虫，甚至在我们的眼前也认不出来，这时只要稍稍振动树干，昆虫受惊就会飞起，这样就暴露了目标；有“伪死性”的昆虫，经振动就会坠地或吐丝下垂。 5. 诱集 诱集是利用昆虫的某些特殊趋性或生活习性而设计的招引法，常用的有灯光诱集和食物诱集。灯光诱集：蛾类、蝼蛄、蟋蟀、蝽象、金龟子、叶蝉等有趋光性的昆虫，会向灯光飞来。食物诱集：某些昆虫

（续）

教学过程	教学内容
任务指导	具有趋化性，嗅到食物发出的气味就飞来取食。例如，夜蛾类、蝇类等。性诱剂也是一种采集的方法。利用昆虫的生活习性，设置诱集场所，如堆草诱捕地老虎幼虫、蟋蟀；果树上束草捕捉多种越冬害虫等。
实习作业布置	【任务解答】如何采集蛾类、蝼蛄、蟋蟀类昆虫？
任务3	任务3 昆虫标本的制作 【任务资料3】将所采集到的蛾类、蝼蛄、蟋蟀类昆虫制作成为昆虫标本。
任务指导	标本采回后，不可随意搁置，以免丢失、损坏。需制成各种不同的标本，以便长期保存、观察和研究。 1. 干制标本的制作用具 掌握好标本的制作方法，可以有效地保存标本的完整性，对研究昆虫学打好物质的基础。对于昆虫标本的制作方法，有很多种，其中最常见的是针插标本制作法。 (1)昆虫针 昆虫针主要是对虫体和标签起支持和固定作用。目前市售的昆虫针是用优质不锈钢丝制成。针的顶端以铜丝制成的小针帽，便于手摇移动标本。按针的长短、粗细，昆虫针有数种型号，可根据虫体大小分别选用。通用的昆虫针有7种，即00、0、1、2、3、4、5号。0至5号针的长度为39mm，0号针最细，直径0.3mm，每增加一号其直径增粗0.1mm。另外，还有一种没有针帽、很细的短针为00号针，是把0号针自尖端向上1/3处剪断即成00号短针，制作微小型昆虫标本时，把它插在小木块或小纸卡片上，故又名二重针。总之，号数越大，虫针越粗。 (2)大头针 普通文具店都有出售。 (3)三级台 三级台由一整块木板做成，长7.5cm、宽3cm、高2.4cm，分为三级，每级高8mm，中间钻有小孔。制作标本时将虫针插入孔内，使昆虫、标签在针上有一定的位置。 (4)展翅板 展翅板用来展开蝶、蛾等昆虫的翅。用较软的木料制成，便于插针，展翅板的底部是一块整木板，上面装两块可以活动的木板，以便调节板间缝隙的宽度，两板中间缝隙的底部装有软木条或泡沫塑料芯条，展翅板长33cm、宽8cm。用硬泡沫塑料板也可以制成简易的展翅板。制法是取厚度为4cm的塑料板，裁成与木制展翅板一样的大小，用锋利的小刀在塑料板的中央刻一条小沟槽，其宽度应适合虫体的大小。这种板适合于制作中小形昆虫标本。 (5)幼虫吹胀干燥器 幼虫吹胀干燥器用来制作干燥幼虫标本的器具。其结构是将煤油灯罩横架起来，且不停地转动，下面用酒精灯加热，便成为一个方便的烘烤设备。吹胀器具是手控打气球，端部连一个细玻璃管。 (6)还软器 还软器是软化已经干燥的昆虫标本的一种玻璃器皿。用干燥器做的还软器使用方便，使用时，在容器底部铺一层湿沙，并加少量苯酚，防止生霉。在瓷隔板上面放置要还软的标本，几天之内，干燥的标本，即可软化；这时便可取出整姿展翅。缺乏干燥器时也可根据同理，采用其他设备。 (7)三角台纸 三角台纸是用厚的道林纸，剪成底宽3mm、高12mm的小三角，和长12mm、宽4mm的长方纸片，用来粘放小型昆虫。 (8)黏虫胶 黏虫胶一般常用虫胶(或称漆片)经95%酒精溶解后使用，或用万能胶或其他快干的胶，黏着小型昆虫标本。 2. 干制标本的制作方法 (1)昆虫标本 昆虫标本除幼虫、蛹及小形个体外，都可用虫针插起来，装盒保存。 插针时，依标本的大小，选用适当的虫针。夜蛾类，一般用3号针；天蛾类用4或5号针；盲蝽、叶蝉、小蛾类则用1号或2号针。虫针的插针位置是有规定的。例如，蝶、蛾、蜂、蚁、蜻蜓、蝉等是从

（续）

教学过程	教学内容
任务指导	中胸背面正中央插入，通过中足中间穿出来；蚊、蝇从中胸的中间偏右的地方插针；蝗虫、蟋蟀、蝼蛄插在前胸背板的右面；甲虫插在右翅鞘的基部；蝽象插在中胸小盾片的中央。这种插针部位的规定，一则为了插在虫体所在位置，再则不至于破坏鉴定特征。虫体在针上有一定的高度，在制作时可将插有虫的针倒过来，放入三级台的第一级的小孔，使虫体背部紧贴台面，其上部的留针长度是8mm。 甲虫、蝗虫、蝽象等昆虫，经插针后，需将触角和足的姿势加以整理，前足向前，后足向后，中足向两侧；触角短的伸向前方，长的伸向背侧面，使之对称、整齐、不失自然姿态。整好后用虫针或纸条固定，待干燥后就定形了。 微小昆虫，如跳甲、米象，飞虱等，先将00号虫针的尖端从虫体腹面插入，将00号虫针的末端固定在软木片上，再将软木片插在2号虫针上。或用黏虫胶将小型昆虫黏在三角台纸的尖端（纸尖黏在虫的前足与中足间），底边插在昆虫针上。三角台纸的尖端指向左方，虫的头部向前。 (2)展翅 蝶、蛾、蜻蜓等昆虫，插针后还需要展翅，选取大小适宜的虫针将新鲜标本或还软后的标本按三级台特定的高度插定，移到展翅板的槽内，虫体的背面与两侧面的木板平，调节活动的木板，使中间的空隙与虫体大小相适合，再将活动的木板固定。两手同时用两根细虫针，左右同时拉动一对前翅，使一对前翅的后缘压住后翅的前缘，左右对称，充分展平。然后用光滑的纸条压住，以大头针固定。放置一星期左右，干燥、定形后可以取下。 (3)幼虫吹胀 鳞翅目幼虫，可以用吹胀烘干法保存。方法是先用针刺破肛门，通一通，由刺破的肛门处将内脏逐渐挤出，仅留空皮，再将吹气管的尖端由肛门插入，徐徐鼓气，使虫体伸展恢复原形，放在加热的玻璃灯罩内，烘干。灯罩下放有点燃的酒精灯。为了使灯罩内热量均匀，灯罩应不停地转动。做成的标本粘在台纸上，或用细竹签通入虫体，另一端插在软木片上，再用虫针插起来保存。 3. 浸渍标本的制作方法 身体柔软或微小的昆虫，除蝶、蛾之外的昆虫和螨类都可以用保存液浸泡，用指形管、标本瓶或其他玻璃瓶等来保存。 保存液具有杀死和防腐的作用，并尽可能保持昆虫原有的体形和颜色。活的幼虫（尤其是一些暴食性的种类，如地老虎、黏虫等）浸泡前应饥饿一至数天，使其将体内食物残渣排净后，用开水烫死（绿色幼虫不宜烫杀，否则导致迅速失色），待皮肤伸展后再行浸泡。 常用的保存液和保存方法有以下几种： (1)酒精液 酒精常用浓度75%。小型或软体昆虫应先用低浓度酒精浸泡，再用75%酒精保存，这样虫体就不会立即变硬。若在75%酒精中加入0.5%～1%的甘油，能使体壁保持柔软状态。酒精液在浸渍大量标本后的半个月，应更换一次，以保持浓度，否则长期下去标本会因保存液浓度减淡而变黑或肿胀变形。以后保存液酌情更换1～2次，就可以长期保存了。 将已饥饿几天的绿色幼虫用注射器将注射液从肛门注入体内，然后将虫放在玻璃皿中约10小时，让注射液慢慢渗入到虫体各部，再放入浸渍液中保存，20天后更换一次浸渍液。 (2)黄色幼虫标本保存液 注射剂：苦味酸饱和水溶液75mL、冰乙酸5mL、福尔马林25mL。 用法：浸渍液及操作方法同(4)。 (3)红色幼虫标本保存液 配方：硼砂2g、酒精(50%)100mL。 用法：将饥饿过的幼虫直接投入保存液。 (4)乳酸酒精液（适用于蚜虫） 配方：酒精(90%)1份、乳酸(70%)2份。 用法：有翅蚜可以先用90%的酒精浸润，渗入杀死，随后在一星期内再加入定量的乳酸。 (5)为了出外采集时携带和寄运的方便，避免使用易燃品和腐蚀剂作保存液，韩运发曾介绍了一种新的标本保存液：酚（苯酚）1份、蒸馏水（或冷开水）8份、乙酸1份。 用此液保存黏虫幼虫（热水煮后浸入）、棉蚜、葱蓟马和叶螨（直接投入保存液），一年后效果仍很好。

【强化练习】

实习作业：昆虫物种资源调查

(1)实习调查对象

调查区域内所有昆虫物种。

(2)实习调查要求

①调查活动应该选择在不同的季节进行。

②一个地区至少应该进行 2 次以上的调查活动。

③样区的选择应该覆盖各种栖息地类型，每种生境确定不同数量的调查点和线。

(3)实习调查内容

昆虫种类、分布、种群数量(种群密度、栖息地面积等)、栖居生境类型及质量、不同生境的指示物种、重要经济用途及利用现状、重要经济种类的人工养殖、受威胁现状及因素及保护现状。

(4)实习工具与器材

GPS 定位仪、望远镜、数码相机、地形图、地图、捕虫网、吸虫管、广口瓶、解剖镜、绘图笔、记步器、石膏粉及个人用品等。

(5)实习调查术语界定

①样地　调查前所确定的进行详细调查研究的区域。

②样方　指在调查样地中设立的具有一定面积大小及形状的研究地块。

③样线(带)法　指调查者按一定路线行走，调查记录路线左右一定范围内出现的物种，路线宽度可确定也可不确定。

④样方法　指在样地上设立一定数量的样方，对样方中的物种进行全面调查研究的方法。

⑤访谈调查　根据事先设计好的调查表，通过对相关单位及科研人员访谈，填写相关信息。

(6)实习作业标本收集与鉴定

为了确保所调查种类名称的正确性，在调查过程中，尽力收集所有调查种类的标本带回室内进行鉴定，也留作凭证。标本鉴定要依据《中国动物志》等权威书籍，同时，请老师帮助完成。

(7)实习任务

①昆虫种及种以上分类阶元的组成比例的分析　分析调查地区所有昆虫种及种以上分类阶元的组成比例，同时分析各物种或类群在世界陆地动物地理分区中的归属。

②重要经济种类组成分析　如工业昆虫、食用昆虫、药用昆虫、饲料昆虫、文化昆虫、环保昆虫、实验昆虫、授粉昆虫及天敌昆虫等，分析每种资源类型所包含的种类、数量、利用情况等。

③特殊类型分析　对调查区内的关键种、外来种、指示种等特殊类群进行分析。

昆虫物种资源调查表可参照表 12-3 和表 12-4。

表 12-3 昆虫物种资源调查表

网格编号：_____ _____省_____市(州)_____县_____乡(镇)_____村(小地名) 天气：_____
经纬度：起点 E _____N _____ 终点 E _____N _____ 海拔：_____m ~ _____m
植被生境：__________ 调查者：_____ 日期：_____时间：___时___分至___时___分
调查方法：样线(带)法□ 长_____m，宽_____m；样方法□ 大小_____m × _____m 样(线)
方号：_____ 表格编号：_____

物种编号	种类名称	俗名	拉丁学名	数量	出现地点	受威胁因素	备注
1							
2							
3							
4							
5							
6							
7							
8							
9							
10							
11							

注：①出现地点：土壤、地表、灌丛等；②受威胁因素：生境破坏、污染等。

表 12-4 昆虫物种资源访谈调查表

网格编号：_____ _____省_____市(州)_____县_____乡(镇)_____村(小地名)
日期：_____ 调查人：_____ 访谈地点：__________________ 访谈时间：_____ 编号：_____
被访谈人姓名：_____ 性别：_____ 年龄：_____ 职业：_____ 文化程度：_____ 民族：_____

种类名称	俗名	拉丁学名	用途	利用程度	繁殖情况	备注

注：①数量：相对数量；②活动区域：分布范围；③用途：食用、药用等；④利用程度：大量、少量、偶尔等；⑤繁殖情况：野生或人工繁殖及规模。

【教学反思】详见项目5 P051。

【学习小结】详见项目5 P051。

【拓展阅读】

1. 课件范例

课件范例可参考本教材数字化资源数据库中的相关PPT。

2. 备课资源

(1)课程可用案例

案例1　林木病虫害防治

林木病虫害指由环境中各种不利因素引起林木生理机能、解剖结构和外部形态发生一系列不正常的改变，使它的生长、发育或生存受到影响，并造成一定经济损失的过程。它同风折、雪压或昆虫咬食等损伤有区别。引起林木病害的原因有生物的(侵染性的)和非生物的(非侵染性的)因素，总称为病原。非侵染性病原包括不适宜的土壤或气象条件和环境污染，它们引起的病害称非侵染性病害或生理性病害。侵染性病原包括真菌、细菌、病毒、类菌质体、线虫和寄生性种子植物，常称为病原物，它们引起的病害称侵染性病害或寄生性病害。受病原物侵害的植物称寄主。病原物在寄主体表或体内生长、发育和繁殖，不但自寄主体中吸取营养，且其代谢产物常对寄主产生刺激或毒害。寄主受病原物侵染时，会产生各种不同的抗病或感病反应，并在生理上、解剖上和形态上发生一系列的病理变化，然后表现出具特征性的症状。不良环境条件是引发林木生理性病害和侵染性病害的重要原因，加强肥水管理、合理修剪等创造适合林木生长、不利于病原物生长发育的环境，是预防林木病害发生的重要措施。

适当施肥可促进树体生长发育，增强抵抗力。栽前清除建筑垃圾等杂物，挖穴，底层铺施基肥，土壤贫瘠的向穴内添加沃土。根据树体生长情况及时施追肥，春季施肥以氮肥为主，促进枝叶生长；盛夏少施或不施肥；秋季施肥以磷肥为主，促进花芽分化和花蕾膨大。氮磷钾配合施用，比例为4∶3∶2。及时补充锌、铁等微量元素，以免各元素比例失调，导致病害发生。

浇水能调节温度，在高温时吸热降温，低温时减缓降温速度。水分过多，树体生长衰弱，抵抗力下降，抗逆性减弱。缺水会导致叶片萎蔫、烂根、落叶，甚至死亡。应根据树体缺水情况适度浇水，掌握土不干旱不浇水，要浇则浇透的原则。春季浇返青水，入冬浇冻水，夏季干旱多浇水，秋天林木生长缓慢少浇水；林木生长旺盛期多浇水，花芽分化期少浇水；喜湿植物多浇水，耐旱植物少浇水。注意不能对有病害的植株喷水，以免病害扩展。

修剪可以控制树势，促进树体强壮；去除杂乱枝，增强通风透光；剪除病虫枝，防止病害大面积传播。修剪后伤口涂杀菌剂，防止病菌从剪口侵入。

案例2　林木鸟兽害

林木鸟兽害指森林兽类在林内栖息，觅食等活动对林木造成的损伤。对森林危害的严重程度取决于兽类种群数量和密度。有害兽类主要是啮齿类和兔类，鼠类的危害是极为巨大的，它盗食种子，切断植株，咬断根系，兔类在冬季啃食树皮，大型有蹄类如鹿、狍、野猪等在食物缺乏的冬春，当种群密度过大时也可危及林子的生长和存活，森林兽害的防治关键在于控制它们的种群数量和分布密度，通常采用生物防治、药物防治和机械防治等。中国除华南和青藏高原外，几乎各地均有，虽非林栖，却危害林木和果园。也是森林害兽。野猪广泛分布在亚洲大陆及南洋诸岛；也见于欧洲、北非、日本。在中国东北多栖息于红松林和栎树林中，以红松和栎树的种子、嫩枝及树叶为食。在南方吃榕树果实并为害其他树芽、树枝、树根。常用鼻端掘地，将造林种子翻出吃掉，影响造林成活率。分布于中国东北各省及甘肃、青海、山东、河北、江苏、浙江、安徽、福建和台湾等地，苏联、日本及欧洲也有。栖息于山地、疏林带或草原，结群活动，吃松树或杉木种子及果实。对苗圃中新出土的松、杉苗危害严重。红交嘴雀分布在中国东北南部、新疆、内蒙古、山东、河北、河南、陕西、江苏、云南、青海、西藏等地。欧洲也有发现。常在针叶林中活动，吃松和杉的球果。影响天然更新。

(2)课程可用视频

生物防治林木病虫害的进展

http：//www. 56. com/u21/v_ MTA2NTkyMzg2. html

高效防除树木越冬病虫害

http：//my. tv. sohu. com/us/274363105/82537906. shtml

(3)备课参考资料

面向林业专业的测量学实验实习教学改革探讨．徐文兵．北京林业大学学报，2007

林学毕业实习教学改革与实践．陆道调，梁机，潘晓芳．广西农业生物科学，2008

浅议林业专业的教学实习生产实习与毕业设计．周学安．中国林业教育，2009

(4)备课参考网站

实习作业教学法网络资源

http：//www. docin. com/p－616654688. html

参考文献

陈晓阳. 2006. 林业专业教育教学改革与实践[M]. 北京：中国林业出版社.

陆道调. 2000. 林学测树学课程的教学改革与实践[J]. 广西大学学报：哲学社会科学版.

施拥军，黄坚钦，徐华潮. 2008. 林业专业实践教学改革讨论[J]. 中国林业教育.

项目 13

演示教学法应用

【任务载体】

罗盘仪是利用磁针确定方位的仪器。用以测定地面上直线的磁方位角或磁象限角。

罗盘仪由罗盘盒、照准装置、磁针组成，构造简单，使用方便，但精度较低。

罗盘仪常用于测定独立测区的近似起始方向，以及路线勘测、森林普查中的测量工作。所以，林业专业的学生需要熟练掌握罗盘仪的使用方法及规范。

【教学目标】

知识目标：了解演示教学法的定义、作用和特点；掌握演示教学法的使用步骤、运用技巧；能够使用演示教学法设计教案和实施教学。

能力目标：提高学生分析问题、解决问题的能力；提高学生的交流能力以及合作意识。

情感目标：培养学生实践能力，增强学生对专业的热爱。

【重点难点】

重点：演示教学法的作用、特点、使用步骤和运用技巧。

难点：演示教学法的使用步骤和运用技巧。

任务13.1 演示教学法认知

13.1.1 含义

13.1.1.1 来源及种类

演示法在中国有悠久的历史。宋代王唯一于1026年撰《铜人腧穴针灸图经》，并铸成铜人模型。铜人像是世界上最早的医学教学模型。

在国外，16世纪比利时学者A. 维萨利乌斯于1537年在帕多瓦对众讲学，并对学生演示了人体解剖。17世纪捷克教育家J. A. 夸美纽斯用皮制人体模型在教学中进行演示。后来又有瑞士教育家J. H. 裴斯泰洛齐关于算术箱的使用(胡庆芳，2014)。

随着自然科学和现代技术的发展，演示手段和种类日益繁多，根据演示材料的不同，可分为实物、标本、模型的演示；图片、照片、图画、图表、地图的演示；实验演示；幻灯、录像、录音、教学电影的演示等。以演示内容和要求的不同，可分为事物现象的演示和以形象化手段呈现事物内部情况及变化过程的演示。

13.1.1.2 概念

林业专业演示教学法是林业专业教师在教学中，利用学生的感官通道和旧有的知识经验，通过向学生演示实物或描绘实物，通过“一手经验”来帮助学生学习知识和技能，使学生对所要学习的知识获得生动的、清晰的、真实及正确的表象。

在林业专业教学中，由于许多知识难于单靠课堂的理论知识完成，可采用实物、多媒体演示等各种直观演示教学手段。例如，通过实验或实地考察等方法使学生了解林木种实采集、果实脱粒、种子消毒和催芽，这是其他教学方法难于比拟的。在林业专业教学工作中，教师应根据专业教学内容，正确而合理地选择直观手段的，并学会运用各种直观手段进行演示教学的方法，提高教学效果。其中，实物演示具有形象性、具体性、直接性和真实性等特点，在当前广大专业教师中使用较为广泛。

林业专业教学中所采用的演示教学法即林业专业教师借助某种专业道具或多媒体把林业工作中一些具体事例或者工作过程通过简单明了的演示方法展示给学生，从而把专业教学内容中的一些抽象的知识、原理或者工作过程简明化、形象化，帮助学生加深对专业知识、原理和工作过程的认识和理解。

一般地说，演示法有以下3种。

(1)实物演示法

实物演示是指直接将实物对象呈现在学生面前，实物演示法能够为学生提供最为直观直接经验。

(2)多媒体演示法

多媒体演示法是指运用各种手段包括图片、图表、模型、幻灯、录音、录像、电影、电视等，呈现实物现状。实物演示法虽然具有真实有效的特点，但往往由于受到实际条件的限制而无法使用；多媒体演示法则能够有效地弥补实物直观的缺憾。

(3)言语演示法

从媒介定义的角度说，语言本就是一种媒介。言语演示法是教师运用自己的语言、借助学生已有的知识经验进行比喻描述，引起学生的感性认识，达到教学效果。与前两种方法相比，可以最大限度地摆脱时间、空间、物质条件的限制，是最为便利和最为经济的。言语演示法的运用效果主要取决于教师本人的素质和修养。

13.1.2 适用范围

演示法作为直观经验的学习方法其适用范围非常宽广。既可用以解决理论知识无法具象化的问题，如苗圃的类型和林木种类的识别等，也适用于需要实验、实践项目的学科和类目等。

作为一种林业专业教学法，演示法的适用范围也是较为宽阔的，如测量学和森林培育学的教学，罗盘仪、水准仪、经纬仪、全站仪等仪器的认识和使用以及林木种实采集、果实脱粒、种子消毒和催芽的操作流程等，都可以运用演示教学法。

通常来说，使用演示法需要符合以下一般要求：

①符合教学的需要和学生的实际情况，有明确的目的。

②使学生都能清晰地感知到演示的对象。

③在演示的过程中，教师要引导学生进行观察，把学生的注意力集中于对象的主要特征、主要方面或事物的发展过程。

④要重视演示的适时性。

⑤结合演示进行讲解和谈话，使演示的事物与书本知识的学习密切结合。

总的来说，演示教学法为学生提供观察学习的机会，缩短理论与实践的距离，教师和学生可同时进行言语交流和视觉呈现。

13.1.3 一般流程

演示教学法操作步骤，大体可按以下几个环节进行(图13-1)：

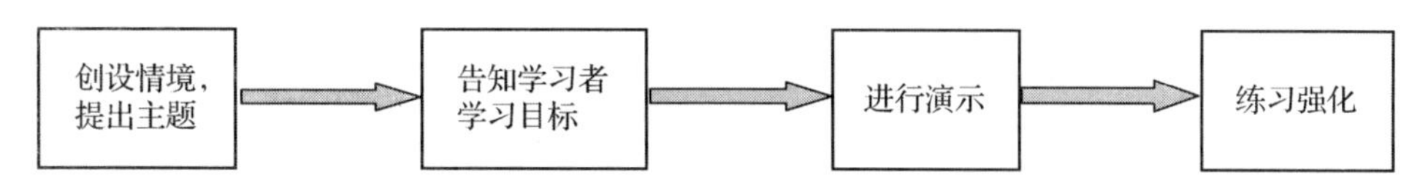

图13-1 演示教学法操作步骤

13.1.3.1 创设情景，提出主题

如何采用演示教学法，应根据具体的教学内容来定。

在进行这一环节时候，教师要注意营造一定的演示氛围，引发学生的学习兴趣和学习动机，同时提出演示的主题，向学生介绍演示主题的重要性，让学生进入参与演示教学的状态，如在进行经纬仪的教学时，要通过接触经纬仪实物才能具体地学习经纬仪安置方法，包括对中和整平的具体方式等。

13.1.3.2 告知学习者学习目标

在这个环节，教师要在演示前，明确通过演示教学法所要达到的目标并向学习者清楚明晰的描述学习目标，以及讲解演示中涉及的相关知识，并且提醒学习者在观察时要注意的事项，让学生在观察演示前对演示主题有基本认识，以便在观察时能把握重点，有所依循。如果没有向学生说明演示目标，学生不带目的地观察演示，教学效果则不明显。

13.1.3.3　进行演示

在说明概况的基础上，进行操作演示，完成演示的整个程序，使得学生对演示主题有整体性的认识。如果有必要的话，可以进行第二次或第三次演示，将演示技能分成几个组成部分，逐一分解并详细演示。很多时候老师演示一遍学生很难把握其中的重要性质和现象，这个时候就需要老师进行多次演示，甚至把演示进行分解。

13.1.3.4　练习强化

在这个环节，教师可以提出问题，让学生围绕演示主题作进一步思考，也可以让学生自己动手操作，按照教师演示的步骤进行练习，通过这一环节的教学，使演示教学的效果得到进一步强化。一定要注意避免为了演示而演示，演示教学是为了解决具体的教学问题。学生在观看了演示后，应该进行相应的思考，把演示中看到的现象进行归纳。甚至需要的时候，让学生自己也动手进行演示，强化对现象的理解。

13.1.4　注意事项

13.1.4.1　根据学生的具体情况运用演示教学法

根据美国心理学家加德纳教授1983年提出的多元智力理论，人类的知识表征与学习方式有许多形态，个别差异在教学中不可忽视。据此，学生应具有很大的可塑性。只要抓住了学生的年龄特点，因材施教，把一些理论性较强的原理采用适于文娱活动的形式表演出来，同样能激起学生的学习热情，提高教学效果。总之，要充分利用演示教学法直观、鲜明、生动、真实的特点，集中学生的注意力，提高学生的学习兴趣。

13.1.4.2　控制演示时间，难度不宜太大

演示过程要注意把握难度和时间。演示内容不宜过于复杂，难度也不宜太大，演示时间不能过长，否则学生理解不了，也就不会产生学习的积极性，自然也就达不到预期的教学目的。

13.1.4.3　演示内容要贴近生活

演示教学法可以充分发挥教师和学生的主观能动性，使课堂不再那么沉闷、枯燥，也可以使学生的主体地位得到充分体现。需要注意的是，如果教师演示的内容让学生感到陌生、遥远，那就不能激发起他们的学习兴趣。因此，演示内容一定要贴近生活，这样，教师的演示才能引起学生的共鸣。

13.1.4.4　演示要及时

演示仪器或标本时，必须在需要时才出示，用完后及时收存，以免分散学生的注意力。

13.1.4.5　演示要让全体学生观察清楚

演示物应放到一定高度的讲台上，使全体学生均能看到。如果实物较小，可分发给学生，每2人1份材料，教师边演示，同时让学生边观察所分发的材料。如树叶标本等，剥制标本、浸制标本可每排学生1套，传下去让学生仔细观察。数量少或大型的标本，教师可先向全体学生展示，然后再到学生中巡回演示。或让前排学生认真观察后，请其讲述形

态结构，可增强演示效果。

13.1.4.6　演示实物要与挂图、模型等相结合

演示实物时，由于实物较少，或因是活动的，因而对其形态和内部结构不易清晰感知，而挂图、模型显示的一般是该实物的放大物，因而在演示实物的同时，最好同时运用该实物的挂图、模型，使学生从多种角度理解同一教学内容，帮助学生观察，认识实物。

任务13.2　演示教学法操作

13.2.1　教学实例分析

某林业专业教师在教授“测量学”课程中的“距离测量与直线定向”内容时，为更加直观地呈现教学内容，创设问题情境，运用演示教学法成功地完成了测量中经常使用的钢尺量距、光电测距；直线定向及标准方向线种类、方位角、罗盘仪测定方位角的教学任务。该教师分4个阶段完成了此次教学。

13.2.1.1　创设情景，提出主题

针对“距离测量与直线定向”的教学内容，指导老师采用演示教学法，并根据具体的教学内容将课程分解为4个任务目标，创设4个演示主题，分别是：

任务1：距离测量

任务2：直线定向

任务3：用罗盘仪测定磁方位角

任务4：距离测量与直线定向。

同时，该教师将班级每5～7人划分小组，成立一个模拟测量小组，列明测量小组人员岗位分工。

13.2.1.2　明确学习目标

教师在每个任务的演示环节开始之前，向学习者明确以下事项：首先，明确学习目标；其次，明确仪器演示中涉及的相关知识，同时要明确知识重点、难点以及解决方法。

13.2.1.3　进行演示

在分工目标和学习任务明确的前提下，进行钢尺、直线丈量、罗盘仪等操作演示，完成演示的整个程序，使得学生对演示主题有整体性的认识。对于教学的重难点——罗盘仪的演示，可以进行第二次或第三次演示，将演示过程按照罗盘仪构造分为磁针、刻度盘和瞄准设备，逐一分解并详细演示。

13.2.1.4　练习强化

在这个环节，学生围绕演示主题所提出的问题，进行回答，同时让学生自己动手操作，按照教师演示的步骤进行练习，通过这一环节的教学，使演示教学的效果得到进一步强化。

13.2.2　教学过程设计

“距离测量与直线定向”演示法教学过程设计详见表13-1、表13-2。

表 13-1 参考教案

<table>
<tr><td>课 题</td><td colspan="2">总项目 距离测量与直线定向
任务1：距离测量
任务2：直线定向
任务3：用罗盘仪测定磁方位角
任务4：距离测量与直线定向4</td></tr>
<tr><td rowspan="3">教学目标</td><td>知识目标</td><td>知道直线定线的基本原理及过程；熟悉距离丈量的方法及数据处理；知道方位角的定义、应用与测量；掌握直线定向原理及方法；完成量距及方位角测定实训、测距仪认识与使用实训</td></tr>
<tr><td>能力目标</td><td>会进行直线定线、直线量距及成果计算；能操作使用测距仪进行距离测量；能操作使用罗盘仪进行方位角测定；完成量距及方位角测定实训、测距仪认识与使用实训</td></tr>
<tr><td>情感目标</td><td>培养学生的动手热情和对专业的热爱</td></tr>
<tr><td>任务与案例</td><td colspan="2">①距离丈量的仪器认识及方法
②直线定线的操作过程
③直线定向基本方法
④方位角的测量</td></tr>
<tr><td>教学重点难点及解决方法</td><td colspan="2">1. 重点：距离测量的基本原理；钢尺丈量方法；直线定向方法；罗盘仪方位角测量
2. 难点：直线定向方法
3. 解决方法：
①在教师的指导下，班级每5～7人为一组，成立一个模拟测量小组，列明测量小组人员岗位分工
②要求学生轮换角色，注意学生的合作情况，让学生都了解每个任务的处理流程
③教学中由具体任务入手，引导学生由浅到深，由简到繁地深入分析，运用实物、图示、演示，分阶段、分步骤进行知识指导，最后由学生完成岗位的工作任务</td></tr>
<tr><td>课 时</td><td colspan="2">4课时</td></tr>
<tr><td>教学准备</td><td colspan="2">①学生课前预习本次课相关内容，教师提供完成任务的资料
②配备多媒体教室、钢尺数把，花杆三根，罗盘仪一台</td></tr>
</table>

表 13-2 教学过程

教学过程	教学内容	教师活动	学生活动
单元教学设计	学习方式：以测量小组为单位，以小组人员为主体，教师演示仪器，学生自主学习。 ①教师先让学生思考如何测量两个高低相同和不同的点的距离，从而引入距离测量问题(教师引导，学生思考)； ②通过演示距离测量的不同仪器应用，近一步理解距离测量仪器的构造要求(教师讲解，学生思考)； ③演示钢尺、罗盘仪的使用，明确距离和方位角测量的精度要求、读数、记录和计算方法(学生为主、教师指导，最后点评)； ④5～7人一组，在院内测量实训场进行距离、方位角测量练习(学生为主，教师巡视指导)； ⑤小组内先互相自检操作成果，然后小组之间互检，指导教师确认(学生为主，教师指导)； ⑥总结直线定向的步骤方案，填写实训报告(学生为主，教师引导)。 教学要求：配备多媒体教室、测量软件设施，测量仪器等实物资料。	演示讲解	观摩实践
任务1	任务1 距离测量 【任务资料1】如何测量平地与山地两点的距离，距离测量测量的是地面距离还是水平距离？	演示讲解	观摩记录实践

（续）

教学过程	教学内容	教师活动	学生活动
任务指导	距离测量是测量的基本工作之一。所谓距离是指两点间的水平直线长度。根据测量距离所使用的仪器、工具的不同，可将距离测量的方法分为直接量距法、光学量距法和物理量距法 3 类。与这 3 类相对应，使用比较广泛的是钢尺量距、视距测量和光电测距。 1. 钢尺量距的一般方法 (1)定点 为了测量两点间的水平距离，需要将点的位置用明确的标志固定下来。使用时间较短的临时性标志一般用木桩，在钉入地面的木桩顶面钉一个小钉，表示点的精确位置。需要长期保存的永久性标志用石桩或混凝土桩，在顶面刻十字线，以其交点表示点的精确位置。为了使观测者能从远处看到点位标志，可在桩顶的标志中心上竖立标杆、测钎或悬吊垂球等。 (2)直线定线 当两个地面点之间的距离较长或地势起伏较大时，一般采取分段丈量。这种把多根标杆标定在已知直线上的工作称为直线定线。一般量距用目视定线，方法如下：如图 13-2 所示，*A*、*B* 为待测距离的两个端点，先在 *A*、*B* 点上竖立标杆，甲立在 *A* 点后两直线间目估定线 1 ~ 2m 处，由 *A* 瞄向 *B*，使视线与标杆边缘相切，甲指挥乙持标杆左右移动，直到 *A*、2、*B* 三标杆在一条直线上，然后将标杆竖直地插下。直线定线一般应由远而近，即先定点 1，再定点 2。 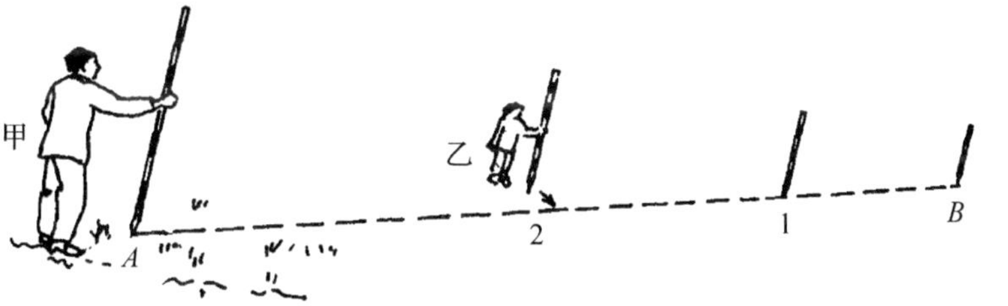 **图 13-2　直线定线** (3)量距 量距工具：钢尺又称钢卷尺，通常钢尺宽 10 ~ 15mm，厚 0.2 ~ 0.4mm，长度有 20m、30m 及 50m 几种，卷放在圆形盒内或金属架上。 钢尺的基本分划为厘米，最小分划为毫米。在每米及每分米处有数字注记。由于尺的零点位置的不同，钢尺有端点尺和刻线尺的区别(图 13-3)。端点尺是以尺的最外端作为尺的零点，当从建筑物墙边开始丈量时使用该尺很方便。刻线尺是以尺前端的刻线作为尺的零点，丈量距离的工具除钢尺外，还有测钎和垂球架。测钎用粗铁丝制成。 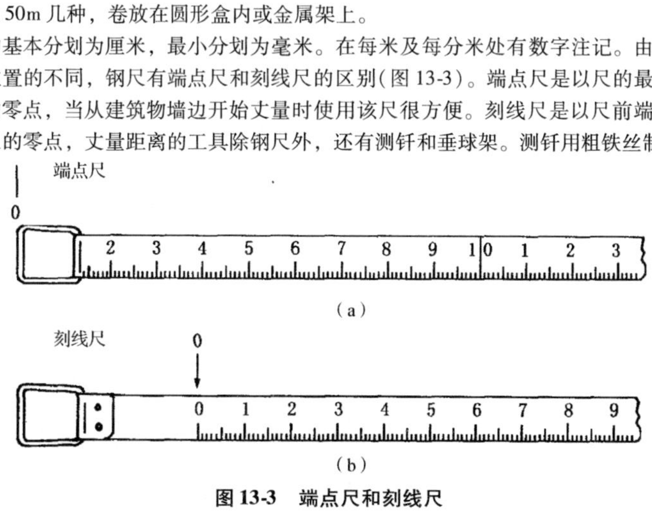 (a) (b) **图 13-3　端点尺和刻线尺** 量距方法： ①平坦地面的量距方法 如图 13-4 所示，欲测定 *A*、*B* 两点之间的水平距离，先在 *A*、*B* 处竖立标杆，作为丈	演示讲解	实践操作

（续）

<table>
<tr><th>教学过程</th><th>教学内容</th><th>教师活动</th><th>学生活动</th></tr>
<tr><td>任务指导</td><td>

量时定线的依据；清除直线上的障碍物以后，即可开始丈量。

丈量工作一般由2人进行，后尺手持尺的零端位于A点，前尺手持尺的末端并携带一组测钎（5～10根），沿AB方向前进，行至一尺段处停下。后尺手以尺的零点对准A点，当两人同时把钢尺拉紧、拉平和拉稳后，前尺手在尺的末端刻线处垂直地插下一测钎，得到点l，这样便量完了一个尺段。如此继续丈量下去，直至最后不足一整尺段的长度，称之为余长；丈量余长时，前尺手将尺上某一整数分划对准B点，由后尺手对准n点，在尺上读出读数，两数相减，即可求得不足一尺段的余长，则A、B两点之间的水平距离为

$$D_{AB}=n\cdot l+q$$

式中n为尺段数，l为尺长，q为余长。 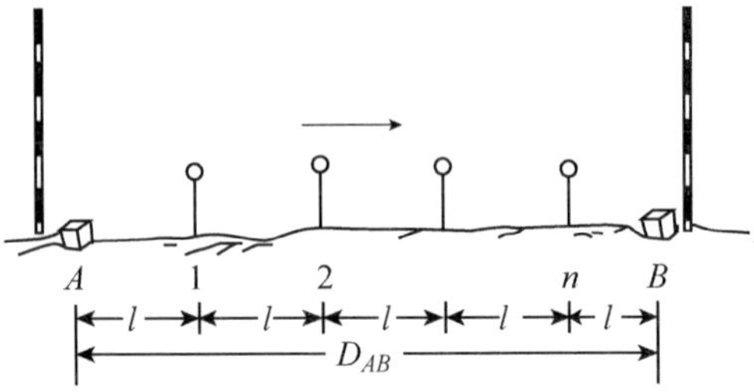

图13-4　平坦地面的量距方法

②倾斜地面的量距方法

如果A、B两点间有较大的高差，但地面坡度比较均匀，大致成一倾斜面，如图13-5所示。则可沿地面丈量倾斜距离D'，用水准仪测定两点间的高差h，按下列任一式即可计算水平距离D。

$$D=\sqrt{D'^2-h^2}$$

$$D=D'+\Delta D_h=D'-\frac{h'}{2D'}$$

式中：ΔD_h称为量距时的高差改正（或称倾斜改正）。 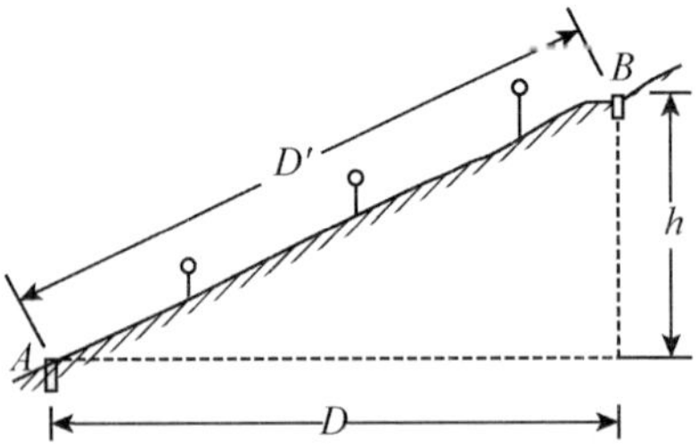

图13-5　倾斜地面的量距方法

③高低不平地面的量距方法

当地面高低不平时，为了能量得水平距离，前、后尺手同时抬高并拉紧钢尺，使尺悬空并大致水平（如为整尺段时则中间有一人托尺），同时用垂球把钢尺两个端点投影到地面上，用测钎等作出标记，如图13-6(a)所示，分别量得各段水平距离l_i，然后取其总和，得到A、B两点间的水平距离D。这种方法称为水平钢尺法量距。当地面高低不平并向一个方向倾斜时，可只抬高钢尺的一端，然后在抬高的一端用垂球投影，如图13-6(b)所示。

</td><td>演示
讲解</td><td>实践
操作</td></tr>
</table>

（续）

教学过程	教学内容	教师活动	学生活动
任务指导	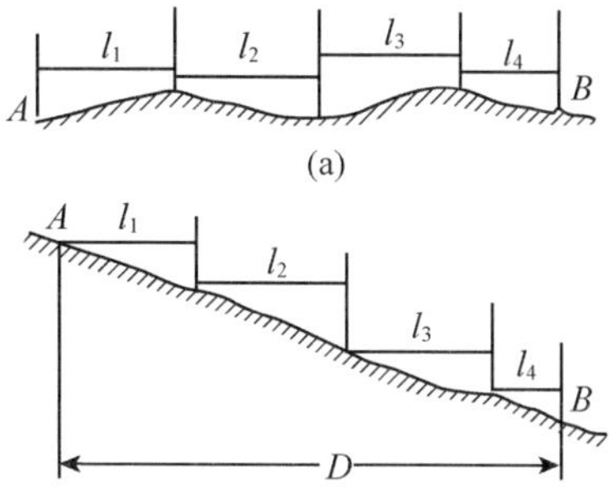 (a) (b) **图 13-6　高低不平地面的量距方法** (4)成果计算 为了防止丈量错误和提高量距精度，距离要往、返丈量。上述介绍的方法为往测，返测时要重新进行定线。把往返丈量所得距离的差数除以往、返测距离的平均值，称为距离丈量的相对精度，或称相对误差。 $\frac{\lvert D_{往} - D_{返} \rvert}{D_{平均}}$ 在计算相对精度时，往、返差数取其绝对值，并化成分子为 1 的分式。相对精度的分母越大，说明量距的精度越高。在平坦地区钢尺量距的相对精度一般为 1/2000；在量距困难地区，其相对精度约为 1/1000。当量距的相对精度未超过规定值，可取往、返测量结果的平均值作为两点间的水平距离 D。 2. 钢尺量距误差 (1)钢尺量距误差 钢尺量距误差主要有钢尺误差、人为误差及外界条件的影响。 (2)钢尺误差 如果钢尺的名义长度和实际长度不符，则产生尺长误差。长误差属系统误差，是累积的，所量距离越长，误差越大。因此新购置的钢尺必须经过检定，以求得尺长改正值。 (3)人为误差 人为误差主要有钢尺倾斜和垂曲误差、定线误差、拉力误差及丈量本身误差。 ①钢尺倾斜误差和垂曲误差 当地面高低不平、按水平钢尺法量距时，钢尺没有处于水平位置或因自重导致中间下垂而成曲线时，都会使所量距离增大，因此丈量时必须注意钢尺水平。 ②定线误差 由于丈量时钢尺没有准确地放在所量距离的直线方向上，使所量距离不是直线而是一组折线，因而总是使丈量结果偏大，这种误差称为定线误差。一般丈量时，要求定线偏差不大于 0.1m，可以用标杆目估定线。当直线较长或精度要求较高时，应用经纬仪定线。 ③拉力变化的误差 钢尺在丈量时所受拉力应与检定时拉力相同，一般量距中只要保持拉力均匀即可，而对较精密的丈量工作则需使用弹簧秤。 ④丈量本身的误差 丈量时用测钎在地面上标志尺端点位置时插测钎不准，前、后尺手配合不佳，余长读数不准，都会引起丈量误差，这种误差对丈量结果的影响可正可负，大小不定。因此，在丈量中应尽力做到对点准确，配合协调，认真读数。 (4)外界条件的影响 外界条件的影响主要是温度的影响，钢尺的长度随温度的变化而变化，当丈量时的温度和标准温度不一致时，将导致钢尺长度变化。按照钢的膨胀系数计算，温度每变化 1℃，约影响长度为 1/80 000。一般量距时，当温度变化小于 10℃时可以不加改正，但精密量距时必须考虑温度改正。	演示 讲解	实践 操作

（续）

教学过程	教学内容	教师活动	学生活动
任务处理流程	【任务解答】通过上面现实问题的提出，同学思考提问，再通过动画演示，实物演示、户外作业等流程，基本能对角度测量知识的内容及仪器构造上的结构有较好的理解。	辅导	交流指导
任务2	任务2　直线定向 【任务资料2】测量中直线定向的意义在哪里？	主持演示	
任务指导	确定地面上两点之间的相对位置，仅知道两点之间的水平距离是不够的，还必须确定此直线与标准方向之间的关系。确定直线与标准方向之间的关系（水平角度）称为直线定向。 1. 标准方向的种类 （1）真子午线方向 通过地球表面某点的真子午面的切线方向，称为该点真子午线方向；真子午线方向是用天文测量方法或用陀螺经纬仪测定的。 （2）磁子午线方向 磁子午线方向是在地球磁场的作用下，磁针自由静止时其轴线所指的方向。 （3）坐标纵轴方向 我国采用高斯平面直角坐标系，每6°带或3°带内都以该带的中央子午线的投影作为坐标纵轴，因此，该带内直线定向，就用该带的坐标纵轴方向作为标准方向。如果采用假定坐标系，则用假定的坐标纵轴（X轴）作为标准方向。 2. 表示直线方向的方法 测量工作中，常采用方位角来表示直线的方向。由标准方向的北端起，顺时针方向量到某直线的夹角，称为该直线的方位角。角值由0°～360°。 如图13-7所示，若标准方向ON为真子午线，并用A表示真方位角，则A_1、A_2、A_3、A_4分别为直线O_1、O_2、O_3、O_4的真方位角。若ON为磁子午线方向，则各角分别为相应直线的磁方位角。磁方位角用A_m表示。若ON为坐标纵轴方向，则各角分别为相应直线的坐标方位角，用α来表示之。 3. 几种方位角之间的关系 （1）真方位角与磁方位角之间的关系 由于地磁南北极与地球的南北极并不重合，因此，过地面上某点的真子午线方向与磁子方向常不重合，两者之间的夹角称为磁偏角。如图13-8中的δ。 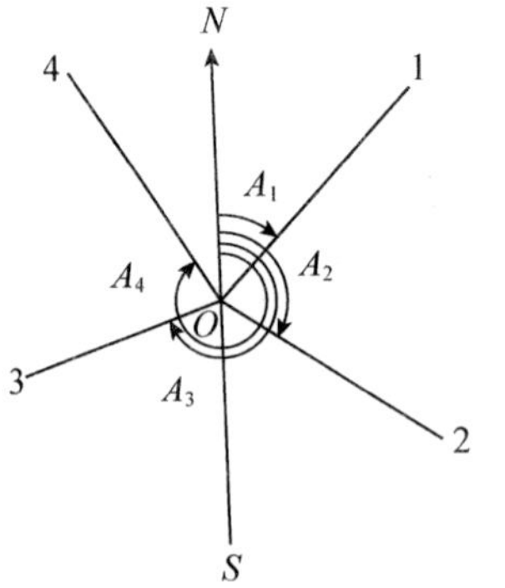 **图13-7　直线方位表示方法** 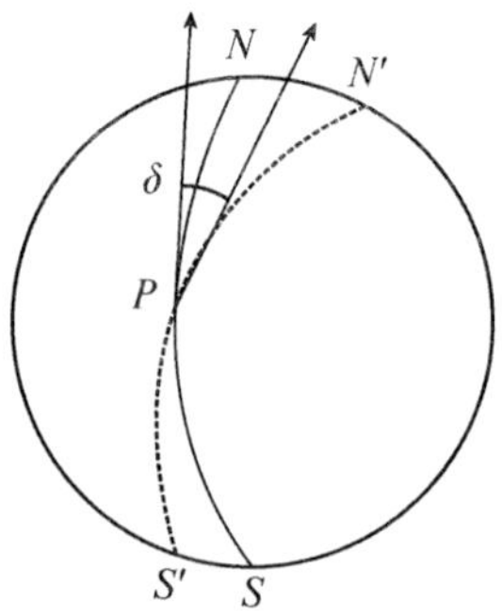　　**图13-8　磁偏角δ** 偏于真子午线以东称东偏，偏于真子午线以西称为西偏。直线的真方位角与磁方位角之间可用下式进行换算： $$A = A_m + \delta$$ 式中的δ值，东偏取正值，西偏取负值。我国磁偏角的变化在+6°～－10°之间。	讲解图形演示	观摩记录

（续）

教学过程	教学内容	教师活动	学生活动
任务指导	(2)真方位角与坐标方位角之间的关系 中央子午线在高斯投影平面上是一条直线，作为该带的坐标纵轴，而其他子午线投影后为收敛于两极的曲线，如图 13-9 所示。地面点 M、N 等点的真子午线方向与中央子午线之间的角度，称为子午线收敛角，用 γ 表示。γ 角有正有负。在中央子午线以东地区，各点的坐标纵轴偏在真子午线的东边，γ 为正值；在中央子午线以西地区，γ 为负值。某点的子午线收敛角 γ，可有该点的高斯平面直角坐标为引数，在测量计算用表中查到。也可用下式计算： $$\gamma = (L - L_0)\sin B$$ 式中：L_0 为中央子午线的经度；L、B 为计算点的经纬度。真方位角 A 与坐标方位角之间的关系，如图 13-9 所示，可用下式进行换算： $$A_{12} = \alpha_{12} + \gamma$$ 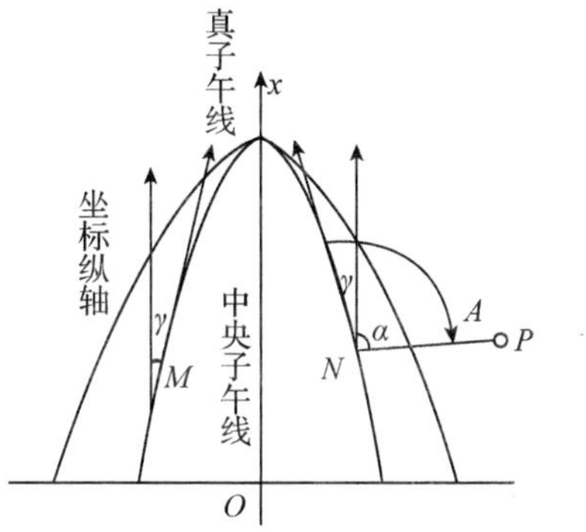 **图 13-9　子午线收敛角** (3)坐标方位角与磁方位角之间的关系 若已知某点的磁偏角 δ 与子午线收敛角 γ，则坐标方位角与磁方位角之间的换算式为： $$\alpha = A_m + \delta - \gamma$$ 4. 正、反坐标方位角 测量工作中的直线都是具有一定方向的，直线 AB 的点 A 是起点，点 B 是终点；通过起点 A 的坐标纵轴方向与直线 AB 所夹的坐标方位角 α_{12}，称为直线 AB 的正坐标方位角。过终点 B 的坐标纵轴方向与直线 BA 所夹的坐标方位角 α_{BA}，称为直线 AB 的反坐标方位角(是直线 BA 的正坐标方位角)。正、反坐标方位角相差 180°，即： $$\alpha_{BA} = \alpha_{AB} + 180°$$ 由于地面各点的真(或磁)子午线收敛于两极，并不互相平行，致使直线的反真(或磁)方位角不与正真(或磁)方位角相差 180°，给测量计算带来不便，故测量工作中采用坐标方位角进行直线定向。	讲解 图形 演示	观摩 记录
任务处理流程	【任务解答】通过上面多媒体实物的演示，学生基本能对直线定向意义有较好的理解。	辅导	实践 讨论
任务 3	任务 3　用罗盘仪测定磁方位角 【任务资料 3】①每位同学完成罗盘仪的安置与读数方法；②罗盘仪测量的是什么方位角。	主持	

（续）

教学过程	教学内容	教师活动	学生活动
任务指导	1. 罗盘仪的构造 罗盘仪的种类很多，其构造大同小异，主要部件有磁针、刻度盘和瞄准设备等(图13-10)。 2. 用罗盘仪测定直线的磁方位角 教师演示罗盘仪仪器。 观测时，先将罗盘仪安置在直线的起点，对中，整平(罗盘盒内一般均设有水准器)，旋松顶针螺旋，放下磁针，然后转动仪器，通过瞄准设备去瞄准直线另一端的标杆。待磁针静止后，读出磁针北端所指的读数，即为该直线的磁方位角。 目前，有些经纬仪配有罗针，用来测定磁方位角。罗针的构造与罗盘仪相似。观测时，先安置经纬仪于直线起点上，然后将罗针安置在经纬仪支架上。先利用罗针找到磁北方向，并拨动水平度盘位置变换轮，使经纬仪的水平度盘读数为零，然后瞄准直线另一端的标杆，此时，经纬仪的水平度盘读数，即为该直线的磁方位角。 罗盘仪在使用时，不要使铁质物体接近罗盘，以免影响磁针位置的正确性。在铁路附近及高压线铁塔下观测时，磁针读数会受很大影响，应该注意避免。测量结束后，必须旋紧顶针螺旋，将磁针升起，避免顶针磨损，以保护磁刻度盘针的灵敏性。 图13-10 罗盘仪	讲解 演示	记录 观摩
任务处理流程	【任务解答】通过实物演示，同学模拟轮流操作，基本能对仪器安置有较好的理解。	辅导	演示 操作
任务4	任务4 距离测量与直线定向实习 【任务资料4】①练习用钢尺在平地和斜坡上的量距；②罗盘仪测量方位角	主持	
任务指导	1. 目的 ①了解罗盘仪的构造； ②练习钢尺在平地和斜坡上的量距及方位角测量。 2. 学习具体内容 ①了解钢尺的刻划，罗盘仪的构造螺丝的名称、作用和操作方法； ②练习罗盘仪的安置对中、整平； ③练习目估定线和经纬仪定线； ④练习钢尺量距方法； ⑤练习方位角测量。 3. 组织方式和实习用具 学生按照5～7人分组。每组借用：钢尺1把，花杆3根，罗盘仪1台，经纬仪1台，记录板1块；每人自备：记录纸1张，铅笔，小刀。 4. 实习步骤 ①两人进行方位角测量(轮流)。 ②其他人进行距离测量(轮流)。 ③测量距离在80m左右的两点距离。 首先，采用目估定线进行往返测量，然后，采用经纬仪往返测量。为了防止丈量错误和提高量距精度，距离要往返丈量。距离丈量的相对精度，或称相对误差。 ④方位角测量。 采用往返观测两点的往返方位角，误差在30°以内。观测时，先将罗盘仪安置在直线的	演示	操作

（续）

教学过程	教学内容	教师活动	学生活动
任务指导	起点，对中，整平(罗盘盒内一般均设有水准器)，旋松顶针螺旋，放下磁针，然后转动仪器，通过瞄准设备去瞄准直线另一端的标杆。待磁针静止后，读出磁针北端所指的读数，即为该直线的磁方位角。 罗盘仪在使用时，不要使铁质物体接近罗盘，以免影响磁针位置的正确性。在铁路附近及高压线铁塔下观测时，磁针读数会受很大影响，应该注意和避免。测量结束后，必须旋紧顶针螺旋，将磁针升起，避免顶针磨损，以保护磁刻度盘针的灵敏性。	演示	操作

【强化练习】

(1)钢尺量距中可能产生哪些误差？

(2)在丈量中要求尺子拉平的含义是什么？是否不允许在钢尺中间出现挠度，为什么？

(3)丈量时的拉力如果大于或小于检定钢尺时的拉力，对丈量结果有哪些影响？

【教学反思】详见项目5 P051。

【学习小结】详见项目5 P051。

【拓展阅读】

1. 课件范例

课件范例可参考本教材数字化资源数据库中的相关PPT。

2. 备课资源

(1)课程可用案例

案例1　捕虫网

用来捕捉飞行迅速、善于跳跃和在水中游动昆虫的网，通称捕虫网。据不同昆虫的习性和生活环境，而需使用不同的捕虫网。捕虫网一般可区分为捕网、扫网和水网3种类型。捕网的使用方法有两种，一种是当昆虫入捕虫网后，使网袋底部往上甩，将网底连同昆虫倒翻上面来；另一种是当昆虫入网后，转动网柄，使网口向下翻，将昆虫封闭在网底部。扫网用以捕捉灌木丛或杂草中栖息的昆虫。规格结构与捕虫网相同，但网袋应选择结实、耐磨的白布或亚麻布制作。用扫网扫捕昆虫是采集途中的主要采集方法，可以在大片草地和灌丛中边走边扫，扫的时候要左右摆动。水网专门用以捕捉水生昆虫。制作水网的材料要求坚固耐用，透水性良好，通常用细纱或亚麻布制作。网圈规格与捕虫网相同，但网袋较短呈盆底状，网柄应长些，以便使用者站在塘边或小溪岸边，采集水面或水中的昆虫。

案例2　测高仪

测高仪是放置于平台上进行单轴测量的仪器，理想的情况是花岗石平台。TESA -

μHITE 是一种平台与测高仪结合在一起的全功能测量系统，功能全面的测高仪主要用于在线或批量检测，一台或一群机床上直接进行测量，特别是对于一些尺寸要求严格的工件在生产过程中的调试和抽样检测非常有用。新型线缆测高仪 6000E，有着鲜艳的外观，人性化十足的外壳设计，非常适合手握操作，且附携带方便外包，时尚耐用，真正称得上目前市场上最实用、轻便、准确、安全的超声波测距装备。容易对准线缆位置及观看测量结果，采用大型测量头、比市场现有测高仪精度高。

(2)课程可用视频

罗盘仪使用方法

http：//www. iqiyi. com/w_ 19rt61o13t. html

(3)备课参考书籍

园林工程“课题研讨式”教学法的创新研讨．李胜．安徽农学通报，2007

(4)备课参考网站

演示教学法网络备课资源

http：//jiaoshi. eduu. com/e/20100809/4c5f91f62eb0a. shtml

演示教学法应用资源

http：//www. lspjy. com/thread－338968－1－1. html

参考文献

胡庆芳．2014. 优化课堂教学：方法与实践[M]．北京：中国人民大学出版社．

张连华，刘志昕．2007. 谈演示教学法在专业理论中之实践[J]．电大理工．

杨华，华晟，杨月芝．2001. 多媒体教学演示系统的设计与开发[J]．中国林业教育．

项目14

参观教学法应用

【任务载体】

目前，森林病虫害发生的面积呈现出逐年增加的趋势，对其进行的防治工作难度日益增大。

近几年，随着人工造林面积的不断增加，其中单一树种纯林的增加，更使病虫害的发生不断加剧。在当前防治的资金、技术、人力有限的条件下，我们需要面对成灾病虫种类增多的控制工作，有很大的难度。

经过相关工作人员的不断研究，发现在森林病虫害中，能够发生严重成灾的病虫种类已经有50种左右。过去一直危害森林资源的松毛虫等病虫害还没有完全解决，有的病虫害在局部地区发生的频率非常高，每年都会造成严重的经济损失。因林木病虫害造成的木材损失严重，也给生态效益和社会效益带来了不可估量的影响。在实际工作中，森林病虫害的防治工作和相关防治手段都建立在病虫害的预测预报基础之上。

因此，在中职林业职业教育中，关于病虫害识别的内容是学生所需掌握的重点知识。以四川旅游胜地四姑娘山为例，采用参观法，针对当地森林病虫害问题进行研究。

【教学目标】

知识目标：了解参观教学法的定义、作用和特点；掌握参观教学法的使用步骤、运用技巧；能够使用参观教学法设计教案和实施教学。

能力目标：提高学生分析问题、解决问题的能力；提高学生的交流能力以及合作意识。

情感目标：培养学生实践能力，增强学生对专业的热爱。

【重点难点】

重点：参观教学法的作用、特点、使用步骤和运用技巧。

难点：参观教学法的使用步骤和运用技巧。

任务14.1 参观教学法认知

14.1.1 含义

参观教学法指在一定条件下，林业专业教师根据教学任务，并紧密配合教学，组织学生到校外的一定场所开展教学活动，进行直接的观察、调查、研究等，并引导林业专业学生通过观察、动手、合作、探究的学习方式促进知识、思维和情感领域全面发展的教学方法，以此获得专业知识、锻炼专业能力的方法。有助于学生获得直观、感性的知识经验和体验；帮助学生获得专业新知识和验证所学专业知识；提升学生知识广博度；培养学生实践、探索能力。

参观教学法一般由校外实训教师指导和讲解，要求学生围绕参观内容收集有关资料，质疑问难，做好记录，参观结束后，整理参观笔记，写出书面参观报告，将感性认识升华为理性知识。实践性参观法的学习评价要在真实而富有意义的学习情境下进行，评价以促进学生发展为目的，采取学生自评和教师评价相结合的方式，参观教学法可使学生巩固已学的理论知识，掌握最新的前沿知识。参观教学法主要应用于各种植物品种改良技术的工作程序、后代选择方法和最新研究进展等方面内容的教学。参观教学法可以分为：准备性参观、并行性参观、总结性参观。

准备性参观：在学习某课题前，使学生为将要学习的新课题积累必要的感性经验，从而顺利获得新知识而进行的参观。

并行性参观：在学习某课题的过程中，为使学生把所学理论知识与实际紧密结合而进行的参观。

总结性参观：在完成某一课题之后，帮助学生验证、加深理解、巩固强化所学知识而进行的参观。

14.1.2 适用范围

在中职林业专业教学中，参观教学法是提高教学质量的有效方法，有利于丰富教学方法，提高教学效率。许多课程中的参观教学是丰富课堂教学的主要手段，课堂教学所涉及的理论知识需要直接经验进行强化，参观法弥补了课堂理论教学的空白。许多课程需要参观教学法帮助学生进行教学实践。例如，“森林保护学”中典型森林病害和虫害的野外考察；“森林培育学”中采穗圃的参观调查、主要林木种实的识别等。

为了保证教学班中绝大多数学生都能有保持兴趣并且顺利完成参观过程，掌握课堂理论知识与技能，顺利地开展参观教学法还需具备以下基本前提：

①开展参观法的教学内容符合开放性和实践性的学科性质要求。

②开展参观法需要学生掌握一定的自主探究学习能力。

③参观法的教学任务需要实践知识与能力，过程与方法，情感态度与价值观三维目标

的统一。

④实践参观法需要建立一支高素质的教师队伍，形成多目标、多层次的学习研究共同体。

⑤实践参观法需要加强实践基地建设，学校要将实践基地的实训工作与学生综合实践活动课程接轨。

在中职林业专业的教学中，适合运用参观教学法的教学内容较多，如“森林保护学”“育苗学”“森林培育学”等。参观教学法在中职林业专业的应用受到季节、时间和投入经费的限制，如森林培育学既受季节限制也受教学经费限制，所以需要学校和任课教师积极安排参观计划，在节约参观成本的基础上丰富学生们的视野。

14.1.3　一般流程

(1)参观的准备

主要包括：确定教学内容和目的，选择合适的参观场所，了解参观对象的有关情况，编织教辅材料并选择参观路线和制订参观计划。

(2)参观过程

在熟悉参观对象的基础上，有组织、有步骤地参观。教师可边提出问题边引导学生仔细观察思考。对学生提出的问题教师要认真回答，必要时可请有关专家进行讲解指导。要指导学生做好参观材料的整理。

(3)参观结束

要做好参观总结，检查计划执行完成情况，指导学生作好参观材料的整理研究，制成图表、标本、模型或制成卡片，放到陈列室里，供日后观察、教学或课外活动用。

14.1.4　注意事项

(1)参观应根据教学目标来设计，并紧密结合教学内容进行

通过搜集文献资料，实地踏勘，了解参观对象，进而确定具体的教学内容，结合教学资源运用实践性参观法，旨在使学生掌握基本知识，习得自主合作探究的学习方式，养成吃苦耐劳、团结协作的科研精神，增强热爱自然、热爱生活、热爱祖国的情感。

(2)编织教辅材料并选择参观路线

教师要根据教学内容、目的及学生的认知水平编制教辅材料，其中包括教学所涉及的理论知识及相关实践技能的操作要求和方法，学生需利用教辅材料为探究性学习做准备。参观路线的选择需考虑路线的安全性，与教学内容的吻合度，教学时间的紧凑性，沿途景观的趣味性和文化价值。

(3)制订好参观计划，包括时间、地点、对象、内容等

需要有详尽的参观计划来指导学生进行参观学习，这些计划需要包括具体的执行时间、参观具体地点、和按时间线准备的教学活动，条件合适的情况下，需要在参观前发放指导书给学生作为参观时的参考依据。

(4)协调多方关系并选定教学时间

实践性参观法的运用涉及教师、学生、校方及参观地点等多方复杂关系，教师在协调时首先要争取校领导的支持，在这之前需预算活动经费，活动要厉行节约；其次，与参观

地点的负责人协商，明确参观要求，征求合理建议；再次，将学生分组，并确定小组负责人，为讨论学习做准备；最后，提醒学生做好物质准备，并强调教学纪律。教学活动应安排在学生具备了相关基础知识和技能之后。

(5)指导学生的参观过程，帮助学生完成参观总结

参观过程不应是走马观花地完成，需要教师全程指导监督同学们积极地看、听、问、记等。教师应帮助学生修改参观作业，包括整理参观记录，完成参观报告等。

任务 14.2 参观教学法操作

14.2.1 教学实例分析

某林业专业教师在教授“森林保护学”课中的“典型森林病害和虫害的野外考察”内容时，结合四川省四姑娘山森林保护区病虫害情况，运用参观法成功的组织学生完成了3阶段的学习任务。

(1)参观的准备

提前两周的时间确定参观任务，并且将“典型森林病害和虫害的野外考察”这一教学任务分为3个子任务，分别是：任务1：制订常见园林植物病虫害防治方案；任务2：森林病虫害；任务3：森林病虫害的调查。并分别以图片和语言讲解的方式将主要的理论知识讲述给学生，并将学生按照5~7个人分组，确定组长。对学生进行野外作业的培训。提供四姑娘山森林保护区的相关资料并要求学生自学，同时要求学生反复学习课堂理论知识，为后续参观打好基础。除此之外，该教师研究了四姑娘山森林保护区的路线图、近期四姑娘山的天气情况以及往年当季的病虫害情况，并制订了详尽的参观计划和安排。

(2)参观过程

抵达参观目的地——四姑娘山森林保护区后，老师带领学生有组织、有步骤地参观。在此期间，教师不断提问，并提醒学生观察、做笔记，完成之前布置的教学任务。对学生提出的问题该教师耐心细致地回答。

(3)参观结束

教师指导学生完成参观总结，检查计划执行完成情况，指导学生做好参观材料的整理研究，制成图表、标本、模型或卡片，放到陈列室里，供日后观察、教学或课外活动用。最后，师生进行教学反思。

14.2.2 教学过程设计

针对“森林保护学”科目中，“典型森林病害和虫害的野外考察”这一教学内容，任课教师分解为3个教学任务，并针对不同的教学任务设计了以下教案(表14-1~表14-6)。

表 14-1　参考教案

课　　题	任务 1：制订常见园林植物病虫害防治方案	
教学目标	知识目标	知道虫害和病害的区别；知道有关林业植物的 4 种防治技术及要点；掌握常见林业植物病虫害防治方案的制订
	能力目标	对常见病虫害进行正确的诊断；能正确的制订病虫害防治方案
	情感目标	培养学生的团队意识和在野外工作的能力
教学重点	掌握参观教学法的运用技巧；掌握常见园林植物病虫害防治方案的制订	
教学难点	提高学生野外作业能力（观察问题、分析问题和解决问题的能力）	
课　　时	2 课时	
教学方式	讲授法、参观法	
教学手段	语言表达、实物展示	
教学用具	昆虫标本、多媒体课件	

表 14-2　教学过程

目标设定依据	以课程标准为依据。前期同学们已经学习了昆虫及病害的基础知识、4 种防治措施，在此基础上可以进行综合训练，根据所学知识解决实际问题			
教学场景设计	展示同学们观察植物所拍摄的照片，创设学习的氛围，并引出本堂课的学习任务和野外参观要求 带领同学们进行野外参观考察，通过在实地识别、探究、对比、筛选，让学生做出正确的诊断、制订正确的治疗方案和后期防治方案			
教学资源	受病虫害侵害的植物；A4 纸；多媒体			
教学活动流程	教学步骤与内容	教学组织形式	教学方法	达成目标
	情境导入（展示昆虫照片和标本）	全体观看 PPT	多媒体	创设情境，引导学生进入学习的氛围，引出本堂课学习任务
	评价呈现（展示评价方案）	全体讲授	多媒体	让学生明确目标及规则
	野外参观	全体讲授	任务引领	学生在教师的带领下，参观野外昆虫，识别昆虫类型
	任务执行（层层递进的方式将 1 个大任务分解成 3 个小任务）	6 人一组，小组作业	任务引领、角色扮演	教师为不同的小组布置不同的参观任务，保证学习成果，让学生学会将所学的诊断及 4 种防治技术的理论知识运用于实际的感染病虫害的植物防治
	任务总结（师生共同回顾课堂环节，制订出病虫害防治的流程图）	小组讨论、全体讲授	讨论、讲授	让学生牢记制订防治方案的流程，为后来的实践活动打下坚实基础
课外作业	每位同学对管辖区域内所有出现病虫害的植物制订具体的防治方案			

表 14-3 参考教案

课　　题	任务2：森林病虫害	
教学目标	知识目标	掌握森林病虫害的形态特征和防治方法
	能力目标	掌握金龟类害虫的形态特征；掌握地老虎类害虫的形态特征；掌握蝼蛄类害虫的形态特征；掌握各类森林病害虫的防治方法
	情感目标	通过实地参观和观察，培养学生的兴趣；培养学生的团队意识
教学重点	掌握参观教学法的运用技巧； 掌握森林病虫害的各类昆虫的特征	
教学难点	金龟类、地老类、蝼蛄类害虫的形态特征	
课　　时	2 课时	
教学方式	讲授法、参观法、演示法	
教学手段	语言表达、实物展示	
教学用具	昆虫标本、多媒体课件	

表 14-4 教学过程

目标设定依据	以课程标准为依据。前期同学们已经学习了昆虫及病害的基础知识、森林病害虫的分类，在此基础上可以进行综合训练，根据所学知识解决实际问题
教学场景设计	第一部分：老师利用昆虫标本示范讲解，然后由学生观察，相邻同学互帮互学，老师巡视辅导个别学生，最后统一解答学生存在的问题。 第二部分：带领同学们进行野外参观考察，通过在实地识别、探究、对比、筛选，让学生做出正确的诊断、制订正确的治疗方案和后期防治方案
教学资源	昆虫标本；A4 纸；多媒体
教学内容	教学过程： Ⅰ 组织教学 Ⅱ 预习回顾 昆虫有哪些防治方法？ Ⅲ 复习引入 1. 前面几章讲的是总论，从第四章开始是各论，森林昆虫包括有哪几类？ 2. 第四章是讲森林病害虫，森林病害虫分有哪几类？ Ⅳ 讲解及参观实地昆虫物种 第一部分：老师利用昆虫标本示范讲解，然后由学生观察，相邻同学互帮互学，老师巡视个别辅导学生，最后统一解答学生存在的问题。 第四章　森林病病虫害防治 第一节　森林病虫害 金龟类害虫 金龟类幼虫称蛴螬，成虫称金龟。幼虫吃苗木的根部，造成断苗缺苗，成虫吃阔叶树叶。生活史，一年一代，成虫或幼虫在土中越冬，成虫日出或昼伏夜出，具有假死性。金龟子的发生与土壤因素及植被有关。 红脚绿丽金龟 属鞘翅目丽金龟科 为害及分布：为害桉、泡桐、板栗、荔枝、龙眼、八角、松等林木及其他农作物。成虫吃叶，幼虫为害苗木根部及幼茎。我区各县市都有发生。 形态特征：成虫：体背青绿色，体腹紫红色。 卵：椭圆形，初为乳白色。 幼虫：圆筒形，初为乳白色，后呈黄白色。

（续）

教学内容	蛹：椭圆形，初为淡黄色，后呈黄褐色。 发生情况：每年发生一代，以老熟幼虫在土中越冬。成虫发生期在 4 ~ 8 月，盛发期 6 ~ 7 月。 防治方法：①消灭越冬幼虫；②苗木生长期可用 75% 辛硫磷，25% 乙酰甲胺磷，25% 异丙磷，90% 敌百虫 1000 倍液注根部，杀死幼虫；③捕杀、诱杀成虫；④1. 5% 乐果粉剂每亩 1 ~ 3 斤喷粉，或用 40% 乐果 1000 倍液，75% 辛硫磷、50% 马拉松 1500 倍液喷杀成虫；⑤保护利用各种天敌。 小地老虎 属磷翅目夜蛾科。 为害及分布：小地老虎食性复杂，以幼虫为害幼苗，昼伏夜出，将幼苗咬断，分布全国各地。 形态特征： 成虫：体暗褐色，前翅外缘线至中横线褐色，内横线外横线双线暗色波浪形，翅中部有肾状纹和环状纹，肾形纹外面有楔状纹，后翅灰白色。 卵：扁圆形，上面布有纵横交叉的隆起线纹。 幼虫：暗褐色，背面有明显的淡色纵带，每个腹节背板上有两对毛片，前对小，后对较大，表面有颗粒，殿板有深褐色纵纹两条。 蛹：被蛹，腹末具短刺一对。 发生情况：广西 1 年发生 6 ~ 7 代，冬季无滞育越冬现象，成虫对黑光灯趋性较强，趋化性强，喜糖醋类物质，幼虫具群集性，昼伏夜出为害。 防治方法：①成虫盛发期用黑光灯或糖酒醋溶液诱杀；②初龄幼虫期喷 90% 敌百虫 500 倍液；③潜所诱杀。 第二部分：通过在四姑娘山的实地观察，采用同学分组，由老师带领，相邻同学互帮互学，老师巡视辅导学生，完成小组作业。 非洲蝼蛄 为害及分布：非洲蝼蛄分布在南方，为害幼树和苗木根部或幼茎，食播下的种子。在土壤表层开掘隧道，造成缺苗或断垄现象。 发生情况：在南方 1 年 1 代，北方 1 ~ 2 年 1 代，成虫 、若虫都可越冬。1 年分为 6 个阶段： 冬季休眠：11 月 ~ 第二年 3 月 春季苏醒：3 ~ 4 月中旬 出窝迁移：4 月中旬 ~ 5 月上旬 为害猖獗：5 月上旬 ~ 6 月下旬 越夏产卵：6 月下旬 ~ 8 月下旬 秋季为害：9 月上旬 ~ 10 月下旬 蝼蛄昼伏夜出为害，21 ~ 23 时为活动取食高峰期。具有趋光性，喜香味，喜粪土，趋湿性“蝼蛄跑湿不跑干”。 防治方法：①灯光诱杀成虫；②毒土预防；③毒饵诱杀。 森林病害虫除了金龟类，地老虎类，蝼蛄类外，还有蟋蟀、白蚁、卷蛾、木虱等，对于森林病害虫防治要：①选好圃地；②土壤消毒；③种子消毒；④提早或及时播种：桂南元旦前后，桂北春节前后；⑤加强苗木管理；⑥喷药防治。 Ⅴ 小结 森林病害虫主要有金龟、地老虎、蝼蛄 3 大类，要掌握每一类昆虫的形态特征，发生情况和防治方法。

表 14-5　参考教案

课　　题	任务 3：森林病虫害调查	
教学目标	知识目标	了解常见病虫害分布型；初步学会一些调查取样方法和调查取样单位和数量
	能力目标	学会正确选取病虫害分布型和采取恰当的调查方法；能够对调查结果做相应的处理

（续）

课　　题	任务3：森林病虫害调查
情感、态度与价值观目标	养成保护益虫，爱护环境的意识
教学重点	常见调查取样方法及其选取机制；调查结果的处理和研究应用和意义
教学难点	分布型的理解和调查取样方法的选取；调查结果的处理和学生情感的升华
课　　时	2课时
教学方式	讲授法、参观法、演示法
教学手段	语言表达、实物展示
教学用具	昆虫标本、多媒体课件

表14-6　教学过程

教学环节	教师活动	学生活动	备　注
引入新课	同学们，你们参加过调查活动吗？你认为调查最重要的是什么？	思考老师提出的问题？看视频，做笔记	调动学生学习兴趣，积极参与思考
展开新课学习	请同学们告诉我：视频中告诉的蚂蚱是益虫还是害虫？	回答：益虫，平时生活中是害虫吧……	
	平时生活中你认为它是害虫还是益虫？那为什么视频中和现实生活中的不一样呢？其实是不是害虫需要我们来调查他们是否对我们人类造成危害，那怎样开展调查呢？那么我们进入今天的学习：	不知道……	将学生引入将要学习的内容
	今天我们要讲的是在森林如何开展调查，我们首先来了解森林病虫害的分布型有哪些？ 一般来说森林病虫害分布型主要有如下几种类型： ①随机分布；②核心分布；③嵌纹型。 我们要明白了分布型后，那么我们调查的内容有哪些？ 调查内容： ①病虫发生及为害情况的调查； ②病、虫、天敌发生规律的调查； ③病虫越冬情况调查； ④病虫防治效果调查。	做笔记，看PPT，理解相应分布型的概念和特点	讲解和PPT结合，有利于学生的理解
	好，学习了调查地点的昆虫分布特点和要调查的内容后，我们是不是应该思考用什么方法来进行调查呢？那常见的调查取样方法有哪些呢？ 对，我们常见的调查取样方法主要有：①五点取样法；②对角线取样法；③棋盘式取样法；④平行线或抽行式取样法；⑤“Z”字形取样法。	根据PPT回答相应方并和老师一起了解各种方法的特点和适用范围	利用PPT直观形象的特点加深学生的理解
	现在我们根据取样方法特点选择取样方法，那么下一步是不是应该思考如何去取样了呢？	是的，跟着老师思路思考如何取样	利用承上启下的策略，积极引导学生，集中学生
	好，我们来一起学习取样单位和取样数量吧。取样单位及数量： ①长度单位；②面积单位；③以植株或植株的某一部分为单位；④以诱集物为单位；⑤以容积或重量为单位；⑥其他单位。	结合PPT做笔记	

（续）

教学环节	教师活动	学生活动	备　注
展开新课学习	好了，现在我们可以开始调查了，但我们得先看看怎么去记录： 病虫害调查的记载方法请看 PPT。		
	现在我们来学习哪些结果需要进行处理？ ①被害率；②虫口密度；③病情指数；④损失情况估计。	学习调查结果的处理和方法	
实地参观	在完成了课程的理论知识学习后，在四姑娘森林保护区，学生们按照上课学习的理论知识，分别完成了以下教学任务。 1. 当地森林病虫害分布型类型 2. 调查了以下内容 ①病虫发生及为害情况的调查； ②病、虫、天敌发生规律的调查； ③病虫越冬情况调查； ④病虫防治效果调查。 3. 选择取样方法 4. 取样 5. 对取样结果进行分析处理	通过实地参观任务，完成理论知识到实践知识的转化	及时练习，找出知识漏洞
学习小结	在昆虫调查研究中学习如何选择调查取样方法和取样单位和数量，并学习掌握调查结果的记录和处理方法。	回忆：病虫害分布类型、调查取样方法、取样单位和数量、结果的记录和处理方法	巩固新课内容

【强化练习】

（1）为什么人工林比天然林更容易发生虫害？

（2）黑龙江杨树 3 种检疫枝干害虫危害状特点？

（3）苗圃的病害，发生在苗木上时，造成危害严重的原因是什么？

（4）以马尾松毛虫为例，说明其在分类中的位置？

【教学反思】详见项目 5 P 051。

【学习小结】详见项目 5 P 051。

【拓展阅读】

1. 课件范例

课件范例可参考本教材数字化资源数据库中的相关 PPT。

2. 备课资源

（1）课程可用案例

苗圃参观

棕榈园林股份有限公司的潍坊苗圃，西依潍河、南临山东省最大的水库——峡山水库，水源充足；紧靠济青高速、潍胶公路，交通便捷。苗圃主要栽培五角枫、紫荆、银杏、七叶树、北美海棠、白蜡等品种。苗圃内灌溉系统和排水系统设置完善，整个苗圃配备塑料管喷头，良好便捷的基础设施大大节约了劳动成本，高自动化和智能化生产很有优势。地上铺地膜，防止了杂草的速生和蔓延，并且在冬季可以保温保湿。另外，苗圃内区域规划较为合理，每个区域有专门的标志牌。

北京东方园林的昌邑苗圃，主要栽培实生银杏、嫁接银杏、辛夷、朴树、法桐、白蜡、山茱萸、玉兰、栾树等乔木，另外还有油松。苗圃内主要种植精品苗木和大苗木，成活后便于管理，经济效益增长快，同时生产管理费用也相对较低。苗圃地块划分明确，整齐有序。值得我们借鉴的是：品种分类种植，并且每棵树上都贴有标签，每一行都有标号，便于管理；道路宽阔，路口宽敞，便于车辆出入；每排树的种植都是中间高边上低，不积水。

山东昌邑花木场的潍河苗木基地，分区较多：有母本园区、出圃苗木炼苗区、幼苗区、乔灌木套繁区。该地水资源丰富，苗木品种繁多；合理利用土地资源，乔木和灌木相间立体化种植；道路设施合理，方便运输。同时存在的缺点是栽植过密，不利于形成良好的树形，苗木的品质相对较差。

(2)课程可用视频

苗圃参观

http://v.youku.com/v_show/id_XMzE4NTM1NTc2.html

(3)备课参考资源

“林木种苗生产”课程教学方法改革效果分析——基于新疆林业学校现代林业技术专业教学改革实际. 任伟，张胜利. 教育教学论坛，2014

(4)备课参考网站

参观教学法网络资源

http://www.doc88.com/p-1048030122734.html

参考文献

胡庆芳. 2014. 优化课堂教学：方法与实践[M]. 北京：中国人民大学出版社.

郑金洲. 2006. 教学方法应用指导[M]. 上海：华东师范大学出版社.

单元3

信息化教学模式在林业专业教学中的应用

在全球信息化的大背景下，我国教育也在信息化的路上不断地探索改革。这是一个充满变革的时代，是信息化时代，是数字化时代，教育工作者是主动适应发展还是消极等待被形势所改变？如今，信息技术正在逐步影响着教育模式和理念。

在这个时代背景下，教育工作者有义务培养学生的信息技术素养，如果不充分利用信息技术的优势，一味地采取传统的教学手段是注定要被时代淘汰的。当然，任何一样新东西出现，都会面临质疑和挑战，只有去尝试了才能知晓利弊。下面主要介绍的3种教学模式，充分地利用了信息技术，我们将其结合林业专业知识设计相应的教学案例，以供参考。

本单元共3个项目6个任务，教学目标及重点难点如下：

【教学目标】

知识目标：了解微课、慕课、翻转课堂等模式下的教学法的基础知识，掌握3种模式下的教学法应用的核心技能。

能力目标：能用3种模式下的教学法进行合理的教学设计，提高学生理论与实践相结合的能力。

情感目标：提高学生对教学的热爱之情。

【重点难点】

重点：合理运用3种模式下的教学法进行教学设计，提升教学效果。

难点：结合教学内容，创造性的运用3种模式下的教学法进行教学。

项目 15
微课模式应用

【任务载体】

微课是一种新型教学模式，是以微型教学视频为主要载体，针对某个林业知识点(如重点、难点、疑点、考点等)或教学环节(如学习活动、主题、实验、任务等)而设计开发的一种情境化、支持多种学习方式的新型在线网络视频课程。它强调将教学内容与教学目标紧密结合，以产生一种更加聚焦式的学习体验，成为传统课堂教学模式的一种有效补充。作为林业专业学生，请以伐倒木材积测算为课程内容设计一堂微课。

【教学目标】

知识目标：了解微课模式下的教学法基础知识，掌握微课模式下的教学法应用的核心技能。

能力目标：能用微课模式下的教学法进行合理的教学设计，提高学生解决问题的能力和创新能力。

情感目标：提高学生对教学的热爱之情。

【重点难点】

重点：运用微课模式下的教学法进行教学设计，解决实际问题。

难点：提高学生创新能力和解决问题的能力。

任务 15.1 微课模式认知

15.1.1 含义

微课是指以视频为载体记录教师在课堂教学过程中围绕某个知识点或教学环节开展的教与学活动的全过程。

微课的核心内容是课堂教学视频，同时还包括与教学主题相关的教学设计、课件、教学反思、测试以及学生反馈等辅助性教学资源，这有别于传统单一资源类型的教学资源。

在国外，微课程(micro-lecture) 的雏形最早见于美国北爱荷华大学 Le Roy A. Mc Grew 教授所提出的 60 秒课程（60-second course)，以及英国纳皮尔大学 T. P. Kee 提出的一分钟演讲(the one minute lecture，OML)。现今热议的微课程概念是 2008 年由美国新墨西哥州圣胡安学院的高级教学设计师、学院在线服务经理 David Penrose 提出的。他提出建设微课程的 5 步骤：罗列教学核心概念；写 15 ~30 秒的介绍和总结，为核心概念提供上下文背景；录制长为 1 ~3 分钟的视频；设计引导学生阅读或探索课程知识的课后任务；将教学视频与课程任务上传到课程管理系统。

在国内，自 2010 年广东省佛山市教育局胡铁生基于现有教育信息资源利用率低的现状，率先给出微课概念以来，随着国内外微课实践的不断丰富和相关研究的逐步深化，人们对微课的认识也越来越深刻、全面，其概念内涵也在不断发展、丰富。

15.1.2 特点

微课的特点比较鲜明，主要包括以下几个方面：

(1)教学内容少

每节只针对一个学科知识点(如教学中重点、难点、疑点内容)的教学，或是反映课堂中某个教学环节、教学主题的教与学活动。

(2)微课教学时间短

一般为 5 ~8 分钟左右，最长不宜超过 10 分钟，这种视频时长能让学生在短暂的零碎时间中高效完成学习任务而不会感到疲劳和注意力分散。

(3)微课形式新

微课采用视频形式，生动活泼，趣味性强，能在短时间内吸引学生的注意力。

(4)微课主题突出，使用方便，成果简化、易于传播

总的来说，微课具备了视频化、简单化、回馈性、交互性几个基本特点。随着手持移动数码产品和无线网络的普及，基于微课的移动学习、远程学习、在线学习将会越来越普及，微课已经成为一种新型的教学模式，更是一种可以让学生自主学习，进行探究性学习的平台。

15.1.3　制作方案

从技术层面来说，微课目前主要有以下两种制作方案：

第一种方案主要强调内容的传递性。

一般是先写一个简单的制作文本，如要传递的关键知识点或单元小总结等。然后利用“电脑话筒 + 摄像头 + 录屏软件 + 演示工具”进行现场录制。最后呈现出来的通常是教师授课的语音视频 + 文字演示（如幻灯片演示录屏或动画等其他可视化内容），完成后可上传到相关平台供学习者播放学习，我们通常称之为单播式微课。

第二种方案主要强调内容的交互性。

一般是在预先准备的制作文本基础上增加一些硬件设备和一些特殊的课件制作软件，技术要求更高，其最后呈现出来的内容和表现方式相对复杂一些，但同时能为学习者提供不同的学习路径，我们将其称为交互式微课。

15.1.4　一般流程

微课教学法的一般流程或实施步骤主要分为 3 个阶段，即准备阶段、实施阶段和总结交流阶段。每个阶段的主要操作内容详见图 15-1。

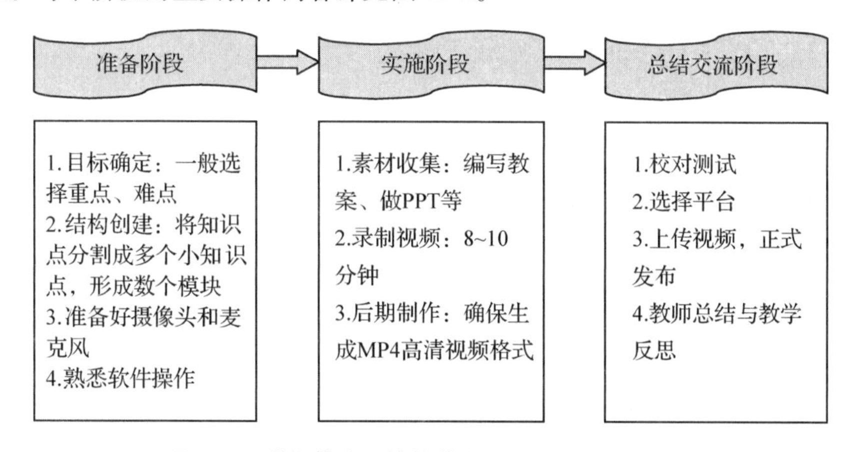

图 15-1　微课模式下的教学法运用实施的一般流程

15.1.5　注意事项

微课主要依靠授课视频来展示，对教师来说是一个挑战。像播音员或主持人一样在镜头面前神态自若的讲课，或者按照提前编好的教案在电脑屏幕上边讲边录音，这些都要求授课教师有一定的才能方可胜任。

单播式微课的制作比较简单，教师自身就都能应付，但是交互式微课涉及复杂的视觉效果或动画，可能需要额外的技术资源，这时学科教师一般都很难独自胜任。

另外，在授课内容的选择上要突出重点，尽量保证内容精炼。

任务15.2 微课模式操作

15.2.1 教学案例分析

微课设计第一步就是确定目标，即设计这个课件最主要的教学目标有哪些，学习者看完这个课件后将获得哪些知识、信息或技能。在学校环境下，教学计划和大纲对各个单元的知识目标、重难点都有清晰的表述，教师需要做的是将课堂面授所表述的目标加以修改，使其适用于微课的教学模式。其次，设计者应根据学科内容、课件类型等情况为自己的课件构建一个符合实际的结构，在规划整个结构时，要随时考虑不同模块之间的相互关系。

第二步主要是收集素材，在参照课件结构的基础上，进一步对课件内容的选择和教案编写进行全面细致地安排。此处的教案即文字脚本，通常由授课教师自行编写而成，包含了教师对课件所表现的学科内容的组织、构思和设想。当文本编写完以后，教师就要开始为课件的制作准备各种素材，主要包括文本、图片、语音文件、动画以及各种辅助性材料。将所收集的素材根据预先设计的目标和思路实现整个课件结构的整合，开始拍摄录制视频。

第三步，对录制好的视频进行编辑以及校对测试。测试工作主要包括以下几个方面：首先，是文字内容校对，防止出现错别字或语句不通的地方；其次，是对课件中出席的所有链接进行点击测试，以检查其路径是否正确；最后，再测试链接文件和点击后的显示时间等细节问题。当测试结束后选择平台，按照要求的格式进行上传。

15.2.2 教学过程设计

在了解了微课的特点和详细制作方案后，任课教师依照微课的一般流程对“伐倒木材积测算”这一具体的教学内容，设计了以下教案(表15-1，表15-2)。

表15-1 参考教案

课　　题	设计一堂“伐倒木材积测算”的微课	
教学目标	知识目标	了解微课模式的特点和详细制作过程，掌握伐倒木材积测算的基础知识
	能力目标	掌握微课模式教学法的运用技巧，具备测定伐倒木材积的测算方法和技术能力
	情感目标	培养学生尊重一线人员劳动成果的情感，树立分工协作意识及集体、全局观念
教学重点	运用微课模式，对伐倒木材积测算相关知识进行录制，解决实际问题	
教学难点	提高学生解决实际问题的能力	
课　　时	2课时	
教学方式	讲授法、实际操作法	
教学手段	语言表达、实践操作	
教学用具	多媒体拍摄	

表 15-2　教学过程

教学内容	教师活动	学生活动	设计意图	方法手段
课程导入	视频展示：提前准备好林业方面的小视频或者某学科单一知识点的微课	观看并思考	情境导入，激发学习兴趣	课件演示 情境教学法
分组	将学生分成 7～8 人的工作小组	选出小组负责人，确定组员分工	为搜集素材及设计微课做准备	
确定教学内容	确定以伐倒木材积测算为教学内容	按组领取方格纸、绘图仪器、标准木卡片与计算机	为录制微课视频做准备	讲授法
布置学习任务	1. 制作 PPT，将知识点分割成多个小知识点 2. 准备好摄像头和麦克风 3. 熟悉软件操作	1. 学习并绘制树干纵剖面图 2. 将标准木卡片相应内容补充完整 3. 根据各种公式计算树干材积	1. 提高学生合作学习的能力 2. 为录制微课视频搜集素材	讲授法
素材收集	录制一个学生完成学习任务的视频	结合 PPT 知识的讲解完成学习任务，配合视频录制	录制微课视频	实际操作法
制作视频	编辑并校对测试录制好的视频	观看并学习整个制作视频过程	加强学生理解并学习	讲授法 演示法
分组讨论	教师巡视指导	组长带领组员自由交流，总结微课制作的流程与注意事项	合作交流	讨论法
分析总结	1. 教师评价，引导学生完善微课制作流程 2. 教师归纳总结，强调微课制作的注意事项	组长代表小组总结微课视频录制流程与注意事项	交流总结	讨论法 讲授法
布置作业	要求各组拍摄一个单一知识点的微课视频，如以“立木生长量测定”为主要教学内容设计一个微课	按要求保质保量完成作业	巩固学习	讲授法
知识小结	教师总结	自我总结	师生总结反思	归纳法

【强化练习】

（1）背景材料

a. 单株立木测定特点

从单株材积测定原理来说，伐倒木各种测算方法均可用于立木材积测定。但由于立木和伐倒木存在状态不同，自然也会产生与立木难以直接测定这个特点相适应的各种测算法。这些方法主要通过胸径、树高和上部直径等因子来间接求算立木材积。

立木材积与伐倒木比较，其测定特点主要有：

①立木高度：除幼树外，一般用测高器测定。

②立木直径：一般仅限于人们站在地面向上伸手就能方便测量到的部位，普遍取为成人胸高位置，这个部位的立木直径称作胸高直径(diameter at breast height)，简称胸径(DBH)。对于立木，主要的直径测定因子是胸高直径，可用轮尺或直径卷尺直接测定。各国对胸高位置的规定略有差异。我国和欧洲大陆去1.3m，英国取4.3ft(约1.31m)，美国和加拿大取4.5ft(约1.37m)。采用胸高为测径点的原因之一是直接量测和读取都很方便，另外是树干在此高度处受根部扩张影响一般已很小，根据蒋伊尹(1984)对树干形状的主成分分析，胸高直径是代表干形的主要特征成分。

③立木材积：在立木状态下，通过立木材积3要素(胸高形数、胸高断面积、树高)计算材积。一般是测定胸径或胸径兼树高，采用经验公式法计算材积，只有在特殊情况下才增加测定1个或几个上部直径精确求算材积。

由于胸径在立木材积测定中具有重要意义，所以测定胸径时应注意：

①在我国森林调查工作中，胸高位置在平地是距地面1.3m处。在坡地以坡上方1.3m处为准。在树干解析或样本中，取在根颈以上1.3m处。

②胸高处出现节疤、凹凸或其他不正常的情况时，可在胸高断面上下距离相等而干形较正常处，测直径取平均数作为胸径值。

③胸高一下分叉的树，可以当做分开的两株树分别测定每株树胸径。

④胸高断面积不圆的树干，应测相互垂直方向的胸径取其平均数。

b. 立木生长量测定的相关知识

①立木测量的特点：一般情况下，立木除2m以下直径可以精确直接测定外，其余因子，如树高、上部直径等均为借助工具间接测定或估测，因此，其生长量调查要比伐倒木困难，调查精度也不高。

②使用的主要工具：立木主要测量树高、直径、直径生长量的工具主要有布鲁莱斯测高器、超声波测高器、DQW-2型望远测树仪、罗盘仪(应配钢尺或皮尺测距)、直径卷尺或围尺、轮尺、生长锥或砍刀等。

③立木生长量测定：

直径生长测定

由于立木的上部直径不易测定，因此直径生长量的测定常指胸径生长量。用测树钢卷尺或布围尺、轮尺测定胸径直径即为立木胸径总生长量，被年龄除所得的商，即为胸径总平均生长量。胸径定期生长量、定期平均生长量和连年生长量只能利用生长锥在胸高处钻取木条来测定。锥取时应选不同方向锥取2~3次取平均值。实践证明，误差约在2%以内。

树高(长)生长测定

用测高器或罗盘仪测定树木全高即为立木树高总生长量，被年龄除所得的商，即为树高总平均生长量。

树高的定期生长量和连年生长量的测定十分困难，对于轮生枝或生长节明显的树种，可用测高器测定定期生长量和连年生长量，且只限于某些幼龄和壮龄的针叶树。其他树种则不易测定，只能以生长势估计。

材积生长测定

根据测定的立木胸径和树高查一元材积表或二元材积表得到立木材积总生长量，被年龄除所得的商，即为材积总平均生长量。立木材积定期生长量、定期平均生长量和连年生长量难以测定，常通过测定材积生长率来计算。

c. 形数

树干材积与比较圆柱体体积之比称为形数(normal form factor)。

d. 形率

树干上某一位置的直径与比较直径之比称为形率(form quotient)。

(2)要求

在学习了微课模式教学法的基础上，按照微课模式的一般流程，以立木生长量测定为任务载体设计一个微视频，为学生对知识点的掌握进行巩固和强化。

【教学反思】详见项目 5 P051。

【学习小结】详见项目 5 P051。

微课教学在播放过程中可随时暂停，在“微课程”讲授完毕之后，还伴随提供习题、测试等供学习者加固知识点。对教师而言，微课是在革新传统的教学与教研方式，突破教师传统的听评课模式，教师的电子备课、课堂教学和课后反思的资源应用将更具有针对性和实效性，并成为教师专业成长的重要途径之一。对于学生而言，微课模式能更好地满足学生对不同学科知识点的个性化学习、按需选择学习，既可查缺补漏又能强化巩固知识，是传统课堂学习的一种重要补充和拓展资源。

【拓展阅读】

1. 课件范例

课件范例可参考本教材数字化资源数据库中的相关 PPT。

2. 备课资源

(1)课程可用视频

江苏省继续教育微课资源大赛

http://jsweike.hhu.edu.cn/index.php/opus/view/id/23.html

微课之家

http://www.wkzj.net/article/information/make

(2)备课参考书籍

森林测计学．杨荣启．黎明文化事业公司，1980

森林计测学．大隅真一，等．于璞和，等译．中国林业出版社，1984

(3)备课参考网站

中国教学案例网

http://www.cctc.net.cn/soft/index.asp

中国微课网

http://www.cnweike.cn/

微课网

http：//www. vko. cn/

如何制作微课

http：//jingyan. baidu. com/article/f3e34a12833ea9f5eb6535ad. html

参考文献

陈巧芬 . 2007. 认知负荷理论及其发展[J]. 现代教育技术(9)：17 – 19.

关中客 . 2011. 微课程[J]. 中国信息技术教育(17) ：14.

胡铁生 . 2011. 微课 ：区域教育信息资源发展的新趋势[J]. 电化教育研究 .

梁乐明，曹俏俏，张宝辉 . 2013. 微课程设计模式研究 ——基于国内外微课程的对比分析[J]. 开放教育研究 .

王觅，贺斌，祝智庭 . 2013. 微视频课程：演变、定位与应用领域[J]. 中国电化教育 .

武法提 . 2006. 论网络课程及其开发 [J]. 开发教育研究 .

尹睿，谢幼如 . 2004. 网络课程建设与实施问题的调查研究 [J]. 中国远程教育 .

Shieh，D. 2009. These lectures are gone in 60 seconds [J]. Chronicle of Higher Education.

项目16

慕课模式应用

【任务载体】

慕课(MOOC)是一种在线课程开发模式，它是大规模的网络开放课程，它是为了增强知识传播而由具有分享和协作精神的个人或组织发布的，散布于互联网上的开放课程。林业在生态文明建设中占有非常重要的地位，作为林业专业学生，我们有义务和责任让更多的人来了解它、懂它、推广它。我们知道由于固定样木复查受时间长、工作程序繁琐等条件所限制，所以造林、营林、森林调查制表等工作中常采用树干解析来研究树木的生长过程，所以我们以树干解析为教学内容通过慕课模式进行学习。

【教学目标】

知识目标：了解慕课模式下的教学法基础知识，掌握慕课模式下的教学应用的核心技能。

能力目标：能用慕课模式下的教学法进行合理的教学设计，提高学生解决问题的能力和创新能力。

情感目标：提高学生对教学的热爱之情。

【重点难点】

重点：运用慕课模式下的教学法进行教学设计，解决实际问题。

难点：提高学生创新能力和解决问题的能力。

任务16.1 慕课模式认知

MOOC(Massive Open Online Course)的发展根植于“开放教育”的理念，知识应该被自由地共享，无论学习者自身的人口学特征、经济条件和所处地域如何，其学习需求都应该被满足(焦建利，2010)。我国华南师范大学学者焦建利教授将MOOC翻译成“慕课”一词(刘增辉，2013)。慕课是近年来涌现出来的一种在线课程，它发端于过去那种发布资源、学习管理系统以及将学习管理系统与更多的开放网络资源综合起来的旧的课程开发模式(殷丙山，李玉，2013)。

16.1.1 含义

MOOC即大规模在线开放课程，是基于课程与教学论及网络和移动智能技术发展起来的新兴在线课程形式，它是一种不限人数的，通过网络免费获取教学资源进行学习的新的知识获取渠道和学习模式(Emmanuel EJ)。它主要包括课程讲座视频、课程测验和师生互动及生生互动活动3个组成部分。

16.1.2 特点

(1)大规模

“大规模”意味着不限学习者数量，一门MOOC课程与传统课程只有几十个或几百个学习者不同，它也许会有上万人参加(Jonathan Bergmann, Aaron Sams, 2012, 2013)。在未来，随着该模式的普及及其影响力的扩大，参与者还会更多，因此MOOC是一种巨型课程(李青，王涛，2012)。

(2)开放性

“开放”是指所有的课程和教学资源，包括信息来源、评价过程、学习者使用的学习环境都向所有人开放，学习者可能来自全球各地，它使教育超越了时空的界限，使得更多的优质教育资源全球共享、全民共享(樊文强，2012)。

(3)非结构性

从内容上看，MOOC在大多数时候提供的只是碎片化的知识点，是一组可以扩充的、形式多种多样的内容集合，这些内容由一些相关特定领域专家、教育家、学科教师提供，汇集成一个知识库。

(4)自主性

自主性首先意味着MOOC没有明确的学习预期，学习者可以自己设置学习目标；其次，MOOC虽然有特定的学习主题供学习者参考，但是在什么时间和什么地点，看多少资料，投入多少精力，进行什么形式和程度的交互讨论与研究全由学习者自己决定；最后，MOOC没有正式的课程考核(Brenda Alvarez, 2012)。

16.1.3　一般流程

“慕课”模式教学法的一般流程或实施步骤如图 16-1 所示：

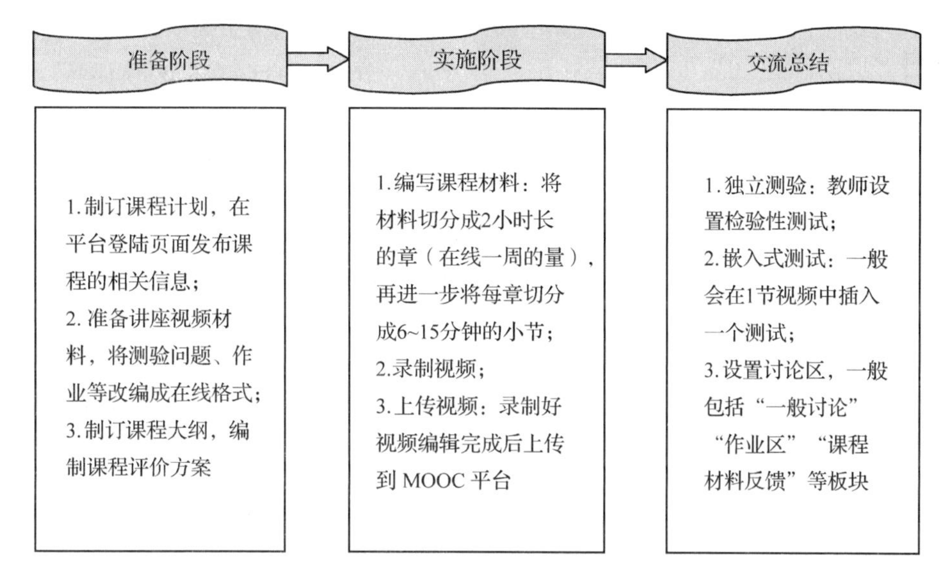

图 16-1　慕课模式下的教学法运用实施的一般流程

任务 16.2　慕课模式操作

16.2.1　教学案例分析

(1)第一阶段：准备阶段

①教师提前制订好课程计划，在平台登录页面发布课程上线的相关信息(包括课程名称、1 ~ 2 行的课程描述、课程任务量、课程安排、授课教师简介、1 ~ 2 分钟的课程宣传片等)。

②准备主讲内容的视频材料，将问题、作业等改编成在线格式。

(2)第二阶段：实施阶段

①编写课程材料，将材料切分成 2 小时长的章(在线一周的量)，再进一步将每章切分成 6 ~ 15 分钟的小节，本案例主要是摘取讲授“林分材种结构规律的重要性”这一节内容。

②录制视频：教师一般要提前准备好视频讲座材料，录制好视频，编辑完成后上传到 MOOC 平台。

③学生看过课程提前发布的信息后确定选课注册，制订学习计划，观看视频，完成测验提交作业，按照计划完成课程的修读并获得相应的合格证书。

(3)第三阶段：交流总结阶段

①独立测验：教师通过每周设置的检验性测试帮助学生了解自己的知识水平，允许学生多次尝试，直到掌握为止。

②嵌入式测试：一般会在1节视频中插入1个测试，促进学生提取式学习。

③设置讨论区：一般包括“一般讨论”“作业区”“学习小组”“课程材料反馈”等板块，加强师生互动及生生互动。

16.2.2 教学过程设计

本次慕课的主要教学内容为树干解析。将树干截成若干段，在每个横断面上可以根据年轮的宽度确定各年龄(或龄阶)的直径生长量，在纵断面上，根据断面高度以及相邻两个断面上的年轮数之差可以确定各年龄的树高生长量，从而可进一步算出各龄阶的材积和形数，这种分析树木生长过程的方法称为树干解析(stem analysis)。树干解析是研究树木生长过程的基本方法，在生产和科研中经常采用，本次利用实例介绍树干解析的方法和步骤，设计了以下教案(表16-1，表16-2)。

表16-1 参考教案

课 题	设计一堂“树干解析”的慕课课堂	
教学目标	知识目标	了解慕课模式下的教学法基础知识，掌握林学中树干解析技术
	能力目标	能采用慕课模式下的教学法进行合理的教学设计，提高学生解决问题的能力
	情感目标	提高学生对教学的热爱之情，加深对林业基层工人的敬佩之情
教学重点	运用慕课教学模式，对树干解析相关知识进行录制并上传，解决实际问题	
教学难点	提高学生解决实际问题的能力	
仪器准备	罗盘仪、测高器、皮尺、锯子、三角板、记录夹、小刀、粉笔、方格坐标纸、大头针、铅笔擦等	
注意事项	1. 采伐解析木时，保障安全操作 2. 树木不得破皮、断梢、劈裂、抽芯等 3. 查数圆盘的年轮时要认清伪年轮，并做到剔除 4. 拍摄视频时要注意细节、把握重点	
课 时	4课时	
教学方式	讲授法、实际操作法	
教学手段	语言表达、实践操作	
教学用具	多媒体拍摄	

表 16-2　教学过程

教学内容	教师活动	学生活动	设计意图	方法手段
准备阶段	1. 制订课程计划并发布课程的相关信息 2. 准备讲座视频材料	1. 登录平台，选择课程 2. 预习		
确定教学内容	确定以树干解析为教学内容	按组领取圆盘、伐木工具、皮尺、围尺、方格坐标纸和粉笔等仪器与工具	为录制视频做准备	讲授法
布置学习任务	1. 制作 PPT，将材料切分成小节进行录制 2. 准备好拍摄工具 3. 熟悉软件操作	1. 明确树干形状 2. 熟练操作各种测树工具 3. 学习树干解析技术	提高学生学习能力	讲授法
课程导入	1. 视频展示 2. 介绍慕课的三大平台：Coursera、edX、Udacity 以及国内主要平台：中国大学 MOOC、学堂在线、慕课网	观看并思考	情境导入，激发学习兴趣	课件演示 情境教学法
呈现视频案例	清楚的描述案例，讲解注意事项	认真观看学习，做好笔记	为搜集录制视频的素材做准备	
素材收集	录制一个学生完成学习任务的视频	结合 PPT 知识的讲解完成学习任务，配合视频录制	录制慕课视频	实际操作法
制作视频	编辑并校对测试录制好的视频	观看并学习整个制作视频过程	加强学生理解并学习	讲授法 演示法
上传视频	录制好视频后上传到相关学习平台	登录平台，学习		
交流总结	1. 通过检验性的测试了解学生的知识掌握情况 2. 通过讨论区板块，与学生互动	完成检验性测试； 在讨论区踊跃发言，分享学习心得		讨论法 讲授法
知识小结	教师总结	自我总结	师生总结反思	归纳法

【强化练习】

(1)背景材料

确定树木年龄的几种常见方法：

①查数伐根年轮法　树木在正常生长情况下每年形成一个年轮，根颈位置的年轮数就是树木的年龄。若查数年轮的断面高于根颈位置，则需加上树木生长到此断面所需年数。

由于天气突变或受到严重的病虫害，树木的正常生长受到影响，这时会在一年内形成两个或更多的年轮，这种年轮称为伪年轮。

除伪年轮外，有时也有年轮消失的现象。这是因为树木被压或受其他灾害而使树木生长迟缓以至于暂时停止所致。年轮识别有困难时，可将圆盘浸湿后用放大镜观察，有时也可用化学染色剂，利用春材、秋材着色的浓度不同来辨认年轮。

②查数轮生枝法 有一些针叶树树种如松树、云杉、冷杉等，一般每年在树的顶端生长一轮侧枝，可查数轮生枝的环数及轮生枝脱落(或修枝)后留下的痕迹来确定年龄。用此法确定幼小树木的年龄十分精确。

③查数树皮层次数法 在树皮的横切面上可以看出颜色深浅相间的层次。树皮层次和年轮一样都是随年龄增长而增多。只要树皮不脱落，树皮的层次数和年轮数是一样的。所以，可以查数树皮层次来确定树木的年龄。用来观察的树皮要取自根颈部位。树皮取出后，用利刀削平即可观察，也可沿横切面斜削，可使层次显示宽些，便于观看和查数。

④生长锥测定法 当不能伐倒树木或者不便采用上述方法时，可以用生长锥查定树木的年龄。若要求立木的年龄，应在根颈处钻过髓心，如果在胸径处钻取木条，需加上由根颈至椎点所需的年数。钻取完毕后要立即将钻孔用无毒泥土或石灰糊堵，以免病虫危害。

⑤目测法 根据树木大小、树皮颜色和粗糙程度以及树冠形状等特征目测树木年龄。在森林调查工作中，林龄基本上都是以目测为主来确定的。

⑥查阅造林技术档案或访问法 这种方法是确定人工林的年龄最可靠的方法。

(2)要求

在学习了慕课模式教学法的基础上，按照慕课模式的一般流程，以树木年龄的测定为任务载体设计一个参考教案，为学生对知识点的掌握进行巩固和强化。

【教学反思】详见项目5 P051。

【学习小结】详见项目5 P051。

学生在播放视频学习过程中可随时暂停，在课程讲授完毕之后，还可利用习题、测试等教辅材料加固知识点。对教师而言，“慕课”是在革新传统的教学与教研方式，突破教师传统的听评课模式，教师的电子备课、课堂教学和课后反思的资源应用将更具有针对性和实效性，并成为教师专业成长的重要途径之一。对于学生而言，“慕课”模式能更好地满足学生对不同学科知识点的个性化学习、按需选择学习，既可查缺补漏又能强化巩固知识，是传统课堂学习的一种重要补充和拓展资源。

【拓展阅读】

1. 课件范例

课件范例可参考本教材数字化资源数据库中的相关PPT。

2. 备课资源

(1)备课参考书籍

网络课程的影像建构：MOOC教学影片制作法．胡东雁．高等教育出版社，2015

慕课革命 互联网如何变革教育？汤敏．中信出版社，2015

翻转课堂与慕课教学：一场正在到来的教育变革．乔纳森·伯格曼，亚伦·萨姆著．宋伟译．中国青年出版社，2015

慕课：互联网+教育时代的学习革命．焦建利，王萍．机械工业出版社，2015

大学的革命 MOOC时代的高等教育．吴剑平，赵可．清华大学出版社，2014

解码MOOC：大规模在线开放课程的教育学考察．李曼丽．清华大学出版社，2013

测树学．孟宪宇．中国林业出版社，2006

(2)备课参考网站

慕课网

http：//www. imooc. com/

中国大学 MOOC

http：//www. icourse163. org/

MOOC 中国

http：//www. mooc. cn/

参考文献

樊文强 . 2012. 基于关联主义的大规模网络开放课程(MOOC)及其学习支持[J]. 远程教育杂志(3).

焦建利 . 2010. 从开放教育资源到“慕课”——我们从中学到些什么[J]. 中小学信息技术教育 .

李青，王涛 . 2012. MOOC：一种基于连通主义的巨型开放课程模式[J]. 中国远程教育 .

刘增辉 . 2013. 中国 MOOC：与其被动改革不如主动变革——访华南师范大学教育信息技术学院副院长、未来教育研究中心副主任焦建利[J]. 中国远程教育 .

殷丙山，李玉 . 2013. 慕课发展及其开放大学的启示[J]. 北京广播电视大学学报 .

Brenda Alvarez. 2012. Flipping the classroom：Homework in class，Lessons at home[J]. Education Digest.

Emanuel EJ. Online education：MOOCs taken by educated few[J]. Nature.

Jonathan Bergmann & Aaron Sams. 2012. Flip your Classroom：reach every student in every class every day[J]. ISTE ASCD.

Jonathan Bergmann & AaronSams. 2013. Flip your Students’ Learning[J]. Educational Leadership.

项目17

翻转课堂模式应用

【任务载体】

采用翻转课堂的教学模式，通过对树木年轮与树龄的理论知识介绍，让学生掌握正常树木年轮与伪年轮的辨别方法，了解树木年轮的变异，能查定树木的年龄。

【教学目标】

知识目标：了解翻转课堂模式下的教学法基础知识，掌握发转课堂模式下的教学应用的核心技能。

能力目标：能用翻转课堂模式下的教学法进行合理的教学设计，提高学生解决问题的能力和创新能力。

情感目标：提高学生对教学的热爱之情。

【重点难点】

重点：运用翻转课堂模式下的教学法进行教学设计，解决实际问题。

难点：提高学生创新能力和解决问题的能力。

任务 17.1　翻转课堂模式认知

翻转课堂是对传统课堂的变革，是在教师的指导下先学后教的课堂教学模式。“翻转课堂”模式可以让学生提前学习学科知识，学习过程比较自主，也可以和其他同学进行交流讨论，更主要的是，课堂上学生有更多的表现和参与的机会。学生表现出了在课前以及课堂学习的很高的参与度，提升了学习的兴趣和动机。“翻转课堂”模式是一种线上和室内学习相结合的混合学习模式，它对教师的学科素养和教育素养都提出了更高的要求。在这种模式下的教学，教师有更多的时间了解学生，师生谈话更具有针对性。

17.1.1　含义

翻转课堂(flipped classroom 或 inverted classroom)也称“颠倒课堂”或“颠倒教室”，它是指在课前观看教师事先录制好的或是从网上下载的教学微视频以及拓展学习材料，而课堂时间则用来解答学生问题、改正学生作业，帮助学生进一步掌握和运用所学知识。

17.1.2　特点

翻转课堂的特征有以下几点：

(1)先学后教的教学模式

在此过程中，视频的学习比课堂上讲解生动许多，而且不管是课前学习还是学习后的作业反馈都比纸质的更为及时，同时所有教学的内容形成电子资料，更有利于学生的复习。

(2)学生学习的进阶方式

在学生事先的学习过程中，实行的是掌握了所学内容才向下一个目标前进，相当于是通关式的学习。在这样的模式下，只要时间允许，可以确保学生掌握每个知识点，最终实现班级内大多数学生达到熟练的程度，杜绝大班教学照顾不到每个学生的弊端。

(3)讲授方式

翻转课堂提供给学生先学习的视频，一般都是 8 分钟左右的微视频，目标清楚，知识点也清晰，便于学生集中注意力，利用有效的学习时间得到良好的教学效果。

(4)积极学习的实现形式

翻转课堂上强调的是学生自己学习，而不是教师或者家长对其学习负责。学生在教师设计的学习任务单的引导下，课前自己学习视频，课堂上多以小组合作的形式交流学习成果，参与问题讨论。这样的课堂表面上看起来有点乱，但是每个学生都能积极地投入到真正的学习中。

17.1.3　翻转课堂的教学要求

我国的翻转课堂和西方的相比较，我国教师对学生的指导是基于国家教育方针和课程标准的，主要是知识与技能、过程和方法以及情感态度价值观的要求，同时重点参照往年对学生考试的要求。总的来说，西方比较重视学生基于兴趣的学习，而我国更注重基于标准的学习。

17.1.4 主要任务

翻转课堂教学的主要任务如下：

(1)学生自主学习

学生通过观看视频或者资料自学，自己解决知识的接受和理解。

(2)教师指导

这一步也可以称为知识的巩固与强化。在翻转课堂内，教师对学生在自主学习阶段没有掌握的知识点进行指导，做进一步的巩固和强化。

(3)系统梳理

因为学生自学的微视频或资料多是碎片化的知识，教师在课堂上帮学生进行知识梳理，通过回顾的方式整理知识图谱或知识树，构建起相应的知识结构和脉络。

(4)探究创新

学生因事先学习，了解相关材料和事实，课堂上有较多时间进行提问、生生交流研讨、小组合作等活动，学生的发言和展示机会增加了，利于学生的探究创新能力提升。

17.1.5 一般流程

翻转课堂模式教学法的一般流程或实施步骤如图17-1所示。

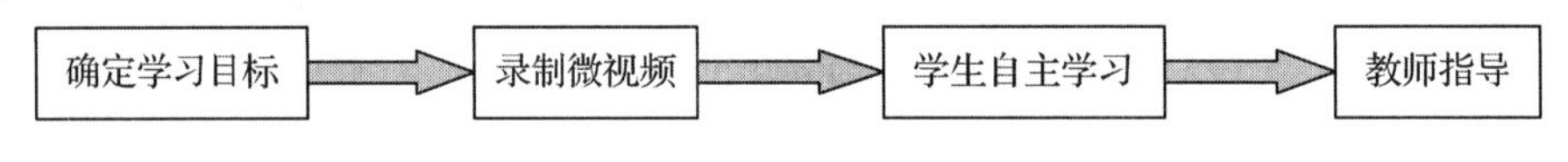

图17-1 翻转课堂模式下的教学法运用实施的一般流程

任务17.2 翻转课堂模式操作

17.2.1 教学案例分析

翻转课堂教学模式的第一步是明确学习目标：基于国家标准和往年的考试要求，决定学生学习所要达到的学习目标。

第二步是录制微视频：基于确定好的学习目标，确定采取哪种探究形式来实现，比如说制成微视频供学生学习。

第三步是制作学习任务单：任务单上应包括学生要达到的目标、学习的资源、学习活动及其要求，还应包括学生证明自己达到了学习目标的证据，学生通过自主学习去把握自己对知识的接收和理解。

第四步是教师课堂引导：通过对收回的学习任务单的分析，教师引导学生通过实验、探究、分组讨论等方式帮助学生进行巩固学习，对学生学习过程中出现的问题进行指导、矫正，进一步实现学习目标。

17.2.2　教学过程设计

在了解了翻转课堂的特点和详细制作方案后，任课教师依照翻转课堂模式教学的一般流程，对“树木年龄测定”这一具体教学内容，设计了以下教案(表 17-1，表 17-2)。

表 17-1　参考教案

课　　题	设计一堂“树木年龄测定”的翻转课堂	
教学目标	知识目标	了解翻转课堂模式的特点和详细制作过程，理解树木年轮与树龄的概念
	能力目标	掌握翻转课堂模式教学法的运用技巧，能辨别正常树木年轮与伪年轮，能查定树木年龄
	情感目标	培养学生实事求是的科研态度
教学重点	运用翻转课堂的教学模式，对树木年龄测定的相关知识进行学习，解决实际问题	
教学难点	提高学生解决实际问题的能力	
课　　时	2 课时	
教学方式	讲授法、实际操作法	
教学手段	语言表达、实践操作	
教学用具	多媒体拍摄	

表 17-2　教学过程

教学内容	教师活动	学生活动	设计意图	方法手段
明确学习目标	确定以“树木年龄测定”为课题主要内容	提前预习		
录制视频	以课题主要内容为载体，录制微视频，编辑并校对录制好的视频	协助视频录制	提供学生学习，加强学生理解并学习	讲授法 演示法
布置学习任务	制作学生学习任务单：包括学生要达到的目标、学习的资源与活动等	学生结合视频自主学习，提前了解相关材料和事实	学生自主学习，把握自己对知识的接收和理解	实际操作法
知识梳理	引导学生学习，通过回顾的方式，整理知识图谱或者知识树，构建知识结构	将自学成果展示，比如笔记或者疑问等	帮助学生学习	讲授法
分组讨论	教师巡视指导	组长带领组员自由交流，总结课程主题内容	合作交流	讨论法

（续）

教学内容	教师活动	学生活动	设计意图	方法手段
分析总结	1. 教师评价，引导学生掌握翻转课堂的设计流程 2. 教师归纳总结，强调翻转课堂设计的注意事项	组长代表小组总结	交流总结	讨论法 讲授法
知识小结	教师总结	自我总结	师生总结反思	归纳法

【强化练习】

树干解析(Stem Analysis)就是将样木伐倒，并对其进行解剖和各调查因子的计算处理，以此分析树木的生长过程和特征的方法。作为分析对象的树木称为解析木。具体来说，就是将树干截成若干段，在每个横断面上根据年轮的宽度确定各年龄(或龄阶)的直径生长过程，而在纵断面上，则根据断面高度以及相邻两个断面上的年轮数确定各年龄(或龄阶)的树高生长过程，并以此计算各年龄(或龄阶)的断面积、材积、形数等调查因子的生长过程及生长量。树干解析是研究树木生长过程的基本方法，在林业生产和科学研究中应用普遍。

可采取翻转课堂模式将此节内容作为具体教学载体，设计导学方案，制作微视频并提前给学生自主学习，根据学生反馈回来的学习任务单在课堂上做相应的指导和引导学习。

【教学反思】详见项目5 P051。

【学习小结】详见项目5 P051。

翻转课堂教学模式下，学生学习过程中微视频教学在播放过程中可随时暂停，对于学生而言，事先根据微视频结合所有材料和要求进行自主学习，然后将学习任务单反馈给教师。课堂上，教师根据学生反馈情况指导问题，帮助学生巩固和强化知识点，对系统进行梳理，让学生构建起较为完整的知识结构，取得良好的学习效果。

【拓展阅读】

1. 年轮分析系统

(1)WinDENDRO年轮分析系统

WinDENDRO年轮分析系统，是利用高质量的图形扫描系统取代传统的摄像机系统。利用计算机自动查数树木各方向的年轮及其宽度。扫描系统将刨平的圆盘扫描成高分辨率的彩色图像和黑白图像(可以存盘)，通过WinDENDRO年轮分析软件由计算机自动测定树木的年轮。采用专门的照明系统去除了阴影和不均匀现象的影响，有效地保证了图像的质量。增大了扫描区域，以供分析。还可以读取TIFF标准格式的图像。该系统同时可以准确判断伪年轮、丢失的年轮和断轮，并精确测量各年轮的宽度。

(2) LINTAB 树木年轮分析仪

LINTAB 年轮分析仪，如图 17-2 所示，可以对树木盘片、生长锥钻取的样品、木制样品等进行非常精确、稳定的年轮分析，广泛应用于树木年代学、生态学和城市树木存活质量研究。该系统防水设计、操作简单、全数字化电脑图形分析，是一套经济实用的年轮分析工具。配备的 TSAP - Win 分析软件是一款功能强大的年轮研究平台，所有步骤从测量到统计分析均有 TSAP 软件完成。具备各种图形特征以及大量的数据库管理功能。

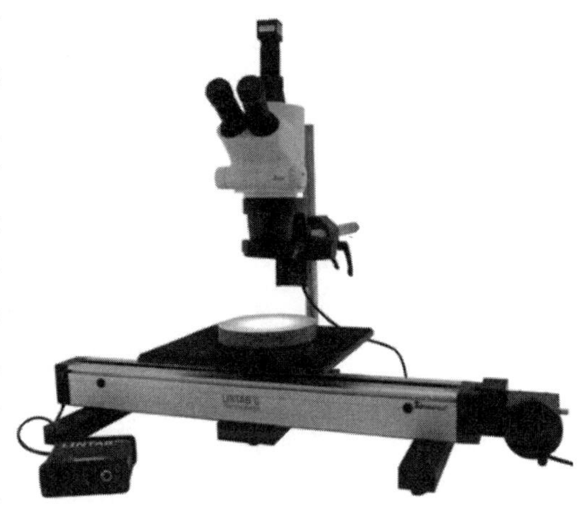

图 17-2　LINTAB 年轮分析仪

LINTAB 树木年轮分析仪的原理是通过精确的转轮控制配合高分辨率显微镜定位技术，使得年轮分析精确、简单、稳定，操作分析交由专业软件统计、分析，结果稳定，全球统一标准。

2. 课件范例

课件范例可参考本教材数字化资源数据库中的相关 PPT。

3. 备课资源

(1) 课程可用视频

五步完成翻转课堂教学视频

http://baidu.ku6.com/watch/08718981507526033543.html?page=videoMultiNeed

什么是翻转课堂

http://www.iqiyi.com/w_19rtmcnycd.html

林业专家生命锥测定 39 棵古杉树龄

http://baidu.hz.letv.com/watch/04112971318181376895.html?page=videoMultiNeed

(2) 备课参考书籍

翻转课堂理论研究与实践探索．黄发国．山东友谊出版社，2014

翻转课堂与慕课教学——一场正在到来的教育变革．乔纳森·博格曼．中国青年出版社，2014

云教育——开启学习的 3A 时代．杜积西，等．北京理工大学出版社，2013

学习诊断研究．王允庆，等．外语教学与研究出版社，2013

数字化聚合与新课程教学．孙卫国．教育科学出版社，2013

幕课与翻转课堂导论．陈玉琨，等．华东师范大学出版社，2014

平板数字化教学指导手册．胡秋萍，等．北京师范大学出版社，2013

以学生为中心的教与学：利用慕课资源实施翻转课堂的实践．于歆杰．高等教育出版社，2015

森林计测学．大隅真一，等著．于璞和，等译．中国林业出版社，1984

(3)备课参考网站

翻转课堂

http：//www. fzkt. com/

中国大学 MOOC

http：//www. icourse163. org/course/pku - 21016#/info

参考文献

陈玉琨 . 1999. 教育评价学[M]. 北京：人民教育出版社 .

尚俊杰 . 2013. MOOC：能否颠覆教育流程[N]. 光明日报 .

施良方 . 2011. 学习论[M]. 北京：人民教育出版社 .

Doll，R. C. 1989. Curriculum Improvement[M]. London：Allyn&Bacon.

Jonathan Bergrmann&Aaron Sams. 2012. Flip your Classroom：reach every student in every class every day[J]. ISTE ASCD.

单元 4

林业专业教学法综合应用

林业专业是一个知识性、应用性很强的专业，既需要掌握必要的基础理论知识，同时又需要掌握熟练的操作技能。为进一步训练和提升林业专业教学法的应用能力，提升教学效果，根据林业专业课程的特点，我们将其划分为理论课程、理论与实践相结合课程、实习实训课程和现场教学课程4个类别，并按照这个思路对其相应的教学法的综合应用开展探讨。

本单元共4个项目8个任务，教学目标及重点难点如下：

【教学目标】

知识目标：理解林业专业教学法综合应用的意义；熟悉林业专业教学法综合运用的基本内涵和主要类型；掌握林业专业教学法的综合运用基本流程。

能力目标：学会在林业专业不同类型课程教学中，因人、因课而异，综合运用林业专业教学法，集各种教学法之优点，有效达到课堂教学目标。

情感目标：激发学生学习林业专业课程的积极性和创造性。

【重点难点】

重点：林业专业教学法综合应用的含义及主要运用的教学方法，掌握林业专业教学法综合应用的一般流程。

难点：林业专业教学法的综合应用具有很大的灵活性，不受某种教学法的约束，如何根据课程教学内容把各种教学法有机融合起来，这是本单元教学的难点。

项目 18 理论课教学法综合应用

【任务载体】

森林立地是对林木生长发育起重要作用的物理的和化学环境因子的总和，它是森林培育学的基本理论之一。通过森林立地研究，合理进行适地适树，并提出相应的育林措施，对提高森林生产力、发展高效林业和扩大森林资源具有重要作用。

【教学目标】

知识目标：熟悉森林立地基本概念及立地因子划分、立地质量评价和立地分类等基本理论知识，掌握森林立地类型划分的方法。

能力目标：提高学生综合分析森林立地条件的能力。

情感目标：感受理论课综合教学法的魅力，激发学生认知森林立地的激情。

【重点难点】

重点：理解林业专业理论课教学法综合应用的含义及应用范围、一般流程；掌握森林立地相关基本理论知识。

难点：以森林立地为任务载体，探讨理论课教学法综合应用的有效途径，合理设计理论课教学过程。

任务 18.1 理论课教学法认知

18.1.1 含义

随着我国教育制度改革的不断深入，职业院校为了提高理论课教学水平，增强学生的学习兴趣，需要对其教学方法进行不断地探索和创新，这也是提高学生学习能力和保证教学质量的重要途径之一。

理论课教学为学生专业能力的培养提供“必须、够用”的基本理论知识和专业理论知识，向学生传授专业理论知识的目的是使他们能够运用这些知识解决实际问题，围绕职业技能训练对相关知识和理论提出要求，确定理论教学的具体内容，最终形成以职业素质和职业综合能力培养为主线的理论教学体系。

职业院校理论课教学的重要意义表现在：

(1)有利于掌握先进的科学技术

当今时代，面临科学技术的飞速发展和生产设备的日益先进，对职业院校学生的素质有着更高的要求。如果学生不具备一定的专业基础理论知识，不仅会影响到学生自身的发展和提高，而且会影响到整个行业的发展。

(2)能更好地解决实际生产问题

对于文化知识基础相对薄弱的职业院校学生，不能只是在技能教学中涉及什么理论知识，就讲什么理论知识。这样没有系统性、没有连贯性地讲授理论知识，学生无法理解和接受，也不具备在学习过程中发现问题的能力，更谈不上较好地解决实际问题。

(3)有利于实际操作技能的培养

学生实际操作技能的提高和理论教学时数的减少并不成正比，也不能将理论教学看成是纯知识的获取，更重要的是对学生分析问题、解决问题以及学习能力的培养，当然也包含学习实际操作技能的能力培养。

18.1.2 理论课教学法综合应用的含义

理论课教学是课程教学环节中重要的组成部分，是学生有效掌握课程理论知识体系、理解基本概念和原理及培养理性思维能力的重要过程，也是运用基本理论解释实际问题的重要基础。传统的“填鸭式”教学方法不能很好地激发学生的积极性，学生被动地接受知识，不利于学生综合能力的培养。因此，如何提高理论课教学质量成为课程探索的重要目标，也是确保理论课教学质量的前提。

理论课教学法的综合应用是根据林业专业课程的不同教学内容和教学任务，将形式多样的教学法融于一体的一种综合教学方法。在理论课教学实际过程中，教师在探索其教学方法时，以学生为教学的主体，实施双向交流，使学生能够主动积极地参与到教学活动中来，逐步激发学生学习兴趣，从而培养学生的综合能力。

18.1.3　理论课教学法综合应用的方法

在理论课教学中，要注重将直观式教学法、启发式教学法、案例教学法等多种教学方法综合应用，使抽象的概念变得形象、具体，使枯燥的理论知识学习变得生动、活泼，更易使学生接受、理解理论知识。理论课教学法的综合应用具体方法主要有：

(1)多媒体教学法

多媒体教学法是把文字、音频、视频、图形、图像、动画等多种媒体信息通过计算机进行数字化采集、编辑和存储等处理，再以单独或合成形式表现出来的一种现代教学方法，它改变了传统的教学方式，突破了传统课堂教学的“粉笔加板书”的局限，使教学内容发生巨大变化，不仅有文字、静态图像，还有动态图像、语音、视频等，大大增加了课堂教学的容量，在某种意义上，是一次教学方式的革命。因此，应用多媒体技术教学方法促进了教学形式的多样化，弥补了传统教学的不足，也是提高理论课教学质量有效途径。多媒体教学法具有如下优势：

①提高学习兴趣，活跃课堂气氛　多媒体教学中不仅包含文本、图片等静态图像，还综合应用音频和视频以及动画，丰富了教学手段，使学生能够真正进入视觉、听觉和触觉等感觉并用的境地，理论教学不再抽象和单一，大大提高学生的学习兴趣和激情。

②丰富教学内容，增大教学信息　多媒体课件容量大，可以随时更新、易于保存，极大地丰富了教学内容，且不受篇幅限制，教师可将大量教学内容信息融于其中，对理论课教学起到事半功倍的效果。

③减轻教学负担，提高教学效率　在理论课教学中，多媒体教学可以通过计算机和其他多媒体设备，迅速地把课程资源呈现在学生面前，使教师节省了大量板书的时间，从而有更多的时间讲解教学内容。

(2)案例教学法

案例教学法是在教师精心策划下根据教学目标要求，运用典型案例让学生对案例进行分析，提高学生识别、分析和解决问题的能力的一种教学方法。案例式教学通过具体的情境，将隐性的知识外显，使学生在认知、心理、情感上都与学习联系起来，能使学生理论联系实际，充分调动学生的主动性、创造性，培养其发现、分析和解决问题的能力。

(3)项目教学法

项目教学法是指教师为学生制订出明确、具体、适合学生实际水平的教学目标，并且让学生明白自己应达到什么目标，在教师指导下，逐步达到相应的教学目标。在目标任务的引领下，师生共同完成教学目标和任务。

(4)头脑风暴教学法

头脑风暴教学法又称智力激励法，是让所有的参与者在开放、轻松、自由愉快、畅所欲言的气氛中，就某一问题自由发表意见，交换想法，激发创意和灵感，使各种设想在教学活动中相互碰撞激起脑海的创造性“风暴”，最终找到解决问题的方法。

(5)PBL 教学法

PBL(Problem Based Learning)教学法是以问题为基础，以学生为主体，以小组讨论为形式，在辅导教师的参与下，围绕某一专题或具体问题进行研究的学习过程。课堂设计问题，引导学生讨论。在教学过程中，教师不断地留给学生一些思考题。PBL 教学法实质是围绕问题开展教学，培养学生的独立性、自主性、创造性及获取新知识，有效运用知识解决新问题的能力。

(6)比较教学法

在理论课教学过程中，将两种相反或相对的事物、同一事物相反或相对的两个方面放在一起，加以比较和鉴别，从而区分异同的一种教学方法。在教学过程中讲完某一部分的理论知识后，为了方便学生理解和记忆，由教师引导学生对这部分教学内容进行比较和归纳，这样一方面可以减轻学生的学习负担；另一方面通过知识的横向比较可以培养学生的思维能力和自学能力，可以把枯燥的内容变得生动有趣，有助于揭示事物的相互联系，加深人们对事物本质的认识。

(7)情景模拟教学法

"情景模拟"教学法是在进行教学过程中，通过设置具体的真实场景，组织学生积极参与的一种教学方法。这种方法是运用具体场景或提供学习资源以激起学习者主动学习的兴趣、提高学习效率的一种教学方法。

(8)任务驱动教学法

在教学过程中以完成一个个具体的任务为线索，把教学内容巧妙地隐含在每个任务之中，让学生自己提出问题，并经过思考，在教师的点拨下，自己解决问题，获取知识，提高能力的过程。

以上任何一种教学方法都有利有弊，理论课教学目标的实现，教学质量的提高，需要多种教学方法、教学手段的有机结合与综合应用。在具体的课堂教学过程中，应根据不同的教学内容来选择不同的教学方法。所有课堂知识都采用一种教学方法来传授肯定是不适宜的，而刻意追求某种教学方法也是不妥的。

例如，对于森林立地教学内容中的基本概念、基本理论和基本技术，应以教师为主导，通过多媒体反复演示，利用实景图片直观式和实例启发式教学，让学生充分理解和掌握；而对于归纳性强、难度较大和容易混淆的知识点，可以学生为主体，采用提问式、讨论式等教学方法，引导学生积极参与。因此，通过理论课教学法的综合应用，既开拓了学生的视野，活跃了课堂气氛，又极大地提高了学生的学习积极性和分析问题、解决问题的能力。

18.1.4 适用范围

林业专业主干课程中涉及大量的基础理论知识，如森林生长发育、森林立地、树种选择等，这些理论知识在林学高职教育中占有重要的地位，也是林学高职专业的学生学习难点。理论课综合教学法广泛应用于林业专业课程理论基础知识的教学实践中。

18.1.5 一般流程

理论课教学法的综合应用实施过程可分为准备、实施与评价3个阶段，每阶段完成的任务不同，教学法综合应用方式不同，教师、学生的角色也各不相同，其一般流程或实施步骤如图18-1所示。

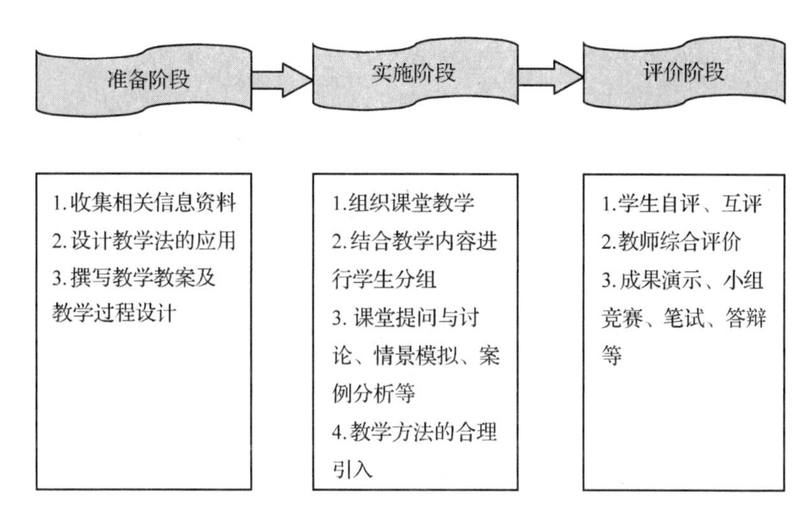

图 18-1 理论课教学法综合应用实施的一般流程

18.1.6 注意的问题

(1)注重能力培养

从林业专业技能的需求和学生主体需要来选择理论课教学载体，从而确定教学的目标任务。“教无定法”“学要得法”，教学设计和教学组织要根据实际情况灵活调整教学方法的综合应用，积极探索和创新理论课教学法。

(2)以学生为中心

理论课教师作为教学的引导者，要充分考虑学生的兴趣、爱好与需求，以学生为中心、以学生为主体，调动学生的主动性和积极性。教学过程中积极鼓励学生独立思考，大胆质疑，同时培养群体合作意识和团队精神，让学生个性充分自由地表现，各方面能力得到提高。

(3)适当分组

根据学生的情况合理划分小组，学生学习以小组为单位进行，以学生的综合能力和学习的主动性为标准，好、中、差等合理搭配，保证课堂学习环节顺利进行。

(4)完善教学评价

如果单独以考试成绩作为衡量教学工作的标准，不能适应学生个性与潜能差异的需要，也不利于充分全面地开发学生的创新潜能、培养学生的创新精神。教师教学质量和学生学习质量的评价要打破这一模式，改革传统考试办法，使评价目标多元化，评价方式多样化。

任务 18.2 理论课教学法操作

18.2.1 教学实例分析

林业专业教师在讲授“森林培育学”中“森林立地”教学内容时，综合应用多种教学方法，可分3个阶段完成该理论课教学任务。

(1)第一阶段：准备阶段

课前准备是否成功是教学成败的关键。本次教学内容就是“森林培育学”中的“森林立地”。首先，教师要熟悉大纲对教学的要求，找出教学中需要解决的重点、难点，确定综合教学法的选用，做到教学环节心中有数，同时，利用网络信息，收集大量的关于森林立地的相关内容及图片，精心制作多媒体课件，拟定好思考题或讨论题，帮助学生在课前完成本教学任务的资源准备。其次，提前给学生布置任务，选择学校所在地主要山脉，要求认真观察其植被分布、林木生长、土壤条件情况，并重点记录其表现不同的地方，引导学生分小组合作学习，确定5～7人为一个学习小组，激发学生的兴趣。

(2)第二阶段：实施阶段

教师组织教学，综合应用不同的教学法，如布置讨论思考题，什么是森林立地、立地质量、立地类型等，为什么不同坡向或坡位的山地植被差异较大？学生对老师提出的问题进行“头脑风暴”式解答，根据学生以小组为单位在课前观察的结果进行讨论，讨论中教师起点拨和指导作用。通过讨论将观察结果与立地条件联系起来，达到锻炼学生分析问题、解决问题的能力。

(3)第三阶段：评价阶段

各学习小组汇报讨论情况，每组派代表陈述意见，归纳总结森林立地对植被生长的影响，教师作讨论总结评价，表扬准备充分、表现突出的小组和个人，指出讨论中的不足，对学生的学习成果给出正确的评价，并对本节课进行总结。发现学习中存在的问题并积极解决，以实现掌握知识的目标。

18.2.2 教学过程设计

针对“森林立地”这一具体的教学载体，任课教师可设计以下教案(表18-1)和教学过程(表18-2)。

表18-1 参考教案

课　　题	森林立地	
教学目标	知识目标	熟悉森林立地基本概念及立地因子划分、立地质量评价和立地分类等基本理论知识，掌握森林立地类型划分的方法
	能力目标	提高学生综合分析森林立地条件的能力
	情感目标	感受理论课综合教学法的魅力，激发学生认知森林立地的激情
教学重点	掌握多媒体教学、案例教学、问题教学、头脑风暴教学等方法的综合应用技能	
教学难点	提高学生理论课教学法综合应用的技能及课堂教学法组织实施	
课　　时	2课时	
教学方式	课堂讲授法、多媒体教学法、案例教学法、比较教学法、问题教学法、头脑风暴法等综合教学法	
教学手段	课件演示、语言表达、分组讨论	
教学用具	多媒体课件、教学图片等	

表 18-2　教学过程

教学内容	教师活动	学生活动	设计意图	方法手段
课程导入	图片展示：用多媒体教学展示不同森林立地类型及其森林植被生长情况 谈话导入：森林立地是研究环境条件(包括地貌、气候、土壤等)对树木生长影响及其分布规律的科学。森林立地研究对提高育林质量、发展持续高效林业、恢复和扩大森林资源等都具有十分重要的作用	结合我国森林植被分布情况，思考进行全面森林立地研究的意义	谈话导入，学会观察，激发学习兴趣	多媒体课件演示法、讲授法、案例法
课程组织	1. 展示森林立地相关专业术语，弄清基本概念，如立地与生境；立地质量与立地条件；立地分类与立地类型等 2. 提出问题，学生分组讨论：立地因子包含哪些方面 3. 举例直观分析物理环境、植被、人为活动等生态因子的影响 4. 如何进行立地质量评价和立地分类	学生针对问题开展分组讨论，比较分析相关基本概念及理论知识	可采取分组课堂讨论，烘托课堂气氛	讲授法 比较法 讨论法 案例法
教学法的综合运用	教师引入启发教学、问题导向、任务驱动、案例分析等主要方法，调动学生的主动性和积极性	学生积极参与不同教学法过程	根据讲授内容灵活运用不同教学方法	讲授法 比较法 讨论法 案例法
讨论环节	教师围绕森林立地教学内容提出讨论主题，学生进行讨论	学生深入思考，提出各自的观点，集体讨论	引导学生发散思维	头脑风暴法
学生发言	教师巡视指导	学生小组成员或代表针对自己理解发表意见	通过谈话交流，培养学生的总结能力	比较法 归纳法
收集资料	教师引导内容	学生小组成员汇总各组讨论结果，并记录	广泛收集学生讨论意见	
整理资料	教师评价，引导学生全面掌握森林立地基础知识	学生自评、互评	“过程 + 结果”的方式进行综合评价	归纳总结
作业布置	根据所学森林立地的理论知识，完成某林地树种规划设计任务	完成作业	提高学生应用理论知识解决实际问题的能力	案例法
知识小结	教师全面总结	学生自我总结对课堂知识的掌握程度	检验理论课教学法综合应用成效	归纳法

【强化练习】

（1）背景材料

近自然林经营理论源于德国，它是一种回归自然，遵从自然法则，充分利用自然的综合生产力来经营森林的理论。近年来，近自然林业理论发展很快，欧洲国家已普遍接受了近自然林业的经营思想，北美、日本等国家也给予广泛的重视。近自然林业经营理论已成为当代世界林业发展理论的重要指导方针。

近自然林经营是指充分利用森林生态系统内部的自然生长发育规律，从森林自然更新到稳定的顶级群落这样一个完整的森林生命过程的时间跨度来计划和设计各项经营活动，优化森林的结构和功能，充分利用与森林相关的各种自然力，不断优化森林经营过程，从而使生态与经济的需求能最佳结合的一种真正接近自然的森林经营模式。近自然林经营的核心是以一种理解和尊重自然的态度，经营森林使其达到接近自然的状态，当然这种状态以原生植被和自然演替为参照。其经营的目标林为：混交林—异龄林—复层林。手段是应用“接近自然的森林经营法”。要使林分能够进行接近自然生态的自发生产，以达到森林生物群落的动态平衡，并在人工干涉下使天然物种得到复苏，最大限度地维护森林生物物种的多样性。

近自然林经营应遵循以下几点原则：①确保所有林地同时发挥生态效益和经济效益，并有持续的木材产量；②兼顾实用知识和科学探索；③所有森林都要保持健康、稳定和混交的状态；④因地制宜选择树种（适地适树）；⑤保护所有木本植物、动物和其他遗传变异种；⑥除小块的特殊地区外不做清林，而要让其自然枯死和再生；⑦保持土壤肥力；⑧在采伐和道路建设中要采取相关技术来保护林地和自然环境；⑨避免杀虫剂高度富集；⑩维持森林产出与人口增长水平的适应关系。

近自然林经营采伐方式采取择伐作业方式，更新方式以天然更新为主，人工促进天然更新，充分利用适应当地生态环境的乡土树种，维持和营造异龄林。充分利用自然规律和自然力，以减轻森林经营中的盲目性和无谓的资金消耗，节省人力财力，降低经营成本，保证森林面积的恒定和永续利用原则，提高生物多样性和生态系统稳定性，获得较高的经济效益和明显的生态效益以及良好的社会效益，实现森林的可持续经营。

目标树经营是有效的近自然经营实践手段之一，也是在最短时间内培育出高质量木材的有效经营方式之一。它能够有效刺激树木高生长，提高树木质量和蓄积量，提高林分蓄积量，丰富林分物种，提高生态效益。近自然林经营的理论技术是把林分的单株木分为：目标树，指林分内生长正常，需要目的培育的主要树种；为增加混交树种、保持林分结构或生物多样性等目标服务的林木，即主要树种以外的其他任何树种都需要进行保留的，意为特殊目标树；影响目标树和特殊目标树生长需要择伐掉的树种，意为干扰树，使其形成混交林，最大限度地提高生态系统的整体功能。尽量利用和促进森林的天然更新，从幼林开始就选择目标树和特殊树，整个经营过程对选定的目标树和特殊树进行抚育，内容包括目标树种周围的除草、割灌、疏伐和对目标树的修、整枝。对目标树和特殊树个体周围的抚育范围以不压抑目标树个体生长并能形成优良材为准则，任其自然竞争，天然淘汰。在高密度大数量中充分进行自然选择，在自然选择的基础上加上人工选择，对影响目标树和特殊树生长的干扰树完全择伐，给目标树和特殊树留有一定的发展空间。同时，保证经营对象始终是遗传品质最好的立木个体。其他个体的存在，有利于提高森林的稳定性，保持水土，维护地力，并有利于改善林分结构及对保留目标树的天然整枝。

党的十八大报告中提出了建设美丽中国这一观点，将生态文明建设提升到突出战略地位，作为生态建设主体的林业承担着生态建设的重任，实现森林的可持续发展成为森林经营的核心目标，因此近自然林经营是林业发展的必然趋势。按照近自然林经营理论指导森林经营，是提高森林质量、改善林分结构及生态环境的可行途径，对促进林业的生态建设具有重要意义。

(2)案例材料

综合教学法在医学免疫学教学中的应用探讨

医学免疫学是基础医学的一门重要的主干和桥梁课程，多年的教学实践表明，医学免疫学课程既难“教”也难“学”。医学免疫学在内容上相对来说比较抽象、枯燥，而内在的联系性和逻辑性却很强，这对于初次接触免疫学的医学生来说不容易理解和掌握，常常感到听不太懂，教学效果常常是事倍功半。针对中职生教学的现状，对免疫学内容的章节设置和内容编排进行了模块分类而采用不同的教学方法进行教学，把医学免疫学的全部课程根据各章节的知识特点、学习要求、临床结合度、基础性等不同划分为几个模块，包括知识基础层，前沿进展层，临床免疫层，医学应用层，更有利于学生对知识的掌握与理解，从而提高教学质量。

基础层：医学免疫学的基础知识包括绪论、免疫器官和组织、免疫细胞、抗原、抗体、补体、MHC、免疫应答等章节。这些章节的教学内容中出现大量免疫学基本概念和基本原理，特点是基础性很强，这一模块的教学内容无论如何变革，都必须保证学生的理解和掌握。最好的方法就是保持其基础性，按照传统教学法进行教学，也可结合启发式教学，保证学生能顺利掌握基础内容。

应用层采用讨论式教学法：包括超敏反应、免疫预防等章节。此模块教学内容与现实生活、免疫相关疾病的预防密切相关，如过敏症的发生、疫苗的使用方法和原理等，特别是近年来一些流行病的爆发，其预防和治疗方法都是学生较为关心的内容。此部分的教学应选用较为灵活的教学方法，可以根据不同主讲教师的特点和能力，也可以根据不同专业的特点进行多种教学方法的联合应用。教学方法中应以讨论式教学或论坛式教学为主。教师选择适当内容，开展讨论课，布置相应的讨论题，让学生讨论、提问、甚至反问教师，做到教学相长，良性互动。

临床层采用案例教学法或是 PBL：临床免疫学包括自身免疫病、免疫缺陷病、移植免疫、肿瘤免疫等章节。此模块主要涉及免疫系统在病理状态下功能的改变以及异常免疫应答在发病机制中的作用，与临床关系非常密切，此部分也是多数学生学习和关注的重要部分，学生的学习兴趣较浓。以疾病为线索，引导学生将刚刚学习过的免疫学基础知识应用于临床疾病的发病机制、诊断原理、预防和治疗原理之中。教学中可以使用 PBL 教学法或病例分析教学法，通过教师提出问题或学生自己提问、自己回答的方式，系统、全面、深入、自主的掌握这一部分内容，也可以直接应用病例要求学生进行深入讨论。无论哪一种方式，都可以很好地使医学免疫学基础知识与临床常见病相结合，从而培养学生分析疾病发生机制、检测、诊断和治疗原理的能力。

多练多思，深入思考与讨论，加强归纳总结、综合知识应用：为了加深学生对医学免疫学知识的理解理掌握，教师给予适可的课后同步练习，通过学生的思考、比较，有助于形成正确理解与深刻领会，也有助于加深印象和记忆。通过做练习，往往可以发现自学中的薄弱环节、发现自己认识中的片面和错误。通过课后练习，学生们相互讨论，交流学习心得，对重点、难点和有深度、难度的练习思考题开展讨论，相互启发，激唤灵感。并通过讨论交流，反思自我，从中学习别人的最佳的学习技巧，对启迪思维、纠正错误，对加深理解、加深记忆也有很大益处。

前沿进展模块包括细胞因子、分化抗原、黏附分子、免疫耐受、免疫调节、免疫诊断、免疫治疗等章节。这一模块的特点是教学内容需掌握的知识点较少，但范围较广，而且涉及免疫学研究前沿内容较多。对于中职生来说，如果仍采用传统教学形式，难免枯燥乏味，不易理解。适当结合科研，又因条件有限，因此本章节只是作为了解内容，多数时是结合临床的诊断、治疗应用适可讲授。

(3)要求

①查阅资料了解近自然林业发展现状及其应用情况，根据背景材料，采用理论课教学法综合应用设计一份教案。

②结合案例材料分析思考，在林业专业理论课教学中如何灵活运用各种教学方法？

【教学反思】详见项目5 P051。

【学习小结】详见项目5 P051。

【拓展阅读】

1. 课件范例

课件范例可参考本教材数字化资源数据库中的相关PPT。

2. 备课资源

(1)备课参考文献

浅析理论课教学方法的应用. 佟毅，汪洪海. 科教文汇，2008，(6)：30

(2)备课参考网站

理论课教学方法有哪些?

http：//www. doc88. com/p－0611915389551. html

各种综合教学方法简介

http：//www. pep. com. cn/xxsx/jszx/xslw/201009/t20100906_ 872296. htm

项目19

理论与实践相结合课程教学法综合应用

【任务载体】

嫁接育苗是把优良母本的枝条或芽(称接穗)嫁接到遗传特性不同的另一植株上，使其愈合生长成为一株苗木的方法。嫁接成活的原理主要是依靠砧木、接穗结合部位的形成层的再生能力。嫁接成活的关键是接穗和砧木形成层结合面愈大，愈易成活。实践证明：为使两者形成层紧密结合，嫁接时砧、穗要对齐，贴紧并捆紧，接触面平滑且大。

【教学目标】

知识目标：熟悉嫁接育苗成活的基本原理，掌握嫁接育苗操作流程和提高成活的措施。

能力目标：提高林木嫁接实践操作技能，能分析影响嫁接成活的主要因素。

情感目标：养成大胆实践、积极探索、吃苦耐劳、团结协作的精神，培养学生观察能力。

【重点难点】

重点：理解林业专业理论与实践相结合课程教学法综合应用的含义及应用范围、一般流程；掌握嫁接育苗成活的基本原理及操作方法。

难点：合理设计嫁接育苗理论与实践相结合课程教学过程。

任务 19.1 理论与实践相结合课程教学法认知

19.1.1 理论与实践相结合课程教学的必要性

马克思主义基本原理表明，理论知识通过实践而产生，两者密不可分。职业教育要求以“应用”为中心构建课程及其教学体系，培养目标从“偏重理论知识”转向“重视职业技能”。教学实践证明，理论知识学习本身枯燥，文字的堆积容易让学生疲惫，很难形成感性认识，尽管在理论课教学中已经充分讲授，由于理论知识内容较为抽象，学生仍然不能很好地理解。实践教学作为理论教学的重要补充，可以把理论上非常抽象、难以理解的问题，通过现场简单的讲解，使学生对知识产生全面的感性认识。理论知识为实践教学提供必要的指导，能够解释说明实践中出现的各种现象，实践教学能够加深对理论知识的理解认识，为理论创新提供经验素材。因而，理论课教学必须与实践相结合。

在《教育大辞典》中，实践教学的定义是：实践教学是相对于理论教学的各种教学活动的总称，包括实验、实习、工程训练、实训、课程设计等，旨在使学生获得感性知识、掌握技能与技巧、养成理论联系实际的作风和独立工作的能力。而传统教学模式存在理论教学和实践教学分离、重理论轻实践的现象，导致学生创新能力不强。理论教学与实践教学相结合是各类职业教育所应共同遵循的原则，在理论课教学中，尽可能少讲繁琐的理论，可以利用多媒体课件，加强理论与实践的结合，使学生既学到扎实的理论知识，又可以把所学的理论知识直接应用到生产实际中，巩固和加深理论知识的学习。因此，在某种程度上，培养学生综合素质不仅应重视理论课教学，更要重视实践课教学。

19.1.2 理论与实践相结合课程教学法的含义

理论与实践相结合课程教学法是一种复合型的教学法，教学中除了运用讲授法外，还结合运用其他教学方法，如演示法、参观法、练习法、提问法及多媒体教学法，教师引导学生掌握专业理论知识和实践操作技能，以强化学生对讲授内容的掌握和理解。理论与实践相结合课程教学法一般由专业课教师同时担任理论与技能的教学，将理论课与实践课教学环节分解整合，可安排在专业教室中进行教学。这种教学方法，以理论与实践相结合为主线，以突出培养学生的操作技能为重点，充分体现学生的参与作用，有助于教学质量的提高和高素质人才的培养。

在职业教育中，理论教学和实践教学是教学的两个方面，也是造就人才的两条基本途径。前者指通过系统的理论知识传授，使学生的心智、素养与能力获得发展；后者指职业教育中的实验、实操、课程设计、社会实践、实习等实践性环节的教学，培养学生积极的认知活动和动手操作能力。理论教学偏重“知识”的传授，实践教学更多地偏重于“技能”的培养，通过实践教学能够加深、巩固理论课所学的知识点。理论教学与实践教学相辅相成，理论与实践相结合的原则要贯穿教学活动的始终。只有理论与实践相结合的教学，才能激发学生的热情和兴趣，从而使学生主动地学习相关的理论，再以理论为指导完成学习任务，实现培养真正高素质应用型人才的目标。采取理论与实践相结合的教学方法对培养学生的动手能力和独立科研能力具有重要意义。

19.1.3　理论与实践相结合课程教学的主要形式

(1)“教、学、做”教学

教、学、做相结合，理论与实践相融合，以任务为主线、教师为主导、学生为主体的教学模式。教师在该模式下起的是组织、引导作用，学生才是真正的主体，学生通过对学习资源的积极主动应用，自行探索和互动学习。通过设定教学任务和教学目标，让师生双方边教、边学、边做，全程构建素质和技能培养框架，丰富课堂教学和实践教学环节，提高教学质量。

(2)理论与实践一体化教学

理论与实践一体化教学模式，是指职业院校在专业课程教学过程中，根据专业培养目标整合教学资源，打破传统的学科体系和教学模式，将理论教学与实践教学融为一体的教学模式。它以培养能力为中心，以模块教学为主要教学形式，理论课与实践课交叉进行，由专业课教师同时担任学科理论知识、技能训练的教学，使理论教学与技能训练融于一体，让实践始终贯穿在整个教学过程中，形成连贯、系统、全面和完整的教学体系。在整个教学环节中，理论和实践交替进行，直观和抽象交错出现，突出学生动手能力和专业技能的培养，充分调动和激发学生学习兴趣。

在理实一体化教学过程中，可根据实际需要，采取以实践教学为主，理论教学为辅的教学方式，这样既突出了操作技能的训练，又使学生学到与职业技能有关的理论知识，增强理论教学的时效性，培养学生的分析问题和解决问题的综合能力。这种教学模式可以有效地解决理论教学与实践教学脱节的问题，使教学内容更加紧凑，知识的衔接性更强，有效加强教学的直观性和针对性，充分调动学生参与的积极性，提高教学质量，培养技术应用型人才。

19.1.4　适用范围

林业专业的实践性很强，森林生态系统的多样性为该专业实践教学提供了大量的资源。理论与实践相结合教学，对学生熟练掌握理论知识和提高实践操作能力发挥着重要的作用，确保了应用型专业人才培养目标的实现。理论与实践相结合的教学方法在林业高等职业教育中占有举足轻重的地位，广泛应用于森林培育学、森林生态学、森林病虫害防治学等专业课程的教学实践中。

19.1.5　一般流程

理论与实践相结合教学法的一般流程或实施步骤如图19-1所示。

19.1.6　理论与实践相结合课程教学注意的问题

专业课教学贯彻理论与实际相结合的原则。

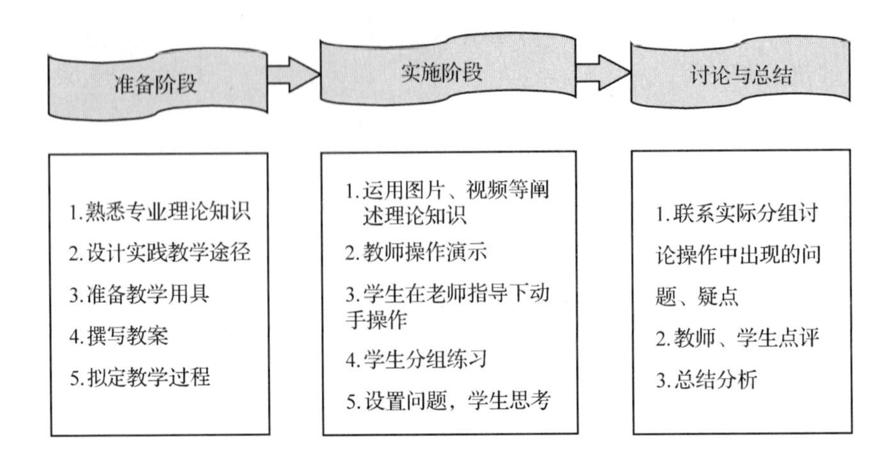

图19-1 理论与实践相结合教学法实施的一般流程

理论知识的教学要与生产和生活实际紧密结合，使学生在理论与实际的联系中理解和掌握知识，并通过教学实践培养学生在实际中运用知识的能力。在教学中贯彻理论联系实际的原则，必须注意以下几个方面：

(1)保证理论知识的系统性与完整性

做好理论的教学工作是理论与实践相结合的前提。学生只有真正掌握了每门学科知识体系中的基本原理、概念，才能运用它们解释或解决实际现象的问题。学生只有全面，深入地掌握理论知识，才能在实际工作中融会贯通、运用自如。

(2)理论教学要切实为实践服务

专业课的理论教学要时刻考虑为实践服务的宗旨，不能一味地追求形式，也不要为了追求科学前沿而忽略了实际应用。

(3)增加运用理论指导实践操作环节

教学内容要体现开放性，不要局限于书本知识；教学形式要体现为多样性，不要局限于课堂教学。专业课理论知识的运用可以通过形式多样的兴趣小组，实践技能大赛等，加强学生运用理论知识的实践能力。

任务19.2 理论与实践相结合课程教学法操作

19.2.1 教学实例分析

根据嫁接育苗教学内容的实际需求情况，运用理论与实践相结合的课程教学法组织学生完成该课程的理论和实践教学任务。教学内容大致也可分3个阶段完成。

(1)第一阶段：准备阶段

提前准备“嫁接育苗”教学内容课件、图片及相关资料以及嫁接育苗场地、材料、工具，并给学生布置自学任务，举例说明嫁接育苗在生产中的应用，同时要求学生预习的相关教学内容。

(2)第二阶段：实施阶段

教师提出理论与实践相结合的课程教学法的基本原则和要求，并做好嫁接育苗基本理论和方法讲述及演示，学生独立思考后自由交流嫁接育苗过程中要注意的关键环节，随后组织学生开展实践操作技能训练，可采用学生分组，引入竞赛评比机制，提高学生动手能力。同时教师做好理论和实践教学的巡视指导工作。

(3)第三阶段：交流总结阶段

可根据分组情况，推选交流汇报人，其他同学和教师质疑，最后组织学生、教师评价总结，回顾嫁接育苗操作基本环节，师生进行充分的教学反思。

19.2.2　教学过程设计

针对“嫁接育苗”这一具体的教学内容，任课教师可设计了以下教案(表 19-1)和教学过程(表 19-2)。

表 19-1　参考教案

课　　题	嫁接育苗	
教学目标	知识目标	熟悉嫁接育苗成活的基本原理，掌握嫁接育苗操作流程和提高成活的措施
	能力目标	提高林木嫁接实践操作技能，能分析影响嫁接成活的主要因素
	情感目标	养成大胆实践、积极探索、吃苦耐劳、团结协作的精神，培养学生观察能力
教学重点	掌握嫁接育苗基本理论知识，提高学生嫁接实践操作能力	
教学难点	嫁接育苗实践教学环节的组织实施	
课　　时	2 课时	
教学方式	讲授法、多媒体教学法、实践操作法及情景模拟法等	
教学手段	语言表达、课件演示、实践操作	
教学用具	多媒体课件、嫁接育苗的材料和工具	

表 19-2　教学过程

教学内容	教师活动	学生活动	设计意图	方法手段
复习知识	教师展示学生上节课的内容，讲诉林木育苗的主要方法	学生根据老师引导回答复述主要内容	巩固知识，为新知识学习做铺垫	归纳法 讲授法 问题教学法
课程导入	新课导入：林业生产中应用嫁接育苗的实例 创设情境：①出示嫁接苗的图片；②引导学生观察，谈看法；③教师小结，引出教学内容	回答问题，初步认识本节课的学习内容	问题情境导入，让学生学会观察	多媒体教学法 讲授法 讨论法 案例法

（续）

教学内容	教师活动	学生活动	设计意图	方法手段
课程组织	1. 观察嫁接苗由哪两部分组成？该怎样操作 2. 引导学生自学教材相关内容，或通过小组合作，尝试操作，教师巡视指导 3. 教师播放嫁接操作多媒体或视频资料，并演示嫁接过程 4. 安排学生实践操作环节，并交流方法，点名学生上台操作演示	认真观察，思考 明确任务，尝试操作 学生观察、提问 学生操作，交流经验 掌握嫁接操作技能	培养学生注意观察和发挥想象的能力	讲授法 讨论法 案例法 归纳法
讨论问题	教师围绕嫁接教学内容提出讨论主题，如影响嫁接成活因素有哪些？嫁接方法有哪些？嫁接对具体操作有何要求	学生深入思考，结合操作过程中遇到的问题提出意见或建议	培养学生动手操作的能力	讨论法 比较法 归纳法
实践环节	结合学校附近苗圃场，深入了解嫁接育苗方法的应用，并实地进行操作	学生观察、听取老师或技术人员介绍，并参与苗圃地嫁接育苗操作	强化学生知识综合应用能力	实践教学
整理资料	教师根据学生掌握知识的情况开展教学评价	学生相互评价、总结		归纳总结
作业布置	教师布置撰写“嫁接育苗实践操作”心得体会	保质保量完成作业	提高学生总结分析问题的能力	讲授法
知识小结	教师全面总结	自我总结掌握程度	发现不足	

【强化练习】

(1)背景材料

随着现代城市对景观环境要求不断提高，大树移栽逐渐被采用。大树一般是指胸径20cm以上的落叶乔木和胸径15cm以上的常绿乔木。大树移栽的成败优劣直接影响到绿化工程的效果，而且大树移栽需要投入较多的人力、机械设备和资金。因此，必须准确掌握大树移栽的配套技术并加强栽后的精细管理，才能确保大树移栽成功。

a. 大树移栽的基本原理

大树移植的基本原理包括近似生境原理和树势平衡原理。如果大树移植后的生境优于原生生境，移植成功率较高。树木的生态环境是一个比较综合的整体，主要指光、气、热等小气候条件和土壤条件。因此，定植地生境最好与原植地类似。树势平衡是指乔木的地上部分和地下部分须保持平衡。移植大树时，如对根系造成伤害，就必须根据其根系分布的情况，对地上部分进行修剪，使地上部分和地下部分的生长情况基本保持平衡。同时，若地上部分枝叶过多，则植物蒸腾量就远大于地下根部吸收量，就会造成大树脱水死亡。因此，保持树势的平衡在大树移栽中至关重要。

b. 移栽前的准备

根据园林绿化施工的要求，坚持适地适树的原则确定好树种、品种规格。规格包括胸径、树高、冠幅、树形、树相、树势等。一般选择使用乡土树种。经过苗圃移栽和人工培育的树种比异地树种、野生树种容易成活，树龄越大成活越难，选择时不要盲目移栽。对拟移栽大树提前灌水要在移栽前 3 ~ 4 天进行，本着浇足浇透的原则实施灌水，使根系能充分吸水。从而有利于挖掘成球，防止土球因土壤过干而散开。根据绿化工程要求做出详细的树种规划图，确定好定植点，并根据移栽大树的规格挖好定植穴，准备好栽植时必需的设备、工具及材料，如吊车、铁锹、支撑柱、水源及浇水设备、地膜等。

c. 移栽中的技术措施

原则上苗木的移植要在苗木的休眠期，一般春季、秋季起苗。春季栽植以树液开始流动、芽子萌动前为宜。大树春栽符合植物生长发育规律，春栽宜早不宜迟。秋季起苗，一般在落叶的 10 月下旬开始。南方地区尤其是冬季气温较高的地区，一年四季均可移栽，落叶树还可裸根移栽。对落叶树，应对树冠在保持树形的要求下进行重修剪，一般剪掉全部枝叶的 1/3 ~ 1/2；树冠越大，伤根越多，移栽季节越不适宜，越应加重修剪，尽量减少树冠的蒸腾面积。需带土球移栽的不用进行根部修剪，裸根移栽的应尽量多保留根系，并对根系进行整理，剪掉断根、枯根、烂根，短截无细根的主根，并加大树冠的修剪量。对常绿树的树冠尽量保持完整，只对一些枯死枝、过密枝和树干上的小枝进行适当处理。对截冠的锯口进行涂抹或包扎工作，对所有锯口进行涂抹；也可用塑料袋在枝顶部锯口包扎 3 ~ 5cm，可以减少水分蒸发，为提高苗木成活把好第一关。

挖掘大树时要尽量保护根系，挖树范围应大于树木胸径的 10 倍。土球直径一般应是树木地径的 6 ~ 8 倍，要用草绳包扎，做到根部土球不松散。用草绳、苔藓等材料包裹树干和比较粗壮的分枝，一可避免强光直射和干风吹袭，减少树干、树枝的水分蒸发；二可使树干经常保持湿润；三可调节枝干温度，减少高温和低温对枝干的伤害；四可减少大树在运输时造成损伤。大树挖掘后，应采用机械装运。在起吊、运输过程中要尽量保护枝叶和土球，争取当天起运，当天栽植。栽植树运到后要马上栽植，按照设计要求，将大树轻轻斜吊于定植穴内，撤除缠扎树冠的绳子，将树冠立起扶正，按照原来阴阳面调整好树的方向和位置，然后撤除土球外包扎的绳包或箱板，将表层土填到下层，分层夯实，把土球全埋于地下，栽植深度以原来土痕处为宜。同时做好拦水树盘工作，然后浇透水，把树扶正，以树干为中心封成土堆夯实。

d. 大树移栽后的养护

大树移栽后进行树体固定，以防风吹使树冠歪斜，一般采用 3 柱支架固定法，支撑点以树体高 2/3 为宜，并加垫保护层，以防伤皮，确保大树稳固。一般 1 年之后支架方可撤除。新移植大树，根系吸水功能减弱，对土壤水分需求量较少。因此，只要保护土壤适当润滑即可，土壤含水量过大，反而影响土壤的透气性能，抑制根系的呼吸。一般来说，第 1 次淋水后，待 10 天左右开穴浇水 1 次，以后 10 ~ 15 天浇 1 次，但要根据天气情况、土壤质地情况而定。大树地上部分因蒸腾作用而易失水，必须及时喷水保湿。喷水要求细而均匀，为树体提供湿润的气候环境。一般在抽枝发有 5 ~ 10 片叶后，可停止喷水。大树移植初期或高温季节，要搭棚遮阴，以降低棚内温度，减少树体的水分蒸发。搭棚时遮阴度为 70% 左右，以保证树体光合作用，以后视树木生长情况和季节变化，逐步去掉遮阴物。

大树移植后不久，大部分土面暴露于空气中，容易生杂草，这时要及时中耕。中耕深度依大树根系的深浅及生长时期而定。中耕时株行间处应深，近植株处应浅，中耕深度一般为5～8cm。除草要“除早、除小、除了”。“除早”是杂草发生之初，工作量小；“除小”是杂草根系较浅，入土不深，易于去除；“除了”是杂草开花结实前必须除净。

大树移植初期，根系吸肥能力差，宜采用根外追肥，一般15天左右1次。用0.2%～0.5%尿素、硫酸铵、磷酸二氢钾等速效性肥料配制成适宜浓度的溶液，早晚进行喷洒。根系萌发后，可进行土壤施肥，要求薄肥勤施。大树通过锯截、移栽，伤口多，萌芽的树叶嫩，树体的抵抗力弱，容易遭受病虫害，要加强预防。

（2）案例材料

油茶嫁接山茶花技术

油茶和山茶为山茶科常绿灌木或小乔木，油茶具有树干通直、生长快速、抗性强的优点，是良好的砧木材料；山茶花品种繁多，花色艳丽，花期长，园林中观赏价值极高。目前山茶生长周期长，繁殖方法单一，且生长量少。利用油茶作为砧木嫁接山茶花，结合油茶生长迅速和山茶花观赏性强的特点，可大大缩短山茶花生长期限，同时可做到“一树多花，一树多品种”，从而大大提高经济效益和观赏价值。

a. 砧木采集及处理

● 油茶选择：油茶砧木的选择直接关系到嫁接苗木的存活率，为了提高伤口愈合和树冠成形速度，最好选择10～15年生的油茶作砧木，树形分枝高度在离地1m内有一级分枝3～7个，直径约2～8cm，次级分枝达10个以上，分枝角度适当且分布均衡。砧木树干直而光滑、生长健壮，且无病无伤。生长环境以生长在地势平坦、肥沃、石砾少、树蔸土层较浅的地段植株为佳。

● 油茶移植保活处理：油茶属直根系树种，侧根、须根少，其水分和养分的吸收容易受到影响，移栽过程中油茶根系难以生长，最易导致移栽成活率低。因此，对于移栽时间、土壤选择及出土形式应特别注意。移栽时间可选择2月底～3月上旬或9月中旬～10月上旬。移栽土壤最好为pH值5.5左右的黄土，要求疏松、透水性好。移植时应以人工挖掘的土球形式出土，以免伤根，土球的大小通常为树干直径的5～6倍。栽植之前应用外源素（即生根剂）处理根部，再浅栽高培土，分层压实。第1次浇透水，20天后再用生根剂灌根1次，生长过程中注意土壤不能太湿。

● 油茶砧木营养枝保留及截干处理：移栽过程中选留2～3个主枝作营养枝，1～3个侧枝作辅助营养枝，每株砧木留绿叶量少许，有利于光合作用。截杆高度以80～100cm为宜，树干总分枝数保留10个以上。油茶的适宜生长温度为25～30℃，截干时间以3月为佳，当温度达到30℃以上时应进行遮阴处理。

b. 山茶嫁接

● 接穗选择：接穗母树应选择成年的名贵山茶树种，且同一株砧木的接穗必须从花期相近，长势相似的母树采集，保证生长期与砧木协调一致；接穗应在母树树冠上部外围剪，以当年生木质化或半木质化为佳，粗度以0.3～0.5cm为宜。最后将接穗剪成4～5cm小段，每段保证有2～3个侧芽。

● 嫁接方法和技术：油茶嫁接山茶最佳时间为2～3月、5～6月或9～10月，尤以9

月嫁接成活率最高，可达80%～90%。时间不同，嫁接方法则不同，2月油茶树皮不宜剥离，宜采用劈接法；5月油茶形成层细胞组织液活跃，树皮易剥离，宜采用皮接法。嫁接部位不同，嫁接方法也不同，断砧树干顶部采用皮接法，断砧树干中部和营养枝采用腹接法。

断砧皮接法　选择截干后的砧木，用清水擦洗接口及其下树皮，用嫁接刀削平锯口。在接穗芽下1cm处削一长2～3cm的长斜面，再在长斜面对侧成30°削一1cm短斜面，接穗1叶1芽，叶片剪去1/3。再在砧木上选择两处，用嫁接刀直割两刀，深达木质部表面，挑开树皮成两个切口，接入接穗，过程中确保接穗长削面与砧木形成层对齐，接穗稍露白。然后用有一定弹性宽1cm左右的塑料薄膜条自下而上绑扎，绑扎时必须将膜条拉紧，使接穗紧贴砧木，再涂抹灭菌剂。最后在嫁接处套上塑料袋保湿，并用牛皮纸在保湿袋外层遮阴。嫁接后1个月内应注意保湿和遮阴情况，及时观察新稍动态。

不断砧腹接法　如上方法剪取接穗，用嫁接刀将油茶砧木营养枝离地约40～100cm处或截干枝离地40～60cm处割成"H"形切口，深达木质部表面，长度和宽度视接穗切面大小而定。用嫁接刀自上而下撕开皮层，插入接穗，确保接穗长削面与砧木形成层对齐，稍露白，用有弹性的塑料薄膜绑扎拉紧，绑扎时注意露出叶片芽。最后涂抹灭菌剂，并在嫁接处套上塑料袋保湿，扎牛皮纸遮阴。

c. 嫁接后的管理

嫁接后，芽长出2cm时检查成活，并分2次剪砧，第1次约2月后进行，第2次于次年2～3月进行。嫁接后土壤的湿度和营养是影响成活率的关键，应用70%透光遮阳网遮阴，并通过根部灌水保湿。施肥种类春季以有机肥为主；6～8月以液肥为主追肥，注意浓度，以免灼伤。病虫害以预防为主，主要是轮纹病和烟煤病，烟煤病由介壳虫引起，妨碍光合作用和营养吸收，预防的办法主要是保持通风，若在病发期喷波美0.3度石硫合剂液可收到治疗效果。

(3)要求

①结合背景材料，在充分查阅资料、了解大树移栽成活基本原理及技术措施的基础上，采用理论与实践相结合课程教学法设计一份教案。

②分析案例材料，指出在林业专业课理论与实践相结合课程教学中重点要注意的主要问题有哪些？

【教学反思】详见项目5 P051。

【学习小结】详见项目5 P051。

【拓展阅读】

1. 课件范例

课件范例可参考本教材数字化资源数据库中的相关PPT。

2. 备课资源

(1)课程可用视频

油茶嫁接育苗技术

http：//v. ku6. com/show/_ wzjnoHFPT67v2hllvEbWg. . . html？ from = my

(2)备课参考网站

室内设计专业“教学做”一体化教学案例

http：//www. doc88. com/p－9991903744438. html

理实一体化教学初探

http：//www. npjsxy. com/News/20150722110328－73. html

桂花嫁接方法和技术

http：//www. guihua. net/xueyuan/jiajieyumiao/guihua_ 350. html

果木嫁接技术图

http：//www. 360doc. com/content/13/0524/08/6987341_ 287668767. shtml

参考文献

专业课教学贯彻理论与实际相结合的原则[EB/OL].
http：//www. studa. net/Education/120527/10524676. html.

项目20 实习实训课教学法综合应用

【任务载体】

森林营造是新造或更新森林的生产活动，它是森林培育一个重要的基本环节，也是林业专业的学生必须掌握的基本技能。森林营造的基本内容包括适地适树，细致整地，良种壮苗，造林方法、幼林地抚育、幼林林木抚育等。

【教学目标】

知识目标：了解森林营造的基础知识，掌握森林营造各技术环节的知识要点。

能力目标：掌握森林营造各技术环节实际操作过程和方法，提高学生解决实际问题和创新思维的能力。

情感目标：培养学生热爱森林、热爱绿化的情感。

【重点难点】

重点：理解林业专业实习实训课教学法综合应用的含义及一般流程；掌握森林营造的主要技术环节。

难点：实习实训课教学过程设计、组织实施和学生分组实训操作及考核。

任务 20.1 实习实训课教学法认知

20.1.1 实习实训教学的必要性

(1)实习实训教学是实现高职教育人才培养目标的需要

在第三次全国高等教育产学研结合经验交流会上，时任教育部部长周济指出："教育必须为社会主义现代化建设服务，必须与生产劳动和社会实践相结合。要完成好培养高技能人才的任务，必须走产学研相结合的改革发展的必由之路，这是贯彻落实党的教育方针的要求，是高职教育改革的必由之路。"这一段话为高等职业教育的教学指明了方向，高等职业教育是要为社会培养高素质、高技能的综合型人才的一种现代化教育。在实现这一现代化教育的教学目标的过程中，实习实训教学的作用是不容小觑的。高职教育教学模式受传统教学模式的制约，长期来坚持以课堂为中心、以教材为主线，这种模式方便学生集中精力系统地学习专业理论知识，却忽略了理论与实践、知识与应用、学校与社会之间的联系。实习实训教学重在培养学生的技术应用能力和技术创新能力，实习实训教学的这一目标与高职教育人才培养目标相适应，有助于高职教育人才培养目标的早日实现。

(2)实习实训教学是提高学生实践能力的需要

在校的课堂教学一般都过于注重教授学生理论知识，而在实践教学这一方面几乎是一片空白，而实习实训教学注重培养学生的知识应用能力、实际操作能力，恰好能填补实践教学上的空白，通过实习实训过程，不仅可以锻炼学生的实际操作能力，还能巩固理论知识，使得理论与实践相结合，提高学生的综合能力，从而更好地适应未来的市场人才需求(王春华，2014)。

20.1.2 实习实训课教学法的含义

实习实训课教学法是以培养学生综合职业能力为主要目标的教学方式，它在高职教育教学过程中相对于理论教学独立存在但又与之相辅相成，主要通过有计划地组织学生通过观察、实验、操作等教学环节巩固和深化与专业培养目标相关的理论知识和专业知识，掌握从事本专业领域实际工作的基本能力、基本技能，培养解决实际问题的能力和创新能力(刘诣，2009)。实习实训课教学内容具有独立性与综合性两个特点。独立性是指实习实训课是独立于理论课的教学活动，主要是针对学生进行专项技能训练。综合性特点是指实习实训课对专业理论与专业技能进行了综合(应吴硕，2011)。

20.1.3 适用范围

实习实训教学是学生在校期间获取职业综合能力的最主要途径和手段，在整个高职教育教学方法中占有极为重要的地位。林业专业课程设置中有大量的实践内容，作为一种林业专业教学法，实习实训课教学法适用于林业专业教学的许多环节。

20. 1. 4　一般流程

实习实训课教学法的一般流程或实施步骤如图 20-1 所示。

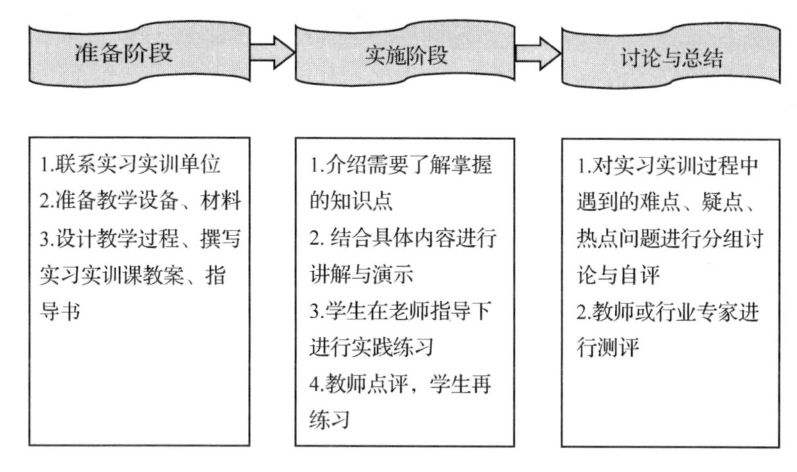

图 20-1　实习实训课教学法运用实施的一般流程

20. 1. 5　注意事项

(1)实习实训教学内容应与时俱进

在实习实训过程中，教学内容应该根据岗位需求的发展和变化进行与时俱进的更新，这是职业教育内容的一个特点所在。职业教育的内容必须与社会的发展和市场的需求相符合，随着时代的发展而变化。职业教育教学内容必须与市场需求接轨，随市场需求变化而变化。调查发现，实习实训教学内容在其前沿性上略显不足。此外，教学内容建构缺乏融合性，实习实训教学内容与专业教学内容的割裂不利于学生整体能力的形成。经调查发现，专业课内容与实习实训教学内容在融合中存在着诸多的问题，很少一部分的学生认为专业课内容与实习实训教学内容是紧密融合的。

(2)实习实训教学的考核评估问题

考核评估是教学之中最敏感的环节，同时也是最有效的环节，有利于提高教学质量，规范教学过程，对教与学的双方起到了指挥棒的作用。实习实训课同样需要考核评估，但是在实际情况中却往往被忽视。由于许多高职院校的实习实训缺乏明确的市场需求导向，培训的目标定位不准，直接导致评估缺乏正确的导向，造成评估的原则不清晰。此外，还存在评估指标的构建不合理，评估方法不科学等问题(陈巧灵，2014)。

任务 20.2 实习实训课教学法操作

20.2.1 教学实例分析

某林业专业教师在教授“森林培育学”中的“造林技术”课程时，利用本校教学实习林场的有利条件，运用实习实训课教学法成功地组织学生完成了“毛竹林营造”任务。该教师分3个阶段完成了此次教学。

(1)第一阶段：准备阶段

①确定教学内容，联系实习实训单位。本次教学内容为“森林培育学”课程中的“造林技术”。结合教学实际内容，选择学校实习林场作为本次实习实训的地点。

②布置实习实训任务。与实习林场协调好后，教师书面通知学生进行实习实训的时间、地点、知识要点与目标，强调本次实习实训的意义，激发学生的兴趣。要求学生提前预习课程相关内容和实习实训指导书，教师组织学生对实习实训指导书进行分组讨论，设想在实习实训过程可能遇到的难点。授课教师带领骨干学生提前前往实习林场进行实地走访，准备实训工具和材料。

③对学生进行安全教育，介绍林场安全知识并提出安全方面的要求。

(2)第二阶段：实施阶段

①按森林营造各技术环节分阶段开展实习实训任务。教师对各技术环节要点进行演示，学生分组进行实践练习。教师做好巡视指导工作，对各个小组出现的问题及时点评与纠正。

②在实习实训过程中分阶段小结。在每一项阶段性的实习实训任务结束时，各小组对该阶段实际操作过程遇到的问题进行小结，教师组织学生对各小组提出的问题进行讨论和点评。

(3)第三阶段：总结阶段

①教师与林场工作人员对各小组地块林木种植综合情况进行点评，结合实习实训过程中各小组成员表现，给出现场考核成绩。

②回到学校后，各小组梳理整个实习实训过程，将遇到的具体问题与心得体会做成PPT，向全班展示汇报和讨论学习，教师对各小组问题进行点评。学生撰写实习报告，教师结合现场考核成绩给出综合考核成绩。

20.2.2 教学过程设计

针对“毛竹林营造”这一具体的教学内容，任课教师设计了以下教案(表20-1)和教学过程(表20-2)。

表 20-1　参考教案

课　　题	毛竹林营造	
教学目标	知识目标	掌握森林营造各技术环节的知识要点
	能力目标	掌握森林营造各环节实际操作过程和方法，提高学生解决实际问题和创新思维的能力
	情感目标	提培养学生热爱森林、热爱绿化的情感
教学重点	运用森林营造基础知识，在林场进行林木种植实践	
教学难点	提高学生解决实际问题、理论联系实际能力	
课　　时	36 课时	
教学方式	实习实训课教学法	
教学手段	语言表达、课件演示、现场操作演示	
教学用具	多媒体课件、铁锹、平耙、镐、钢卷尺、测绳等	

表 20-2　教学过程

教学内容	教师活动	学生活动	设计意图	方法手段
课程导入	图片展示：用多媒体教学展示学校实习林场森林图片 情境导入：我校花园实习林场位于宜良县狗街镇，植被种类丰富。请根据已学森林营造知识和一周前发给大家的实习实训指导书进行预习	思考	情境导入，激发学习兴趣	课件演示 讲授法 情境教学法
分组	引导学生根据个性、成绩、能力等情况，自由组合，将学生分为 5 ~6 人的实习小组	选出小组负责人(组长)	为实习实训做准备	
讨论实习实训指导书；安全教育	对各小组提出的难点、疑点进行点评；对学生进行安全教育，介绍林场安全知识并提出安全方面的要求	分组讨论、思考	引导学生进行思考，带着问题去实习实训现场	讨论教学法
适地适树	带领学生参观实习林场苗圃，讲解适地适树的概念和原理	讨论、思考、记录	对适地适树产生感性认识	讲授法现场演示法
造林整地	以毛竹林整地为例，介绍并现场演示造林整理各技术环节	分组进行造林整地实践	掌握造林整地实际操作方法	讲授法 现场演示法
分阶段小结(1)	对学生提出的问题进行点评和总结	各小组汇报实践过程遇到的问题，分组讨论	讨论和总结	讨论教学法
造林方法	以毛竹林营造为例，重点介绍和演示植苗造林各技术环节，结合林场实际情况对播种造林、分殖造林进行讲解	分组进行植苗造林实践	掌握植苗造林实际操作方法	讲授法 现场演示法
分阶段小结(2)	对学生提出的问题进行点评和总结	各小组汇报实践过程遇到的问题，分组讨论	讨论和总结	讨论教学法

（续）

教学内容	教师活动	学生活动	设计意图	方法手段
幼林地抚育管理	在实习林场毛竹林地，介绍并演示松土除草、灌溉与排水、施肥等技术环节	分组进行幼林地抚育实践	掌握幼林地抚育实际操作方法	讲授法 现场演示法
幼林林木抚育管理	在实习林场毛竹林地，介绍并演示密度结构调整、年龄结构调整等	分组进行幼林林木抚育实践	掌握幼林林木抚育实际操作方法	讲授法 现场演示法
分阶段小结(3)	对学生提出的问题进行点评和总结	各小组汇报实践过程遇到的问题，分组讨论	讨论和总结	讨论教学法
展示汇报	评价及答疑	各组制作PPT，展示汇报实习实训过程中遇到的问题与心得体会	总结交流	课件演示
总结讨论	点评	小组讨论	总结提高	讨论教学法

【强化练习】

(1)背景材料

我国自20世纪60年代开始大力发展人工林以来，人工林发展速度较快，目前人工林面积已经占到全国森林总面积的1/5，面积较大的主要树种有马尾松、落叶松、华山松、油松、杉木、桉树、杨树、刺槐、泡桐等，人工林针叶树占68%，阔叶树占32%，南方各省人工林针叶化十分严重。由于国家对林业和环境保护的重视，我国人工林的比重逐年增大，在国家实施的林业六大工程中，其中有四大工程均需营造人工林，据专家估计，到2020年，我国人工林面积还可能扩大到森林总面积的40%。发展人工林，特别是在热带、亚热带地区发展速生丰产林，已成为世界林业发展的一种趋势。面积大、数量多、发展快的人工林对提高我国森林覆盖率，加快造林绿化和资源培育的进程、缓解林产品短缺问题起到了重要作用。与此同时，我国目前的人工林大多是生产力较低的同龄纯林，应结合中幼林抚育，加快低效人工林改造进程(王冰等，2012)。

低效人工林是指用人工造林及人工更新等方法营造的森林，因造林或经营技术措施不当而导致的低效林。就低效人工林来说，涉及的树种较多，主要有杉木、马尾松、油松、杨树、榆树、刺槐、黄波罗、水曲柳等，且多表现出未老先衰的特征，所以形象地把它们称作“小老头”林或“小老树”。在20世纪五六十年代，南方大搞杉木万亩片林与用材林基地，从山下到山脊都种植杉木，特别在杉木产区的边缘地带，都可以见到较多的杉木“小老头”林，约占基地总面积的30%。

近年来，由于沙尘暴、生物多样性丧失、环境污染、全球变暖等全球性生态环境问题的加剧，恢复和重建植被生态功能已成为人们关心的生态学热点问题。20世纪中期以来，我国营造了大量的人工造林，随着前期人工纯林年龄的增长，林分的一些弊端，如生物多样性低、结构简单、易发生病虫害、抗干扰能力差、森林生态功能低等逐渐凸现出来。如何改造现有的人工纯林，使之向具有高生物多样性和高功能的地带性森林植被发展，是当前森林经营管理的重要课题(王俊波等，2008)。

(2)案例材料

建筑物定位放线和轴线投测实训教学案例

以《建筑工程测量》课程中的民用建筑施工测量，建筑物定位放线和轴线投测实训教学为例：

①实训项目介绍 依据某小区1#住宅楼建筑总平面图、一层平面图、施工区控制点进行建筑物定位、放线并完成相关表格的记录，对建筑物轴线进行投测。

②实训工作任务分解 完成建筑物定位及轴线投测项目，分解为如下工作任务：建筑物定位及轴线投测方案制订、建筑平面图数字化定位及采集、测量数据传输、建筑物定位及检核、施工放样轴线投测及检核。

③实训作业方案

第一，收集资料，包括建筑物总平面图、一层平面图、施工区坐标控制点坐标等。

第二，将1#住宅楼建筑总平面图、一层平面图数字化并校准。确保采集的放样坐标与施工蓝图坐标一致。使用南方测绘 CASS 软件直接从校准过的 CAD 格式的数字施工图采集并生成坐标数据文件。使用坐标数据文件处理程序 PG7-3. exe 处理 CASS 采集的坐标数据文件，也可以使用 EXCEL 电子表格处理数据，生成符合测量仪器格式要求的施工放样数据文件。

第三，使用数据线连接电脑和全站仪，将电脑中的数据通过数据传输软件导入到全站仪，在全站仪上检查数据文件的正确性和完整性。

第四，在实训场地架设全站仪，以小组为单位进行施工放样。在场地内已知坐标控制点上建站，再利用场地内其他可视控制点后视定向。依据已校准的平面图标记放样点位依次定位，定位完成后检核各放样点间边长及角度是否符合规范要求。这种操作方法已达到施工测量岗位要求，在此基上还可以提高要求。如各小组间互相配合，使用多台全站仪同时进行放样作业。实践证明，数字化放样的工效是传统放样方法的6倍。

第五，用木桩及钉子完成建筑物主轴线、细部轴线控制桩的放样并检核。

第六，完成4个轴线控制点的投测。4个轴线控制点构成边长为20m的正方形。先在底层基点处架设激光铅直仪，调校到铅直状态后，打开激光电源，就会发射和该点铅垂的可见光束。然后在楼板开口处用接收靶接收，通过无线对讲机调校可见光斑直径，达到最佳状态时，通知观测人员逆时针旋转铅直仪，这样在接收靶处就可见到一个同心圆(光环)，取其圆心作为向上的投测点，并将接收靶固定。同样的办法完成剩余点的投测。检核投测点是否符合允许偏差要求。

④教学组织 围绕1#住宅楼定位放线和轴线投测实训项目进行教学组织。针对完成项目及各个环节所需的专业能力、方法能力、社会能力进行讲解、示范、训练。例如全站仪的认识操作环节，先是在专业机房实物讲解全站仪的各部分功能，后在虚拟实验中示范操作，再安排学生使用全站仪模拟器训练，这些过程都在电脑上完成。课后将学生分成每三人一组，查阅资料、制订作业方案、确定作业方法与工作流程、作业过程实施等环节都以小组为单位进行工作。根据项目各环节的任务、工作过程与施工测量作业标准完成学习过程，并用国家中级测量放线工职业标准进行评价。

知识技能评价：建筑施工图的基本知识及阅读方法和步骤；阅读总平面图的方法和步

骤；熟悉与测量放线有关图纸的阅读，房屋的组成部分及施工程序。运用公式进行建筑坐标系和测量坐标系、直角坐标和极坐标的换算：角角交会法和距离交会法的定位计算。

操作技能评价：根据红线桩的坐标校核其边卡、夹角是否对应，并实地进行检测；掌握由已知控制点测设控制网成主轴线的方法；按平面控制网进行定位放线；按地物相对关系进行定位；熟练掌握从基础到各施工层的弹线方法。熟练掌握激光铅仪的使用和投测轴线点的方法，并现场测量测角误差和边长相对误差(袁辉等，2014)。

(3)要求

①在充分查阅资料、了解低效人工林改造基本原理及技术措施的基础上，根据背景材料，采用实习实训课教学法设计教案，重点阐述1~2个改造技术环节，具有实用性、可操作性。

②结合案例材料分析思考，指出在林业专业实习实训课教学中，可以借鉴学习以及重点要注意的问题有哪些?

【教学反思】详见项目5 P051。

【学习小结】详见项目5 P051。

【拓展阅读】

1. 课件范例

课件范例可参考本教材数字化资源数据库中的相关PPT。

2. 备课资源

(1)课程可用视频

毛竹林丰产高效培育技术

http://www.iqiyi.com/w_19rr73ymut.html

(2)备课参考书籍

林业技术专业综合实训指导书——森林培育技术．黄云鹏．中国林业出版社，2009

森林培育学实践教程．梅莉，张卓文．中国林业出版社，2014

(3)备课参考网站

森林培育学实习报告

http://wenku.baidu.com/view/bd63c9d9d5bbfd0a795673ba.html

林学实验教学示范中心

http://fetc.njfu.edu.cn/

中国教学案例网

http://www.cctc.net.cn/soft/index.asp

(4)南方国家级林木种苗示范基地

http://nfzm.huamu.cn/index.html

项目21 现场教学课教学法综合应用

【任务载体】

播种育苗是现阶段一般苗圃育苗的主要方式，由种子萌发长成的苗木称为实生苗。播种育苗操作相对简单，技术比较成熟，可在短期内培育大量苗木。播种培育的苗木，根系发达，抗恶劣环境能力较强。

【教学目标】

知识目标：掌握播种育苗各技术环节的知识要点。

能力目标：掌握播种育苗各技术环节实际操作过程和方法，提高学生理论联系实际，运用知识的能力。

情感目标：培养学生热爱林业、热爱自然的情感。

【重点难点】

重点：理解林业专业现场教学课教学法综合应用的含义及一般流程；掌握播种育苗技术要点。

难点：播种育苗现场教学课的组织管理、教学过程设计、学生分组操作及考核等。

任务21.1 现场教学课教学法认知

21.1.1 现场教学课教学的必要性

(1)能提高学生的感性认识

现场教学方法的最大优点在于其直观性，并能充分体现理论联系实际这一特点。因为现场教学是直接在施工生产现场进行，它把课程内容与学生在现场直接看到的建筑物、机械设备、施工方法紧密联系起来，从而突破了课堂教学的某些局限，并改变了学生的认知活动结构。

例如，“森林培育学”是高职林业专业学生的必修课。在学习该课程中的抚育采伐这一部分内容时，可在工作现场进行教学。当学生看到林场工作人员对林木进行抚育采伐施工时，就能对抚育采伐产生感性认识，这样就加强了学生对事物的理解，深化其所学的知识。

(2)激发了学生学习的积极性和主动性

学生的积极性和主动性除了与自身的性格、素质、爱好、兴趣等主观因素有关以外，与外界的刺激、环境的协调同样有着非常直接的关联。现场教学能够使学生身临现场，真实的工程、真实的场景、真实的实例，让学生从一开始就感受到整个教学过程是解决生产实际问题的过程，再加上任课教师和现场指导老师有针对性的讲解、分析、指导，可充分激发学生学习的积极性和主动性。

(3)能在一定程度上弥补实验设施的不足

有很多课程中的实践教学过程可以在实验室、实训室完成，但农业、林业、工程机械类等专业的课程实践教学则不同，除了一些基础理论的验证性实验可以在实验室完成外，很多施工过程的实践是无法在实验室、实训室完成的。首先，很多施工的建筑物构件体积庞大；其次，很多施工的机械设备价格昂贵且在实验室不易放置；第三，有些实验室也没有必要在学校建立，如一些可以直接在施工现场很容易完成的实践操作或实验。对于那些学生不可能在校内实训室完成的课程技能训练项目，就可以利用施工现场教学来弥补。现场教学的实践证明，把课堂搬到了现场，根据职业岗位要求，有选择性和针对性地教学，既能在一定程度上弥补实验设施的不足，又能提高教学效率，保证教学效果(张芬，2013)。

21.1.2 现场教学课教学法含义

现场教学，最早被称为“现场经验”(Field Experience)，由柯南特医生在医学院临床实践教学过程中总结提出。现场教学课教学法是教员和学员同时深入现场，通过对现场事实的调查、分析和研究，提出解决问题的办法或总结出可供借鉴的经验，从事实材料中提炼出新的观点，从而提高学员运用理论认识问题、研究问题和解决问题能力的教学方式和方法。简单地说，就是教师利用现场教，学员利用现场学，核心是利用现场教学资源为实现教学目的服务(浙江行政学院课题组，2008)。

21.1.3　适用范围

现场教学课教学法强调理论联系实际，将学生置身于现场，边参观边听讲解，边听讲解边进行实际操作，突破了课堂教学的某些局限，改变了学生的认知活动结构。

适合现场教学的专业课程具有实践性和操作性较强、与生产生活紧密联系的特点，主要集中于农业、林业、工程机械类、医学等方面。而一些其他学科也能从生产生活中找到其与实际相联系的结合点，所以其适用范围非常宽广。

林业专业很多课程需要在野外进行生产实践，如林木种苗培育、造林作业设计与施工、森林抚育间伐、森林主伐作业等。作为一种林业专业教学法，现场教学课教学法适用范围十分宽阔。

21.1.4　一般流程

现场教学法的一般流程或实施步骤如图21-1所示。

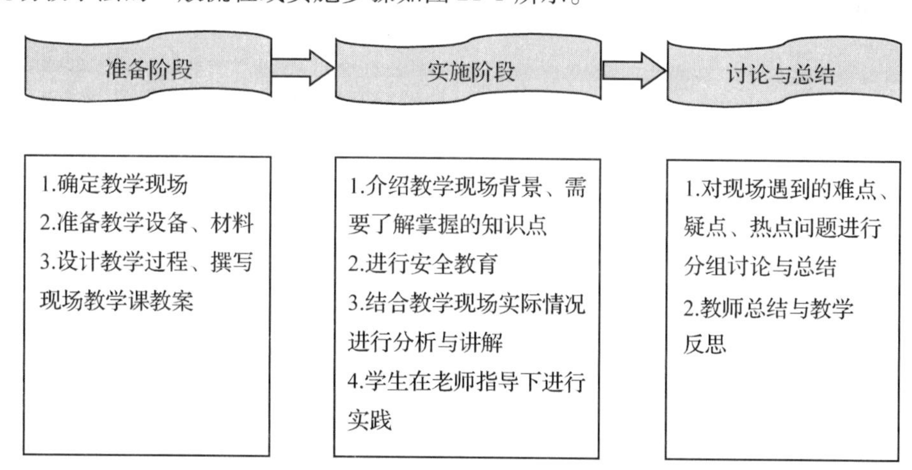

图21-1　现场教学课教学法运用实施的一般流程

21.1.5　注意事项

(1)选择合适的场地

场地的选择，直接关系到现场教学的效果，所以在场地选择时应进行全面综合地衡量。首先，应根据课程的内容来选择教学场地，也就是授课内容要跟施工现场正在施工的内容相吻合，否则就很容易失去现场教学的意义。其次，现场教学选择的场地要尽可能接近学校，交通方便，现场条件好，最好是安全防护措施要严密到位，现场技术装备先进，技术人员业务水平高的企业。最后，现场教学所选择的企业要与学校关系良好，最好是校企合作比较深入的施工企业，否则很多情况下可能得不到现场企业人员的鼎力支持与配合，影响现场教学的效果。当现场教学的场地确定下来后，教师应提前熟悉现场，制订好现场教学的行走路线，根据线路上的知识点确定教学的重点和难点，并事先和场地的负责人及相关技术管理人员做好沟通，这些都将为现场教学的成功奠定坚实基础。

(2)加强安全教育与管理

由于现场教学是在生产作业现场进行的，对于很少到过生产第一线的学生来说，存在着很多不安全因素。施工现场布满沟槽、钢筋、机械设施和机动车辆等，这些均可能对学生构成伤害。必须重视对学生的安全教育与管理：一方面，要确保学生的人身安全；另一方面，也要避免影响到现场单位生产作业的安全。在现场教学前，必须对学生进行安全教育，介绍相关安全知识并提出安全方面的要求。在现场教学过程中也要及时提醒与督促学生注意安全。

任务 21.2 现场教学课教学法操作

21.2.1 教学实例分析

某林业专业教师在教授“森林培育学”课程中的“播种育苗”内容时，结合学校林场实际情况，运用现场教学课教学法成功地组织学生完成了云南松播种育苗现场教学的工作任务。该教学任务共分为3个阶段。

(1)第一阶段：准备阶段

①授课教师提前联系林场工作人员，确定现场教学可行性与教学时间安排。

②教师带领骨干学生实地走访林场，确定现场教学地点、路线、准备现场教学材料与工具。

③要求学生预先学习“森林培育学”课程使用的教材中与播种育苗相关的内容与知识点。

(2)第二阶段：实施阶段

①授课教师介绍林场基本情况、播种育苗需要掌握和注意的知识点。

②对学生进行安全教育，介绍林场安全知识并提出安全方面的要求。

③带领学生前往林场，实地参观林场苗圃。边参观边讲解，使学生对播种育苗产生一定感性认识。

④在现场教学地点，按实际操作流程，向学生展示播种育苗各个环节。发放实验工具与材料，学生分组进行播种育苗操作。教师做好巡视指导工作，对各个小组出现的问题及时点评与纠正。

(3)第三阶段：讨论与总结

①回到学校后，各小组梳理整个现场教学过程，将遇到的具体问题与心得体会做成PPT，向全班展示汇报和讨论学习，教师对各小组问题进行点评。

②师生进行总结与教学反思。

21. 2. 2 教学过程设计

针对“云南松播种育苗”这一具体的教学内容，任课教师设计了以下教案（表 21-1）。教学过程参考表 21-2。

表 21-1 参考教案

课　　题	云南松播种育苗	
教学目标	知识目标	掌握播种育苗各技术环节的知识要点
	能力目标	掌握播种育苗各技术环节实际操作过程和方法，提高学生理论联系实际，运用知识的能力
	情感目标	培养学生热爱林业、热爱自然的情感
教学重点	掌握现场教学课教学法的运用技巧	
教学难点	提高学生理论联系实际，运用知识的能力	
课　　时	6 课时	
教学方式	讲授法、现场教学	
教学手段	语言表达、现场操作演示	
教学用具	铁锹、平耙、镐、钢卷尺、测绳等	

表 21-2 教学过程

教学内容	教师活动	学生活动	设计意图	方法手段
课程导入	图片展示：用多媒体教学展示学校实习林场森林图片 情境导入：我校花园实习林场位于宜良县狗街镇，植被种类丰富。请根据已学播种育苗知识进行预习	思考	情境导入，激发学习兴趣	课件演示 讲授法 情境教学法
知识准备	介绍播种育苗各个环节的知识点；介绍林场基本情况；介绍林场安全知识并提出安全方面的要求	思考并记录	引导学生进行思考，带着问题去教学现场	讲授法
参观苗圃	带领学生来到林场，按既定路线参观苗圃，边参观边讲解，边提问题边思考	参观、思考并记录	使学生对播种育苗产生一定感性认识	讲授法
种子的准备	介绍播种前种子处理的意义与方法。现场演示浸种与种子消毒操作	观察、思考并记录	了解播种前种子处理的实际操作过程与方法	讲授法 现场演示法
土壤条件的准备	介绍并现场演示整地、作床、作垄、土壤消毒等操作	观察、思考并记录	了解准备土壤条件的实际操作过程与方法	讲授法 现场演示法
播种	介绍并现场演示开沟、播种、覆土、插牌等操作	观察、思考并记录	了解播种的实际操作过程与方法	讲授法 现场演示法

（续）

教学内容	教师活动	学生活动	设计意图	方法手段
分组实践	将学生分为5人1组，分发用具与材料，指导学生分组进行播种育苗操作。教师对各组遇到的问题给予点评与指导	分组进行播种育苗实践操作	动手参与播种育苗操作，体会各技术环节的难点、要点	讲授法 现场演示法
展示汇报	评价及答疑	各组制作PPT，展示汇报现场教学过程中遇到的问题与心得体会	总结交流	课件演示
知识小结	教师总结	自我总结	总结提高	归纳法

【强化练习】

（1）背景材料

抚育采伐作业设计是在抚育采伐施工前对需要进行抚育采伐的小班全面调查的基础上，从作业量、作业设施、投资收益等方面进行的设计，是抚育采伐作业施工的依据。抚育采伐作业设计是保证森林抚育质量和成效最为重要的管理环节。通过抚育采伐设计，调整林分密度，改善林木生长发育的条件，缩短森林培育周期，提高木材质量和工艺价值，达到提高森林经营水平和经济效益的目的。抚育采伐作业设计是组织指导生产、上级下达经费设备和劳动安排的依据，做好作业设计可以避免施工的盲目性。

抚育采伐作业设计应遵循现场调查的原则，坚持生态优先，以提高林分质量为宗旨，在充分考虑森林培育目标的基础上，通过科学合理地确定抚育采伐内容和措施，做到技术上合理、方法上可行、经济上合算。

抚育采伐作业设计的调查因子包括权属、林种、林分起源、树种组成、平均年龄、郁闭度、平均胸径、平均树高、公顷株树、公顷蓄积、小班面积、乔木树种萌蘖与分蘖、目地树种更新幼苗幼树、立地因子以及灾害情况等。

a. 踏查

以森林资源调查数据为基础，根据集中连片原则确定踏查范围。在实地踏查的基础上，根据林分起源、树种组成、林龄、郁闭度、抚育方式、立地因子等，确定需要抚育采伐的边界和抚育作业区。作业区面积原则上不大于20hm^2，作业小班面积测量采用1:10 000地形图调绘，GPS绕测。在调绘过程中主要靠技术人员实地目测判断、识图定位调绘。在边界的确定方面主要以路、沟、河、梁、山脊、地埂、等高线等较明显的地物地貌进行区分。利用二类调查时划分的林班界线进行作业区划，与二类调查小班相结合，根据小班森林资源分布状况典型或机械布设标准地，每小班设置1～3块面积一般为0.1～0.2hm^2（30m×40m）的标准地，不小于作业小班面积的1%～2%。每个作业小班应实测1～4个GPS控制点，并绘制到地形图上，至少拍一张反映林分现实状况的照片备查。

b. 标准地调查

标准地调查是在短时间内取得林分自然条件、环境因子、林木分化、蓄积量、生长量、间伐出材量、林龄的重要手段，由此可确定间伐木的标准、保留木的最适密度、预估抚育采伐效果。

第一，每木调查；

第二，标准地各林分因子计算；

第三，标准木的选择与伐倒测定：为最后确定该林分是否需要抚育采伐，需测定林分生长量。选取2~3株标准木，作树干解析。

c. 抚育采伐对象的确定

第一，人工幼林郁闭度0.9以上，中龄林郁闭度在0.8以上的林分；

第二，天然幼龄林郁闭度0.8以上，中龄林郁闭度0.7以上，或下层目的树种幼树较多且生长稳定，分布均匀，郁闭度0.6以上的林分；

第三，遭受过轻度自然灾害的林分。

d. 抚育采伐木确定原则

第一，淘汰低价值的树种；

第二，砍去品质低劣和生长落后的林木；

第三，改善森林卫生环境；

第四，维护森林生态系统的平衡；

第五，根据不同林种，实现培育目的。

e. 采伐方式

采伐方式可分为透光伐与疏伐两种。透光伐在幼龄林、未郁闭之前进行，对纯林去密留稀、留优去劣。对针叶林多留点阔叶树，阔叶林则多留点针叶树；混交林者主要是割灌除蔓，砍去影响目的树种生长的次要树种，与砍去压制下层幼树生长的散生木。用材林要尽可能保留珍贵树种，防护林要尽可能保留能改良土壤、涵养水源的阔叶树种。

f. 抚育采伐强度的确定

确定抚育采伐强度一般有两种方法：一是定性法，即根据林木分级、林分郁闭度和疏密度确定；二是定量法，即根据树木胸高直径与冠幅的关系、树冠系数(树高与冠幅的相关规律)、密度控制图或收获量表进行确定。

g. 采伐木打号

标定采伐木是施工前完成的技术性工作，不允许不打号采伐，不允许非打号员打号。这项工作是以标准地采伐中确定下来的采伐木标准，由确定的间伐强度，在生产作业区全面进行的。生产作业中属临时打号，用色笔、粉笔、砍号、号印都可以。砍号只能刮破树皮，不能砍伤木质部。

h. 标准地调查材料汇总

按标准地调查汇总表逐项计算填写。

(2)案例材料

现场教学法在“化工过程及设备”课程中的应用

将化工过程及设备课程分为流体输送、传热、精馏、干燥、萃取、吸收、过滤、反应器8个学习情境。现以流体输送情境为例。

a. 教学现场的准备

教学现场设在流体输送实训室，内有1套我院与企业联合开发的大型流体输送实训装置、一套可拆卸的管路系统、流体输送设备模型若干、电脑及投影1套、黑板1块、课桌椅若干。

b. 现场教学内容的设计

现场教学内容的设计至关重要，要简明扼要，突出重点难点。

第一，流体输送装置的认识，包括管道、阀门、测量仪表、储罐、流体输送设备结构的认识。

第二，流程图的绘制，在现场将整个流体输送装置流程图正确绘制出来。

第三，流体输送单元理论知识学习，包括流体的性质、流体的静力学原理和动力学原理及其应用、流体输送设备的结构性能与工作原理等。

第四，流体输送装置的操作，掌握流体的4种输送方式，并能熟练操作相应装置。

第五，管道的拆装，对给定的一段管道能进行熟练的拆装，并能进行试压试验和运行。

c. 现场教学的方式

采用任务驱动法，教师给出流体输送任务，学生根据任务先分组参观讨论，认识各管件、设备；然后采用学生提问老师的方式进行答疑，同时配以针对性的问题引导学生思考。在学 生对流体输送有一个感性认识的基础上，进行相关理论知识的讲解，讲解过程中输送设备的结构配以多媒体动画演示和模型展示，激发学生的学习兴趣。

学习了相关理论知识后，进行动手操作练习。动手练习之前，引导学生对危险源进行分析，并提出注意事项。在安全得到保证的前提条件下，放手让学生按组自主操作练习，练习过程中遇到问题，组内讨论解决，解决不了找教师。将学生的学习由被动变主动，最大限度地提高学生的参与度。若分组练习存在装置不够的问题，采用部分动手练习、部分见习的方法，让见习学生去主动发现动手练习学生存在的问题，这样达到相互学习、共同提高的目的。

d. 现场教学的组织实施

现场教学的组织实施原则是确保在指定时间内高效、有序的完成相应的任务。理论教学集中上课，动手操作将学生分为六组 ，每组指定一个组长。

e. 教学效果的评价

教学效果的评价是多元的，过程考核与结果考核相结合，理论考核与实践考核相结合，教师考核与学生互评相结合。

其中实践考核同样以组为单位，一组一个总成绩，这让学生意识到团队合作的重要。平时是自由练习，考核时，岗位由教师来定，这促使学生对所有岗位都必须熟练掌握，不抱任何侥幸心理(王卫霞，2009)。

(3)要求

①要求结合实际情况，运用现场教学课教学法为抚育采伐作业设计编写教学方案。以小组为单位设计方案，可以选择2~3个技术环节进行重点设计。

②结合案例材料分析思考，在林业专业现场教学过程中可以借鉴学习以及重点要注意的问题有哪些？

【教学反思】 详见项目5 P051。

【学习小结】 详见项目5 P051。

【拓展阅读】

1. 课件范例

课件范例可参考本教材数字化资源数据库中的相关PPT。

2. 备课资源

(1)备课参考书籍

林业技术专业综合实训指导书——森林培育技术．黄云鹏．中国林业出版社，2009

森林培育学实践教程．梅莉，张卓文．中国林业出版社，2014

林木种苗生产技术(第2版)．邹学忠，钱拴提．中国林业出版社，2014

(2)备课参考网站

林学实验教学示范中心

http：//fetc. njfu. edu. cn/

中国教学案例网

http：//www. cctc. net. cn/soft/index. asp

森林培育多媒体课件

http：//fetc. njfu. edu. cn/pub/jspcms/p1_ l2932_ r1423_ z14. htm

参考文献

陈巧灵．2014．高职高专实习实训教学环节的探讨[J]．管理学家．

陈晓阳．2006．林业专业教育教学与改革[M]．北京：中国林业出版社．

姬孝忠．2013．高职林业技术专业教学改革与实践的探讨[J]．中国林业教育．

菅振行．2014．中职专业课“行动导向”教学研究[J]．成人教育．

蒋荣华，黄彩明．2008．大树移栽及养护技术探析[J]．安徽农业科学．

李明诗，孙力．2012．新形势下林学本科人才培养模式改革的思考[J]．黑龙江生态工程职业学院学报．

李青松，马春喜．2005．高职园林专业教学方法改革初探[J]．河北职业技术学院学报．

刘莉颖，陈西伟．2012．行动导向教学在中职农艺专业教学中的应用[J]．安徽农业科学．

刘诣．2009．高职教育的实训教学模式探究[D]．天津：天津大学硕士学位论文．

马洁，刘小河，付兴建，等．2013．理论教学和实践教学一体化模式探究[J]．实验技术与管理．

沈国舫．2011．森林培育学[M]．北京：中国林业出版社．

沈国舫，翟明普．2013．森林培育学[M]．2版．北京：中国林业出版社．

王冰，骆崇云，陈敏．2012．低效林改造的评价标准及问题探讨[J]．辽宁林业科技．

王春华．2014．关于高职实习实训教学的探究[J]．时代经贸．

王俊波，马安平，王得祥，等．2008．我国人工林经营现状与健康经营途径探讨[J]．世界林业研究．

王立方．2013．浅议近自然林经营理论的内涵及理念[J]．河北林业科技．

王卫霞．2009．现场教学法在“化工过程及设备”课程中的应用[J]．广东化工．

肖伟才 . 2011. 理论教学与实践教学一体化教学模式的探索与实践[J]. 实验室研究与探索.
许荣进 . 2014. 综合教学法在医学免疫学教学中的应用探讨[J]. 大家健康 .
应吴硕 . 2011. 构建高职院校实训教学质量管理体系的研究与实践[D]. 上海：上海师范大学硕士学位论文.
袁辉，严兵 . 2014. 高职高专“建筑工程测量”实训教学法研究[J]. 职教论坛 .
翟明普 . 2011. 现代森林培育理论与技术[M]. 北京：中国环境科学出版社 .
张芬 . 2013. 现场教学法在高职建筑类专业课程教学中的应用[J]. 科教导刊 .
浙江行政学院课题组 . 现场教学法研究[J]. 天津行政院学报 .
周长春 . 1990. 农科教学法[M]. 北京：农业出版社 .

附录

林业专业教学法综合应用说课、评课参考

附录1 林业专业教学法综合应用说课稿

1.1 理论课教学法综合应用

1.1.1 说教材

1.1.1.1 教材简析

《理论课教学法的综合应用》教材是针对林业专业课程教学中基础理论教学而编写。由于理论课教学容易使学生感觉既抽象，又枯燥，如何综合应用各种现有的教学方法来提高专业课理论教学的效果，是本项目教材的主要目标。本着科学性、实用性和专业性的原则，适应我国生态文明建设和林业生产工作实际的需要，以森林立地理论知识为教学载体，把专业理论知识形象具体化，充分拓展学生思维。

1.1.1.2 教学目标

依据本项目教学的要求，结合林业专业培养目标及学生的综合特点，从以下3个方面设置教学目标：

知识目标：熟悉森林立地基本概念及立地因子划分、立地质量评价和立地分类等基本理论知识，掌握森林立地类型划分的方法等。

能力目标：提高学生综合分析森林立地条件的能力。

情感目标：感受理论课综合教学法的魅力，激发学生认知森林立地的激情。

1.1.1.3 教学重点难点

教学有法，但无定法。根据本项目教学目标和教学载体的要求，从林业专业学科教学内容来看，森林立地相关基本概念、立地评价和立地类型是教学重点，从教育学的活动要求来看，培养学生综合能力，掌握理论课教学法的综合应用是教学重点。而教学难点则是如何因时因地制宜地进行理论课教学法综合应用，达到提高学生能够正确分析不同类型森林立地条件能力的教学目标。

1.1.1.4 课时安排

本项目教学建议课时为2学时，第1课时主要包括图片课堂导入，学生思考为什么不同立地条件植被类型不同，并展开讨论，教师阐述森林立地的相关基本概念和主要类型及评价；第2课时结合林业工作实际，运用综合教学法讲述森林立地的划分和应用，教师布置任务，学生分组讨论，最后总结评价、强化训练。

1.1.1.5 教具准备

搜集不同类型立地条件的照片图、制作相关基本概念比较表等。

1.1.2 说教法

1.1.2.1 主要采用的教学方法

理论课教学法的综合应用主要是根据课堂教学的实际需要，灵活运用演示法、案例教学法、问题教学法、讨论法、头脑风暴教学法、项目教学法等多种教学法相结合，不断提高课堂教学效果。

(1)演示法

教师在课堂上展示各种立地条件类型图片进行直观教学，让学生通过观察获得感性认识，使学生理论联系实际，激发学生学习兴趣。

(2)案例教学法

以某地典型的山地林地为案例，将教材中有关立地条件的各个知识点有机串联起来以激发学生的学习兴趣，发挥学生的主体作用和教师的主导作用，提高学生分析和解决问题的能力。

(3)问题教学法

在教师指导下，学生针对课堂提出的问题进行分组讨论、发散思维，提高学生分析问题和解决问题的能力。

(4)集体讨论法

针对学生提出的问题，组织学生进行集体和分组讨论，促使学生在学习中解决问题，培养学生的团结协作的精神。

1.1.2.2 教学方法及其理论依据

在教学过程中合理的使用多媒体技术和其他教学手段，引导学生主动思考问题，由被动接受知识转变为主动思考，充分发挥其主观能动性，提高学生的学习能力和学习效果。

通过上述课堂教学，使学生在轻松的情景中学到知识，在视听感受中理解知识，在课堂教学的参与中巩固知识，从生活中感受专业，提高学生的综合素养。

1.1.3 说学法

课堂教学能够取得良好的互动和教学效果，要求教师必须对授课对象的知识背景、认知能力进行了解和把握。在学习本项目内容前学生已经完成了植物学、土壤学、森林生态学等专业基础课程知识的学习，如植物分类、土壤类型、森林与环境等，结合学生已学知识，让学生主动参与教学过程，倡导自主学习、合作学习、探究学习，让学生通过观察、资料分析等，培养学生的科学探究能力，学生以小组为单位，进行合作学习，唤醒学生的学习意识、挖掘学生的潜能，调动其积极性和主动性，培养学生自主学习的精神，从而掌握教学重点、突破难点。

1.1.4 说教学过程

教材编写组经过充分研讨，在熟悉学生对以前知识掌握的基础上，从激发学生兴趣导入新内容和引入新概念，结合重点和难点展开新课内容，并及时小结和归纳主要知识点。为了使课堂教学有序进行，必须做好充分的课前准备，包括授课计划、教案、课件等。学生准备包括知识准备和小组准备。

1.1.4.1　导入新课

简单回顾前面课讲过的旧知识，利用多媒体展示相关森林植被图片导入新课，使学生对本次课产生兴趣。通过学生讨论，引出本次课内容，并解释森林立地的重要性。

为了达到课堂的最佳效果，在教学实施过程中注意营造悬念氛围，如引入讲解，给学生一组图片，通过图片让学生自己谈谈图片包含了什么信息。针对学生课堂讨论的情况，提出本项目教学内容，容易引起学生的兴趣。

1.1.4.2　讲授新课

以课堂讲授为主，采用多媒体课件、学生发散思维等方式让学生对知识有一个直观、清晰、准确的了解。

①教师示教　通过图片展示、学生观察的双边互动教学，使学生更直观地学习，可解决部分重点。

②师生点评　通过点评，不仅可以纠正失误，而且可以引起学生注意。

③分组讨论　通过小组讨论、角色扮演，巡回指导，帮助学生加深对所学知识的掌握。

④归纳总结　借助多媒体课件展示和回顾立地条件相关基本知识，对本项目重点和难点内容进行归纳总结，使其转化为便于学生理解和记忆的知识点。

通过以上教学过程的实施，学生不仅对重点知识应用自如，而且对难点内容也有初步的判断。整个课堂教学过程中要根据学生的学习情况，合理安排时间和综合教学法，潜移默化地培养学生总结和分析问题的能力。

1.1.4.3　课堂练习

结合森林立地条件教学内容，分组讨论如何开展理论课教学法综合应用。

1.1.4.4　巩固新课

根据教学目的和教材内容，抓住重点问题加以简要概述或提问学生，加深学生的印象和记忆，巩固新课内容。

1.1.4.5　布置作业

①根据背景材料，查阅资料了解近自然林业发展现状及其应用情况，采用理论课教学法综合应用设计一份教案。

②结合案例材料分析思考，在林业专业理论课教学中如何灵活运用各种教学方法？

1.1.4.6　板书设计

采用提纲式板书形式，这样提纲挈领、层次分明，很好地说明本节课的教学内容(附图1-1)。

一、理论课教学法的综合应用概述	二、理论课教学法的综合应用
(一)意义及含义	(一)教学实例分析
(二)主要教学方法	(二)教学过程设计
(三)适用范围	1. 教案设计
(四)一般流程	2. 教学过程
(五)注意问题	三、强化练习

附图1-1　板书设计参考

1.2　理论与实践相结合课程教学法综合应用

1.2.1　说教材

1.2.1.1　教材简析

现代林业高素质应用型专业技术人才的培养是高职林业专业培养的主要目标，理论与实践相结合是林业专业课程学习的特色，因此，理论与实践相结合课程教学法应用广泛。本项目教材根据专业培养目标的要求，以嫁接育苗为任务载体，从分析教学实例中的教案设计和教学安排入手，探讨了理论与实践相结合课程教学法在提高林业专业课程教学质量中的重要作用。

1.2.1.2　教学目标

根据高职林业专业课程学习，要求既懂理论又会实践操作的特点，主要从 3 个方面设置教学目标：

知识目标：熟悉嫁接育苗成活的基本原理，掌握嫁接育苗操作流程和提高成活的措施。

能力目标：提高林木嫁接实践操作技能，能分析影响嫁接成活的主要因素。

情感目标：养成大胆实践、积极探索、吃苦耐劳、团结协作的精神，培养学生观察能力。

1.2.1.3　重点难点

从林业专业课嫁接育苗具体教学内容来看，本项目教学的重点是嫁接育苗的基本原理、技术措施和嫁接后的管理，其中嫁接基本原理也是教学的难点。从专业教学法来看，如何将理论与实践相结合课程教学法渗透到课堂教学中每个环节，使学生掌握嫁接育苗的理论知识，同时又能进行嫁接基本操作，这既是本项目教学的重点，也是教学的难点。

1.2.1.4　课时安排

本项目教学建议课时为 2 学时，第 1 课时，主要通过多媒体教学法阐述嫁接的基本原理、影响成活的主要因素和嫁接育苗的操作过程等理论知识；第 2 课时，充分考虑理论与实践相结合，以教师演示和指导学生分组操作等教学方法，系统完成嫁接育苗的整个操作过程的练习环节，最后进行总结评价。

1.2.1.5　教具准备

嫁接育苗相关影像资料以及嫁接操作所用的嫁接刀、枝条、薄膜条等用具。

1.2.2　说教法

1.2.2.1　主要采用的教学方法

理论与实践相结合课程教学法的综合应用，主要结合演示教学法、问题教学法、情景模拟法、实验教学法、案例教学法、讨论教学法、头脑风暴教学法以及项目教学法等多种教学法，以求达到最佳的课程教学目的。

(1)演示教学法

教师在课堂上展示各种嫁接育苗图片，同时进行嫁接过程演示，让学生通过观察获得感性认识，使学生理论联系实际，激发学生学习兴趣。

(2)问题教学法

在教师指导下，学生针对课堂提出的问题进行分组讨论、发散思维，提高学生分析问题和解决问题的能力。

(3)情景模拟法

根据嫁接育苗教学内容和教学目标，有针对性地模拟生产嫁接情景，让学生通过实际操作获取知识和提高嫁接技能，增强课堂趣味性，培养学生的自学能力、思维能力、活动组织能力。实现理论与实践相结合课程教学。

1.2.2.2　教学方法及其理论依据

运用多媒体教学手段，系统直观地讲述讲述嫁接育苗的基本理论和技能，充分调动课堂气氛，引导学生主动接受课堂知识。采用分组实践操作模拟嫁接过程的教学环节，加深学生对理论知识的理解，同时在实际操作过程中不断发现问题，积累经验，从而提高学生学习效果和课堂教学质量，实现教学目标。

1.2.3　说学法

学生在学习嫁接育苗内容前，已基本了解林木育苗的主要方法，并具备了林业专业相关课程的基本知识，在理论与实践相结合教学过程中，主动参与实际操作，激发学习的兴趣，调动学生学习的积极性，为顺利掌握本项目教学重点和难点奠定基础。

1.2.4　说教学过程

从课前设问出发，较好地引出新知识嫁接育苗技术，运用理论与实践相结合教学法较好突破重点和解决难点。

1.2.4.1　导入新课

简单回顾已经学习了的林木播种技术，巩固旧知识，同时列举生产中应用较多的嫁接育苗案例，引出本项目内容要学习的另外一种苗木营养繁殖方法——嫁接育苗。

1.2.4.2　讲授新课

以多媒体课件讲授和学生动手操作完成课堂教学环节。

①教师示教　通过多媒体幻灯片展示相关嫁接图片，引导学生观察并思考嫁接苗的组成及嫁接方法，通过直观地学习，可解决部分重点。

②教师演示　在讲述嫁接育苗基本知识点，教师根据嫁接基本操作步骤，从切砧木、削接穗、插接穗和包扎等环节一步一步演示，并设置问题，引导学生主动思考。

③学生操作　学生按照嫁接育苗技术要点分组进行实践操作，教师指导，及时解决出现的问题。

④师生点评　师生分别对分组操作的情况进行点评，表扬好的方面，分析出现问题的原因。

⑤归纳总结　借助多媒体课件总结回顾嫁接育苗的主要内容，对教学重点和难点进行归纳总结。

1.2.4.3　课堂练习

结合嫁接育苗教学内容，分组讨论分析本项目理论与实践相结合教学过程中存在的不足及改进措施。

1.2.4.4　巩固新课

根据本项目教学目标，以归纳总结和比较分析的方法概述嫁接育苗的知识点，如不同嫁接时期、嫁接方法的比较，加深学生对新知识的理解和掌握。

1.2.4.5　布置作业

①结合背景材料，在充分查阅资料、了解大树移栽成活基本原理及技术措施的基础上，采用理论与实践相结合课程教学法设计一份教案。

②分析案例材料，指出在林业专业课理论与实践相结合课程教学中重点要注意的主要问题有哪些?

1.2.4.6　板书设计

采用提纲式板书形式，这样提纲挈领、层次分明，很好地说明本节课的教学内容(附图 1-1)。

1.3　实习实训课教学法综合应用

1.3.1　说教材

1.3.1.1　教材简析

实习实训课是学生在校期间获取职业综合能力的最主要途径和手段，在整个高职教育教学方法中占有极为重要的地位。实习实训课教学内容具有独立性与综合性两个特点。独立性是指实习实训课是独立于理论课的教学活动，主要是针对学生进行专项技能训练。综合性特点是指实习实训课对专业理论与专业技能进行了综合。林业专业课程设置中有大量的实践内容，作为一种林业专业教学法，实习实训课教学法适用于林业专业教学的许多环节。本项目教材根据专业培养目标的要求，以森林营造为任务载体，从教案设计和教学安排分析入手，探讨了实习实训课教学法在林业专业课程教学中的综合应用。

1.3.1.2　教学目标

依据本项目教学的要求，结合实习实训课的综合特点，主要从 3 个方面设置教学目标：

知识目标：了解森林营造的基础知识，掌握森林营造各技术环节的知识要点。

能力目标：掌握森林营造各技术环节实际操作过程和方法，提高学生解决实际问题和创新思维的能力。

情感目标：培养学生热爱森林、热爱绿化的情感。

1.3.1.3　重点难点

从林业专业课造林技术具体教学内容来看，本项目教学的重点与难点是森林营造的各项技术环节，如播种造林、分殖造林、松土除草、灌溉与排水等。从实习实训课教学法来看，如何将造林技术的基本原理与实际操作相结合，使学生能够将专业理论与专业技能融会贯通，并能在实际运用中解决具体问题和提高创新能力，这既是本项目教学的重点，也是教学的难点。

1.3.1.4　课时安排

本项目教学建议课时为36课时，第1～6课时，主要通过多媒体教学展示的方法阐述森林营造的基本原理、各项技术环节的要点、难点，介绍实习林场的基本情况与实习注意事项；第7～36课时，按森林营造各技术环节分阶段开展实习实训任务。教师对各技术环节要点进行演示，学生分组进行实践练习。教师做好巡视指导工作，对各个小组出现的问题及时点评与纠正，最后进行总结评价。

1.3.1.5　教具准备

森林营造各环节相关影像资料以及实际操作所用的树苗、铁锹、平耙、镐、钢卷尺、测绳等用具。

1.3.2　说教法

1.3.2.1　主要采用的教学方法

实习实训教学法的综合应用以培养学生实践操作技能为主，根据教学条件，综合应用课件演示法、现场演示法、集体讨论法、问题教学法、实验教学法、调查教学法等多种教学法。

(1)课件演示法

教师在课堂上通过多媒体展示森林营造课程图片，对造林各个环节的实施过程、技术难点、使用工具等方面进行演示，让学生通过观察获得感性认识，激发学生学习兴趣。

(2)现场演示法

教师在学校实习林场对造林技术的各个环节进行现场演示，边讲解边操作，使学生能掌握森林营造各个环节的实际操作方法与实施流程，现场回答演示过程中学生提出的问题，提高学生解决实际问题的能力。

(3)集体讨论法

实习实训完成后，针对学生提出的问题，组织学生进行集体和分组讨论，展示汇报实习过程中遇到的问题与心得体会，培养学生团结协作的精神。

1.3.2.2　教学方法及其理论依据

运用多媒体教学手段，生动地介绍森林营造的基本理论，演示各个造林技术环节，充分调动课堂气氛，激发学生的学习兴趣。采用现场教学法，现场演示造林过程的各技术环节，边讲解、边操作、边回答学生问题，使学生在熟练掌握造林实施各项技术环节的实际操作方法的基础上，提高解决实际问题的能力和创新能力。

1.3.3　说学法

学生在学习森林营造内容前，已基本了解造林各个环节基本原理与实施方法，并具备了林业专业相关课程的基本知识，在实习实训课教学过程中，通过实地现场演示，激发学生学习的兴趣，将理论知识与实际操作相结合，调动学生学习的积极性和创新能力，为顺利掌握本项目教学重点和难点奠定基础。

1.3.4　说教学过程

按照提出问题、分析问题、解决问题的思路，从造林技术的重点与难点出发，提出问题，引发学生思考。在实习实训课教学过程中，通过实地现场演示，分析各技术环节的难点、重点，展示各个技术要点的实际操作方法，并及时地小结和归纳，提高学生理论联系实际与解决具体问题的能力。

1.3.4.1　导入新课

简单回顾已经学习了的森林营造技术，巩固已学知识，同时列举生产中应用较多的植树造林案例，引出本项目内容要学习的具体内容。

1.3.4.2　讲授新课

以多媒体课件与现场演示来讲授，学生动手操作完成课堂教学环节。

①教师示教　通过多媒体幻灯片展示造林各技术环节图片，引导学生观察并思考森林营造各环节的要点与难点，通过直观地学习，可解决部分重点。

②教师演示　在实习林场，教师根据各技术环节的操作步骤，现场演示植苗造林、松土除草、灌溉与排水、施肥、密度结构调整、年龄结构调整等的实际操作方法，并设置问题，引导学生主动思考。

③学生操作　学生按照造林各环节技术要点分组进行实践操作，教师巡视指导，及时解决出现的问题。

④师生点评　师生分别对分组操作的情况进行点评，表扬好的方面，分析出现问题的原因。

⑤归纳总结　借助多媒体课件回顾总结森林营造的主要内容，对教学重点和难点进行归纳总结。

1.3.4.3　课堂练习

结合森林营造教学内容，分组讨论分析本项目实习实训教学过程中存在的不足及改进措施。

1.3.4.4　巩固新课

根据本项目教学目标，以归纳总结和比较分析的方法概述森林营造的知识点，加深学生对新知识的理解和掌握。

1.3.4.5　布置作业

①结合背景材料，在充分查阅资料、了解低效人工林改造基本原理及技术措施的基础上，采用实习实训课教学法设计一份教案。

②分析案例材料，指出在林业专业实习实训课教学中重点要注意的主要问题有哪些?

1.3.4.6　板书设计

采用提纲式板书形式，这样提纲挈领、层次分明，很好地说明本节课的教学内容(附图1-1)。

1.4　现场教学课教学法综合应用

1.4.1　说教材

1.4.1.1　教材简析

现场教学课教学法是教员和学员同时深入现场，通过对现场事实的调查、分析和研究，提出解决问题的办法或总结出可供借鉴的经验，从事实材料中提炼出新的观点，从而提高学员运用理论认识问题、研究问题和解决问题能力的教学方式和方法。简单地说，就是教师利用现场教，学员利用现场学，核心是利用现场教学资源为实现教学目的服务。林业专业很多课程需要在野外进行生产实践，如林木种苗培育、造林作业设计与施工、森林抚育间伐、森林主伐作业等。作为一种林业专业教学法，现场教学课教学法适用范围十分宽阔。本项目教材根据专业培养目标的要求，以播种育苗为任务载体，从教案设计和教学安排分析入手，探讨了现场教学课教学法在林业专业课程教学中的综合应用。

1.4.1.2　教学目标

依据本项目教学的要求，结合现场教学课的综合特点，主要从 3 个方面设置教学目标：

知识目标：掌握播种育苗各技术环节的知识要点。

能力目标：掌握播种育苗各技术环节实际操作过程和方法，提高学生理论联系实际，运用知识的能力。

情感目标：培养学生热爱林业、热爱自然的情感。

1.4.1.3　重点难点

以播种育苗具体教学内容为出发点，本项目教学的重点与难点是播种育苗的各项技术环节，如种子的准备、土壤条件的准备、播种操作等。以现场教学课教学法为出发点，如何发挥现场教学的优势，将播种育苗的基本原理与实际操作相结合，提高学生的感性认识，激发学生学习的积极性和主动性，是本项目教学的重点与难点。

1.4.1.4　课时安排

本项目教学建议课时为 6 学时，第 1 ~ 2 课时，主要通过多媒体展示法介绍播种育苗的基本原理、各项具体技术环节的要点、难点，以及实习林场的基本情况；第 3 ~ 6 课时，按播种育苗各技术环节分阶段开展现场教学任务。教师对各技术环节要点进行演示，学生分组进行实践练习。教师做好巡视指导工作，对各个小组出现的问题及时点评与纠正，最后进行总结评价。

1.4.1.5　教具准备

播种育苗各环节相关影像资料以及实际操作所用的种子、铁锹、平耙、镐、钢卷尺、测绳等用具。

1.4.2　说教法

1.4.2.1　主要采用的教学方法

现场教学法主要根据林业专业课程实践教学的要求，综合应用课件演示法、现场演示法、集体讨论法、实验教学法、项目教学法、调查教学法等多种教学法，着力培养学生实践动手能力，巩固基础理论知识，从而实现教学目标。

(1)课件演示法

教师在课堂上通过多媒体展示校实习林场与播种育苗实际操作图片，对各个环节的实施过程、技术难点、使用工具等方面进行演示，让学生通过观察获得感性认识，引发学生思考。

(2)现场演示法

教师在学校实习林场对播种育苗的各个环节进行现场演示，边讲解边操作，使学生能掌握播种育苗各个环节的实际操作方法与实施流程，现场回答演示过程中学生提出的问题，提高学生解决实际问题的能力。

(3)集体讨论法

现场教学完成后，针对学生提出的问题，组织学生进行集体和分组讨论，展示汇报实习过程中遇到的问题与心得体会，培养学生的团结协作的精神。

1.4.2.2　教学方法及其理论依据

运用多媒体教学手段，生动地介绍播种育苗的基本理论，演示各项技术环节，激发学生的学习兴趣，引发学生思考。采用现场教学法，现场演示播种育苗的各技术环节，边讲解、边操作、边回答学生问题，使学生在熟练掌握播种育苗各项技术环节的实际操作方法的基础上，提高解决实际问题的能力和创新能力。

1.4.3　说学法

学生在学习播种育苗内容前，已基本了解播种育苗各个环节基本原理与实施方法，并具备了林业专业相关课程的基本知识，在现场教学课教学过程中，通过实地现场演示，激发学生学习的兴趣，引发学生思考，调动学生学习的积极性和创新能力，为顺利掌握本项目教学重点和难点奠定基础。

1.4.4　说教学过程

在学校利用多媒体课件，介绍播种育苗的案例与实际操作过程中遇到的问题，引发学生思考。在现场教学课教学过程中，结合林场实际情况，现场演示播种育苗各技术环节，并对存在的难点、重点进行分析，提高学生理论联系实际与解决具体问题的能力。现场教学课程结束后，组织学生对教学过程中遇到的问题与心得体会进行总结归纳，进一步提高对播种育苗技术理论与实际操作的认识。

1.4.4.1　导入新课

简单回顾已经学习了的播种育苗知识，同时列举生产中应用较多的播种育苗案例，引出本项目内容要学习的具体内容。

1.4.4.2　讲授新课

以多媒体课件与现场演示来讲授，学生动手操作完成课堂教学环节。

①教师示教　通过多媒体幻灯片展示播种育苗各技术环节图片，引导学生观察并思考播种育苗各环节的要点与难点。

②教师演示　在实习林场，教师根据播种育苗各环节的操作步骤，现场演示浸种、种子消毒、整地、作床、作垄、土壤消毒、播种、覆土、插牌等的实际操作方法，并设置问题，引起学生主动思考。

③学生操作　学生按照播种育苗各环节技术要点分组进行实践操作，教师巡视指导，及时解决出现的问题。

④师生点评　师生分别对分组操作的情况进行点评，表扬好的方面，分析出现问题的原因。

⑤归纳总结　借助多媒体课件总结回顾播种育苗的主要内容，对教学重点和难点进行归纳总结。

1.4.4.3　课堂练习

结合播种育苗教学内容，分组讨论分析本项目现场教学过程中存在的不足及改进措施。

1.4.4.4　巩固新课

根据本项目教学目标，以归纳总结和比较分析的方法概述播种育苗的知识点，加深学生对新知识的理解和掌握。

1.4.4.5　布置作业

①根据背景材料，查阅资料了解抚育采伐基本原理及技术措施并采用现场教学课教学法设计一份教案。

②分析案例材料，指出在林业专业课现场教学课教学中重点要注意的主要问题有哪些?

1.4.4.6　板书设计

采用提纲式板书形式，这样提纲挈领、层次分明，很好地说明本节课的教学内容(附图1-1)。

附录2 林业专业教学法综合应用评课稿

2.1 理论课教学法综合应用

2.1.1 从教学目标上分析

(1)知识与技能

学生基本能把握教材知识点，能够较好地达到教学目标。

(2)过程与方法

整个课堂教学形式灵活多样，教学环节紧密相扣，在教师的正确引导下，教学效果相对较好。

(3)情感、态度与价值观

教学过程中教师运用学生点名、师生共同探讨等途径开展互动活动，并将森林生态相关知识和生态文明的理念渗入到课堂中，丰富了学生情感。

2.1.2 从处理教材上做出分析

根据教学目标的要求、知识跨度和学生认知水平高低，教师对教材内容做了灵活适量的增减，整个教学重点突出。

2.1.3 从教学程序上分析

(1)教学思路设计

教学思路是教师上课的脉络和主线，主要根据教学内容和学生水平两个方面的实际情况设计。本节课整合了教材的主要内容，能合理地设计问题，梳理知识，由选择和针对性的提问，同时又有对学生的练习做出即时评价和讲解；课堂设计目标明确，以森林立地任务载体组织教学内容，教学思路比较清楚明了，从理论课教学法综合应用的基本概况(意义、概念、流程等)，到教学实例的分析以及强化练习，层层深入，便于学生完成认知目标。

(2)课堂结构安排

根据教材内容安排和教学设计，整个教学过程衔接自然，合乎逻辑，学时分配合理。

2.1.4　从教学方法和手段上分析

(1)教学方法

本项目教材主要阐明理论课教学法的综合应用，教师在课堂中运用了多媒体教学法、问题教学法、分组讨论教学法等，最后对相关知识进行了回顾、总结提炼，注重对学生学习方法的指导与学习习惯的培养，具有多样性和一定的创新性。

(2)教学手段

主要运用了多媒体、网络等现代化的教学手段。

2.1.5　从教师教学基本功上分析

(1)看板书

总的来说，由于大量使用多媒体教学，教师板书偏少，系统性有待加强。

(2)看教态

教师仪态大方，手势、位置变动等处理合适。

(3)看语言

教师教学语言清晰亲切，处处体现对学生的鼓励、启发、点拨。

(4)看操作

教师运用多媒体展示各种森林立地操作娴熟，教学准备充足。

2.1.6　从教学效果上分析

教学过程的组织、引导恰到好处，课堂开放性强，学生积极主动参与学习，配合默契，课堂气氛和谐，教学效率高、学生思维活跃，在教师的指导下达成了教学目标。

本节课学生受益面大，教师通过分组讨论等形式，面向全体学生，促进每个学生思维和学习能力的提高与发展。

教师能有效利用课堂40分钟，互动方式较好，学生学习轻松愉快。

2.2　理论与实践相结合课程教学法综合应用

2.2.1　从教学目标上分析

(1)知识与技能

教师在阐述基本理论的基础上，注重教学载体嫁接育苗的重点和难点，学生在轻松的实践环节中掌握嫁接育苗基本技能。

(2)过程与方法

课堂教学环节大体可分为2部分：教师理论讲授和学生实践操作，多种教学方法贯穿其中，教学效果较好。

(3)情感、态度与价值观

专业课教学过程中不断激发学生勇于探索科学知识的精神，注重学生动手能力的培养，在嫁接实践中发现问题、解决问题，并从中体会知识的魅力。

2.2.2 从处理教材上做出分析

能够按照教材的结构和教学设计，源于教材而在某些方面又有创新，做到重点突出，在掌握嫁接育苗基本内容中体会多种教学方法的应用。

2.2.3 从教学程序上分析

(1)教学思路设计

从教学引入、知识阐述、问题设置、教师演示、操作练习、巩固提高等方面展开教学活动，教学思路明确，学生互动积极，组织教学效果较好。

(2)课堂结构安排

课堂教学时间分配合理，先理论知识后实践操作，符合基本的教学要求，辅之以问题教学法、情景教学法等多种教学方法，学生易于掌握本项目教学重点和难点。

2.2.4 从教学方法和手段上分析

(1)教学方法

以理论与实践相结合教学为主，综合应用了多媒体教学法、分组讨论教学法、归纳总结法等方法，以学生为主体，充分调动学生参与的积极性，提高教学效果。

(2)教学手段

主要运用了多媒体等现代化的教学手段。

2.2.5 从教师教学基本功上分析

(1)看板书

教师板书较简单，注意重点突出。

(2)看教态

教师仪态自然。

(3)看语言

教师教学语言表达清楚。

(4)看操作

教师课前准备充足，嫁接示范操作熟练。

2.2.6 从教学效果上分析

总体上学生参与积极性高，教学互动协调，课堂气氛活跃、学生基本能掌握本项目教学内容，完成教学目标。

学生受益面大，个别学生接受能力有差异，教师进行个别指导，学生相互点评，培养学生团结合作精神，促进整体素质提高。

教师能有效利用课堂40分钟，学生学习轻松愉快。

2.3 实习实训课教学法综合应用

2.3.1 从教学目标上分析

(1)知识与技能

实习实训教学注重培养学生的综合能力，教师在讲述基本理论的基础上，有计划地组织学生通过观察、思考、操作、总结归纳等教学环节巩固和深化与专业培养目标相关的专业知识，使得学生在轻松的实习实训课中掌握森林营造各环节基本操作方法与流程。

(2)过程与方法

教学环节大体可分为2部分：教师理论讲授与实地示范；学生实践操作与讨论总结，多种教学方法相结合，提升教学效果。

(3)情感、态度与价值观

专业课教学过程中引导学生积极思考，注重学生实际动手能力和学习理解能力的培养，在造林技术实习实训中提高学生解决实际问题和创新思维的能力。

2.3.2 从处理教材上做出分析

结合教学设计和实习实训课教学特点，在突出森林营造课程各项技术环节重点与难点的基础上，灵活运用多种教学方法，引导学生积极思考、仔细观摩、认真实践，达到实习实训课综合教学目的。

2.3.3 从教学程序上分析

(1)教学思路设计

从知识点阐述、问题提出、教师实地演示、学生分组操作、教师巡视点评、课后总结归纳等方面展开教学活动，教学思路明确，学生互动积极，组织教学效果较好。

(2)课堂结构安排

合理分配实习实训课教学时间，在阐述理论知识的基础上，到实习地进行现场讲解与操作示范，符合基本的教学要求，辅之以情境教学法、现场演示法、讨论教学法等多种教学方法，学生易于掌握本项目教学重点和难点。

2.3.4 从教学方法和手段上分析

(1)教学方法

以实习实训教学为主，综合应用了多媒体教学法、现场演示法、归纳总结法等方法，以学生为主体，充分调动学生动手操作的积极性，提高教学效果。

(2)教学手段

主要运用了多媒体等现代化的教学手段。

2.3.5 从教师教学基本功上分析

(1)看板书

教师板书较简单，注意重点突出。

(2)看教态

教师仪态自然。

(3)看语言

教师教学语言表达清楚。

(4)看操作

教师课前准备充足，熟练掌握森林营造各项技术环节的操作方法与操作流程，在操作示范过程中能对关键技术与步骤进行重点讲解。

2.3.6 从教学效果上分析

总体上学生参与积极性高，教学互动协调，实习气氛活跃，学生基本能掌握本项目教学内容，完成教学目标。

学生受益面大，个别学生接受能力有差异，教师进行个别指导，学生相互点评，培养学生团结合作精神，促进整体素质提高。

教师能有效利用课堂40分钟，学生学习轻松愉快。

2.4 现场教学课教学法综合应用

2.4.1 从教学目标上分析

(1)知识与技能

现场教学课教学法强调对现场事实的调查、分析和研究，将学生置身于现场，边参观边听讲解，边听讲解边进行实际操作，突破了课堂教学的某些局限，改变了学生的认知活动结构。

(2)过程与方法

教学环节大体可分为2部分：教师现场讲解示范和学生实践操作，多种教学方法贯穿其中，教学效果较好。

(3)情感、态度与价值观

教师现场教，学生现场学，让学生从一开始就感受到整个教学过程是解决生产实际问题的过程，充分激发学生学习的积极性和主动性。

2.4.2　从处理教材上做出分析

现场教学课的核心是利用现场教学资源为实现教学目的服务，在教学设计时应充分考虑教学现场的实际情况，结合教学目标要求，突出重点，在掌握播种育苗的基本内容中体会多种教学方法的应用。

2.4.3　从教学程序上分析

(1)教学思路设计

从场地选择、教师操作示范、学生分组练习、课后讨论提高等方面展开教学活动，教学思路明确，学生互动积极，组织教学效果较好。

(2)课堂结构安排

根据现场教学的特点，合理分配教学时间，在阐述理论知识的基础上，到现场进行讲解与操作示范，辅之以问题教学法、情景教学法等多种教学方法，学生易于掌握本项目教学重点和难点。

2.4.4　从教学方法和手段上分析

(1)教学方法

以现场教学为主，综合应用了多媒体教学法、分组讨论教学法、归纳总结法等方法，以学生为主体，充分调动学生参与的积极性，提高教学效果。

(2)教学手段

主要运用了多媒体等现代化的教学手段。

2.4.5　从教师教学基本功上分析

(1)看板书

教师板书较简单，注意重点突出。

(2)看教态

教师仪态自然。

(3)看语言

教师教学语言表达清楚。

(4)看操作

教师课前准备充足，熟悉现场情况与路线，熟练掌握播种育苗的各项技术环节操作方法与流程。在现场示范过程中能够突出重点，对关键技术与操作进行着重讲解示范。

2.4.6　从教学效果上分析

总体上学生参与积极性高，教学互动协调，课堂气氛活跃、学生基本能掌握本项目教学内容，完成教学目标。

学生受益面大，个别学生接受能力有差异，教师进行个别指导，学生相互点评，培养学生团结合作精神，促进整体素质提高。

教师能有效利用课堂40分钟，学生学习轻松愉快。